ゼロからスタート!

桜庭裕介の電験三種1冊目の教科書

電験試験講師
桜庭裕介

KADOKAWA

本書の特徴

合格メソッドが人気の桜庭講師がナビゲート！

1冊目の教科書に最適！

1,000時間をムダにしない最強の学習法を教えます！

電験試験講師

桜庭　裕介

電験試験講師。中部電力株式会社に入社後、電験三種・二種を取得した後、職場の電気教育を担当。試験の詳細分析に基づく教育を行い、高い合格率で合格者を輩出した。効率的な学習法を多くの受験者に伝えるため、プロ講師となることを決意。2019年9月よりオーム社の電験受験専門誌「新電気」にて連載開始。電験マガジン（電験攻略研究所）を運営。

STEP

1　ここがすごい！選ばれる理由

1 過去問20年分を徹底研究。個別レッスン受講者は9割の合格率。

出題に関係のある直近20年の過去問の分析から合格ポイントを押さえた指導法を確立。約100名の個別レッスン受講者を多数合格に導いた人気講師です。

2 受験専門誌への連載と対策サイトを運営。トップクラスの分析力が好評。

オーム社の受験専門誌「新電気」にて理論科目の解説を連載。また、運営している対策サイトでは豊富な受験ノウハウを提供しており、受験者に好評です。

受講者の声

- 過去問分析に基づいた指導に説得力があり、本試験でも教わった内容が出ました
- 学習計画を示してくれるので効率的に勉強できました
- 大事なポイントを強調してくれたので、優先度がつけやすかった
- 各テーマの具体例が適切でイメージしやすくわかりやすかった
- 資格の活用法も参考になり、転職に役立ちました

STEP 2 合格への確実な一歩が踏み出せる

電験三種は近年受験者のレベルが向上し、難易度が高くなっています。試験範囲が膨大で1科目200時間程度の学習時間が必要といわれますが、まれに出題される分野からは得点しやすい問題が出題されるため、勉強計画が重要です。本書では、幅広い分野で問題を解くため＆他の受験者と差をつけるために必要な基礎知識を網羅しました。最高のスタートダッシュが決められます。

STEP 3 最短ルートの学習法を示します

その1 図解で必修ポイントがわかる！

全４科目の試験範囲から必須の知識を厳選。図解でわかりやすく解説しており、初学者・独学者に最適な１冊です。

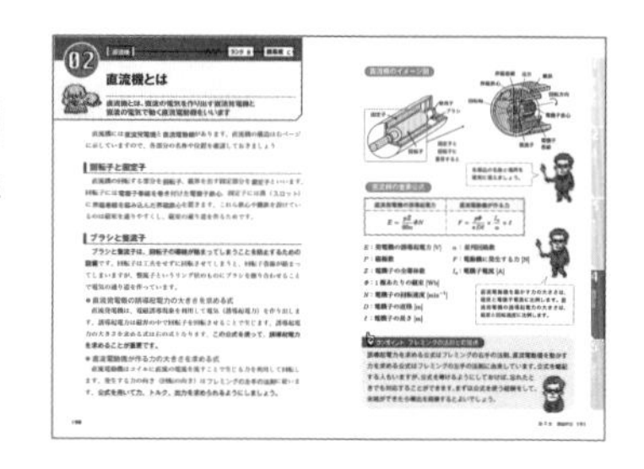

その2 豊富な例題＋数学解説で苦手意識をなくす

専門用語や公式の暗記だけでは合格が難しくなります。本書では頻出過去問で公式の使い方が学べるほか、別章で試験に必要な算数・数学が理解できます。

その3 挫折せずに読み切れる見開き構成

１テーマ見開き形式だから学習しやすい。左にポイントを押さえた解説、右に理解が進む図・イラスト満載でどんどん読み進められます。

電験三種に合格！

人気講師の合格メソッドを誌面で再現

はじめに

数ある電験三種のテキストから本書を手にとっていただき、ありがとうございます！ 電験試験講師の桜庭裕介といいます。

近年の電験三種試験は、受験者のレベルが向上し、年々難化傾向にあります。そのため、「過去問や公式の丸暗記」「配点が多い分野だけ勉強」といった受験テクニックだけでは合格が難しくなっています。

合格への近道は、基礎知識を積み上げ、過去問への理解を深めることでどのような問題にも対応できる力を身につけることにあります。本書では、学習の土台作りになるよう、各分野で特に重要な知識を取りあげて整理・解説しています。公式に関しては、過去問ではどのように問われたか、どのように公式を使えば問題が解けるかなど、過去問と紐付けて説明を行い、使える知識が身につくよう構成しています。

勉強で結果を出すわかりやすい例えとして、「山登り」があります。山登りは、ゴールである山頂とそこにたどり着くまでのルートを検討し、リスクや必要な能力、どのルートが最適かの見積もりを行います。見積もりが甘いと、ゴールまで登りきることができない可能性があります。電験学習も同様です。合計 1,000 時間ともいわれる学習時間を無駄にしないためにも、理論、電力、機械、法規といった幅広い試験科目に対して、自分にふさわしい学習計画と戦略を練りましょう。

本書には、私が 100 人以上の個別相談を受け、9 割以上の方を合格に導いたノウハウを凝縮しています。本書がよき羅針盤になり、学習に困った時にはいつも立ち返っていただける本になれば嬉しいです。

電験試験講師　桜庭裕介

電気主任技術者とは

電気主任技術者は、電気事業法で定められている国家資格です。**発電所や変電所、工場、ビルなどの発電設備や受電設備の保守・監督を行うことができます**。一定規模以上の電気設備を設けている事業主は、工事や保守、運用などの保安監督者として電気主任技術者を選任しなければならないことが法令で義務付けられています。同じような資格に電気工事士資格がありますが、電気工事士は工事を行うための資格であり、電気主任技術者資格とは「保安監督ができるか否か」といった違いがあります。

電気主任技術者の種類

電気主任技術者の資格は取り扱うことのできる電圧によって、第一種から第三種まで３種類があります。

第一種電気主任技術者	すべての事業用電気工作物
第二種電気主任技術者	電圧が 17 万 V 未満の事業用電気工作物
第三種電気主任技術者	電圧が５万 V 未満の事業用電気工作物 （出力 5000kW 以上の発電所はＮＧ）

電気主任技術者は独立ができる資格

電気主任技術者は、独立開業が可能な職種です。もちろん、電気設備に関する知識と経験が必要となります。企業で経験と実績を積み、電気工事士の資格も取得し、定年退職後に独立する人も多くいます。

2 すぐわかる試験の概要

年２回実施＋CBT 方式で受験機会が増加

電験三種試験は、これまで年１回・ペーパー方式による開催でしたが、将来的な電気主任技術者の不足を解決するため受験機会を増やす目的で 2022 年度から年２回の開催（８月下旬、３月下旬）となりました。また、2023 年度からは、試験方式についてこれまで通りのペーパー方式に加え、新たに CBT（Computer Based Testing）方式が導入されています。CBT 方式では、全国の受験会場から自分の都合に合わせて受験日時や会場を選ぶことができます。

これら**新制度の導入により、自分で受験までの学習スケジュールを組み立てやすくなったことから、電験三種は受けやすい試験となったといえるでしょう**。

試験は難関。計画的なスケジュールが必要

電験三種の試験科目は、理論、電力、機械、法規の４科目であり、内容は膨大です。最近の合格率は８～11% 台と、国家試験の中でも難しい部類となることから、学習時間は 400 ～ 1000 時間にも到達するといわれています。そのため、合格のためには**受験日から逆算した学習スケジュールに基づく計画的な学習と日常学習のモチベーション維持が欠かせません**。

合格基準点は各科目とも 60 点以上です。試験が難しい場合は合格点が引き下げられ、調整されることもありますが、近年は調整がほとんど行われないことから、合格点は 60 点と想定して学習を進めましょう。

なお、右ページに電験三種の試験概要をまとめています。試験範囲、問題数、配点、試験時間は極めて重要ですので、あらかじめ把握しておきましょう。各科目の具体的な攻略法については各章の最初のページで解説しています。

試験制度や申込手続きに関する詳細は、実施団体である一般財団法人電気技術者試験センターのウェブサイトで確認してください。

試験の概要

受験資格	原則として誰でも受験可能	
合格率	8～11%前後	
試験方式	ペーパー方式（マークシート） ・年２回（8月下旬、3月下旬） ・全国 47 都道府県	CBT 方式（2023 年度より） ・開催期間内で日時を指定 ・全国の CBT 試験会場
試験科目	理論、電力、機械、法規の４科目	
合格基準点	各科目原則 60 点	
科目合格制度	最初に合格した試験以降、その申請により最大５回まで当該科目が免除	

試験科目の詳細

	試験範囲	問題数と配点	試験時間
理論科目	①直流回路 ②交流回路 ③静電気 ④磁気 ⑤電子回路 ⑥電気電子計測 ⑦過渡現象	A問題 14 問×各５点 B問題 3問×各 10 点 ※B問題に選択問題あり	90 分
電力科目	①設計・運転・運用（発電所、変電所、送電・配電線路） ②電気材料	A問題 14 問×各５点 B問題 3問×各 10 点	
機械科目	①電気機器 ②パワエレ ③電動機応用 ④照明 ⑤電熱 ⑥電気化学 ⑦電気加工 ⑧自動制御 ⑨メカトロニクス ⑩情報	A問題 14 問×各５点 B問題 3問×各 10 点 ※B問題に選択問題あり	
法規科目	①電気法規 ②電気施設管理	A問題 10 問×各６点 B問題 3問×各 13～14 点	65 分

3 合格を勝ち取る学習法

どの分野でも基礎問題を落とさない

「合格」という結果を出すためには、**「幅広い範囲で基礎知識を習得する」**ことが必要です。１つの分野を捨てても挽回できますが、２つ以上の分野を捨ててしまえば、近年のレベルを考えると合格基準点に到達しない可能性が出てきます。**勉強不足の分野が増えるほど、圧倒的に不利になるのが試験の特徴**なのです。

出題頻度の低い分野の問題は基礎問題であることが多く、「勉強しておけば良かった！」と受験後に後悔する人は少なくありません。難易度とは関係なく同じA問題であれば同じ点数なので、どの分野でも基礎問題を落とさないことが肝心です。

アウトプットで得点力を上げる

次に、「試験本番で点が取れる力」を磨くことが必要です。これは、テキストを読んで得た**公式の知識と問題の紐づけをきちんと行い、問題が解ける状態にすること**を意味します。

電験三種は各科目６割以上の得点で合格となる試験ですが、合格得点は毎回受験者全体の得点率に応じて調整されます。そのため、誰もが解ける問題を落としてしまうと不合格となる可能性が出てきます。

初歩的なミスである「公式を勉強していない」「公式を忘れてしまった」といった事態は試験本番で泣くことになりますので、絶対に避けましょう。他人と差をつけるためには、問題演習というアウトプットで実践力を身につけ、どのような問題構成であっても合格点以上が取れる公式の使い方をマスターするのが近道です。

短期間で簡単に合格してしまう人は、学生時代などからベースの知識があるので、社会人から学習を始める人は、大きなハンデを背負っています。ましてや文系出身であればなおさらハードルが高くなります。面倒でも問題演習を行う時間を定着させ、積極的に問題を解いていきましょう。

スピードアップがカギを握る科目がある

電験三種では、**「理論科目」と「機械科目」は早く問題を解くことが求められます。電力科目や法規科目のような感覚だと、時間が不足します**。

その理由を説明しましょう。理論科目と機械科目は問題数が17問あり、文章問題も出題されます。A問題は14問、計算問題中心のB問題は3問という内訳になっています。B問題は2つの小問を解く構成ですが、A問題は完全に独立した14の問題を解かなければならず、時間がかかります。

毎回、時間配分を間違えて解ける問題を解くことができずに試験が終わる人が出てきます。1問の5点が足りずに不合格となる人がたくさん存在する試験なので、いかに時間配分が重要かがわかります。

まずは、**「速く解ける分野を1つ作る」ことを意識してみましょう**。

理論科目を例に考えると、試験範囲には直流回路、交流回路、磁気、電子回路、電気電子計測などがありますが、自分にとって、一番馴染みがある分野を集中的に鍛えていきましょう。

私が指導してきた経験では「直流回路」「交流回路」の問題を解くスピードが上達しやすいという人が多かったです。ここは、学校で一度学んだことやウェブ上の解説が比較的充実しており、学習しやすいことが影響していると思われます。集中的に問題を解く経験を積むと、数週間で早く解けるようになります。

また「電子回路」「電気電子計測」は直流電気回路に内容が似ているため、直流回路の理解が深まってから学習すると効率がよく、上達しやすいです。

機械科目では理論科目以上に難しい問題が多く、時間がかかります。そのため、簡単な基本問題を早く解くことを優先させましょう。問題文を読んで、すぐに公式を思いついて正解を導くことができるようになれば、合格まであと一歩です。

スケジュールを自分でコントロールする

試験にスムーズに合格する人の特徴の１つに、「**試験本番までの学習計画が自分でコントロールできており、本番にピークを持ってくるのが上手**」という傾向があります。具体的には、
「試験の１か月前、２週間前、前日などやるべきことが整理できている」
「暗記するものが整理できている」
「自分が解けるテーマと解けないテーマが整理できている」
「問題を解くのに必要なポイントが整理できている」
といったものです。試験までにどれだけ時間をかけて学んでも、本番でアウトプットできなければ結果は残せません。そのため、必要なタイミングでしっかり脳内を整理しておく必要があるのです。

また、試験直前の過ごし方も重要です。試験は日曜日となりますが、できれば木曜日、金曜日は休暇を取りましょう。休暇を取りづらい人もいるかもしれませんが、試験前の２～３日間で身体と脳を休ませつつ、10時間の学習時間を確保します。直前の数日間は結果に大きく影響するので、強くおすすめします。受験生の中には、試験前１週間の休暇を取得した方がいましたが、見事合格を果たしました。

学習法の質問トップ５

ここでは、受験者から特に多い質問をまとめてみました。あらかじめ目を通しておくとスムーズに学習が進みます。

●文系ですが、私でも合格できますか？

理系の受験者が大部分ですが、文系でも合格できます。しかしながら、**これまで数学に関わってきた時間が少なく、多くの努力が必要となるため**、合格は簡単ではないでしょう。間違った知識を身につけておらず、ゼロから知識を整理していけることを前向きに捉え、着実に基礎知識の学習を積み上げていきましょう。

●勉強時間はどの程度必要になりますか？

個人差がありますが、**1科目当たり最低100時間は必要です**。4科目ありますので、合計400時間程度は少なくとも確保しなければなりませんが、1,000時間かかることも覚悟しておいたほうがよいでしょう。テキストによるインプットと問題集や模擬試験によるアウトプットを繰り返すことになりますが、基礎知識と公式を頭に入れ込むだけでも相当時間がかかります。科目合格制度を利用して複数年で取得を目指すことも視野に入れ、受験日から逆算した計画的な学習スケジュールを立てましょう。

●理論科目の次はどの科目を勉強するのがよいですか？

「好きな科目」から学習すると学ぶ楽しさを感じられるでしょう。電力科目は暗記要素が強いですが、計算問題は理論科目に近いため、勉強しやすいのでおすすめです。機械科目は苦手な人も多いですが、初めて学ぶと面白さを感じる人もいます。法規科目は計算問題が難しく、苦手な人が多いですが、法律の条文問題は、暗記が得意な人には向いています。本書を一読するなかで、自分にあった学習の順序を探してみてください。

●過去問は何年分解けばよいですか？

合格者の多くは10～15年分を解いて合格しています。毎年出題される問題もありますが、5～7年スパンで出題される低頻度の問題もあります。低頻度の問題への対策も必要です。本書では、どの分野をどの程度まで学習しておけばよいかを都度示していますので、参考にしてください。

●半年以上前に勉強したことを忘れてしまいます

一週間に一度、復習する時間を設けて記憶を定着させるとよいでしょう。知人などに1時間程度でこれまで学習したことを説明する勉強方法も非常に効率的です。

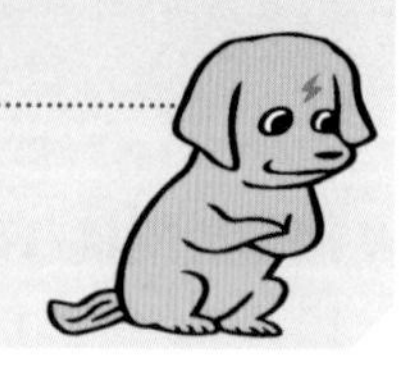

④ 合格スケジュールはこう立てる

ここでは、合格に必要な学習スケジュールを考えてみます。4科目の一発合格をゴールとして、電気を初めて学ぶ人（算数と数学の復習が必要な人）を対象にします。私は、**「一発合格するには1日3時間（朝1時間、夜2時間）の学習で約1年（12か月）が必要となる」**と考えています。実際のところかなり個人差はありますが、難関資格のため、余裕を持って学習を進めることが求められます。

● 準備期間

何を最初に学ぶかですが、全科目で必要となるため、電験三種に必要な算数と数学の復習から始めましょう。四則計算だけでなく、分数の計算、角度の算出、三角関数の計算などができなければつまずくことは必至です。本書の別章「電験三種に必要な算数・数学」にて復習しておきましょう。各科目の学習をスタートして過去問を解き進めると、理解していない部分が見えてきますので、その際にまた復習するとよいでしょう。

● 理論科目の学習期間

次に学ぶべきは「理論科目」です。理由としては、電験試験は各科目の関連性が深く、特に理論科目の知識が他の3科目で必要となるからです。電力科目の用語学習や法規科目の条文暗記学習では理論の知識がなくても進められますが、結局、計算問題で必要となります。まずは理論科目をしっかり学び、計算の基礎を習得しておくべきです。理論科目の学習には2か月程度を見込んでおきましょう。理論科目の学習が一通り終われば、次は「自分の好きな科目」を学んでいきます。

● 電力科目の学習期間

電力科目については、用語学習や公式の学習からスタートするとよいですが、試験範囲も広いため1か月はかかります。そこから計算問題を解けるようになるまで、さらに1か月かかることが多いため、ここでも約2か月を視野にいれておきましょう。

● 機械科目の学習期間

機械科目では、直流機、誘導機、同期機など設備の構造やしくみなど、初めて学ぶ専門用語も含めて数多くの専門知識を学ぶことになります。分野数も多いため、基礎知識の習得だけで１～２か月はかかります。計算問題は、最初は問題文が何を意味しているのかを理解するのも難しいですが、公式と照らし合わせて勉強することで、解けるようになります。計算問題だけで１～２か月はかかると考えておくとよいでしょう。よって、機械科目はおおよそ４か月が必要になります。

● 法規科目の学習期間

法規科目では、「条文問題の対策」と「計算問題の対策」が必要ですが、それぞれ１か月程度かかります。「条文問題の対策」は暗記学習に近いので、暗記が得意な人は時間がかからないでしょう。知識がしっかり頭に残った状態を作り出す必要があるので、試験数日前に５～10時間といったまとまった時間を確保しなければなりません。

電験三種の標準的な学習スケジュール（初学者向け）

	期間	コメント
準備期間	１か月	まずは本書で算数・数学の復習や基礎固めを図りましょう。
理論科目	２か月	他の３科目を理解する土台となる科目です。１つ１つ着実に知識を積み上げて学習を進めましょう。
電力科目	２か月	法規科目とも関連が深いため、用語はしっかり押さえておくことが必要です。
機械科目	４か月	分野数や初めて学ぶ専門知識が多いため、他の科目と比べて学習時間を多く確保するようにしましょう。
法規科目	２か月	電気法規は暗記学習が中心です。計算問題は他の３科目の理解が必須となり、集大成となるような科目です。
直前期	１か月前	これまで学んだ知識を本番で総動員できるよう整理します。また、苦手分野を集中的に復習しておきましょう。
試験本番	１週間前～当日	実力を発揮するためにも、直前は休暇を取得して体調管理に気をつけましょう。

Contents

第3章 電力科目

第4章 機械科目

第5章 法規科目

別章 電験三種に必要な算数・数学

CBT試験について

令和５年度より、第三種電気主任技術者試験にCBT（Computer Based Testing）方式が導入されました。

CBT試験は、運営団体のCBTソリューションズによると、「テストセンターにて、コンピューターで受験する試験方式です。」とされています。

従来の紙への筆記による試験は、実施団体である一般財団法人電気技術者試験センターが指定する特定の会場・日時で実施されていました。CBT試験では、空いているテストセンター会場の中から自分が希望する日時を選び、受験することができます。

また、試験範囲や出題形式は、紙試験と同程度とされています。当日はコンピュータ画面に試験問題が五肢択一方式により表示され、マウス等で操作し、正しい選択肢を選んで解答します。操作自体は複雑なものではなく、試験開始前にPC上のチュートリアルで操作確認と説明が行われます。

他の資格・検定試験でも採用が進んでおり、特段とまどうことはないかと思いますが、不安な方はCBTソリューションズのウェブサイトから、各種試験のページ（例えば、秘書検定）をクリックし、表示されている「CBT体験試験」を受験して準備しておくとよいでしょう。

株式会社CBTソリューションズ
https://cbt-s.com/examinee/

本書は、原則として2022年12月時点での情報を基に原稿の執筆・編集を行っています。試験に関する最新情報は、試験実施機関のウェブサイト等でご確認ください。

制作協力：馬込翔吾／本文デザイン・DTP：次葉／本文イラスト：ヤギワタル

第1章

電験三種の基礎知識

電験三種のイメージを頭にインプットし、後の学習で迷子にならないよう、試験の全体像と電子や電圧などの定義、オームの法則など電気に関する基礎知識を解説します。

難易度の高い応用問題であっても、基礎知識を組み合わせて解くことができます。逆に基礎が理解できていないと過去問学習でつまずくことが多く、モチベーションの低下を招きます。１つずつ順を追って理解していきましょう。ここからが学習のスタートです！

概要

電験三種をチェック

電験三種は理論、電力、機械、法規の4科目で構成されています

電験三種はどんな試験？

電験三種は理論、電力、機械、法規の４つの科目で構成されています。試験を図で表すと、右のようなイメージになります。４科目のうち、理論科目が全ての土台となります。他の科目との関連性が高いため、理論科目の学習が不十分だと電力科目や機械科目の学習でつまずくことになります。

●4科目の関連イメージ

法規科目

電力科目　機械科目

理論科目

電力科目と機械科目の学習では、わからないテーマはひとまず飛ばして、一通り学習するのがおすすめです。%インピーダンスなどは、一度で理解できなくても、他の知識を得ることで、理解できるようになります。

法規科目では設備の運用に関する法令を学びますが、法令の暗記、計算問題両方で設備自体の知識が必要となります。

理論科目

試験範囲

直流回路、交流回路、静電気、磁気、電子回路、電気電子計測、過渡現象

学習内容とポイント

電気について理解を深めることができます。直流回路や交流回路の回路計算を学び、電圧や電流、抵抗といった考え方を習得します。静電気や磁気分野では、電気をミクロの視点で考えることを学びます。電子回路や電気電子計測は電気理論の応用であり、実社会で使用されている製品の原理を学びます。

電力科目

試験範囲

発電所や変電所、送電線路、配電線路などの設計・運転・運用、電気材料

学習内容とポイント

電気を作り、需要者に届けるまでに必要な設備の種類や運用方法について学びます。大きく分けて、発電、送電、配電、変電の４つに分類できますが、専門用語が多いため、１つ１つを理解しながら覚えていくことがポイントです。

機械科目

試験範囲

電気機器、パワーエレクトロニクス、電動機応用、照明、電熱（電気加工含む）、電気化学、自動制御、メカトロニクス、情報

学習内容とポイント

電気機器には直流機、誘導機、同期機、変圧器の４機が含まれています。４機を含めて 13 分野を学習するため、非常に試験範囲が広く、難易度が高い科目です。機器に関してはそれぞれの構造や機能を理解することが必要であり、計算問題としても出題されるため、正しい理解が求められます。電力科目や法規科目の運用に関わる部分でも機械科目の知識が必要です。

法規科目

試験範囲

電気法規（電気事業法、電気用品安全法、電気工事士法、電気工事業法、電気設備の技術基準・解釈、発電用風力設備に関する技術基準)、電気施設管理

学習内容とポイント

電力科目や機械科目で学んだ電気設備を運用するにあたってのルールや基準を学びます。設備の知識があって初めて法律の意図が理解できます。法規科目の計算問題は難しいものが多く、他の３科目の知識が必須となります。まずは他の科目の計算問題を十分解いた後に法規科目の計算問題に挑戦するとよいでしょう。

4科目の関係性を図解でつかもう

電験三種の試験科目は知識が関連し合っています。関連する分野をピックアップし、その関係性がわかるようまとめました。最も標準的な学習の順序

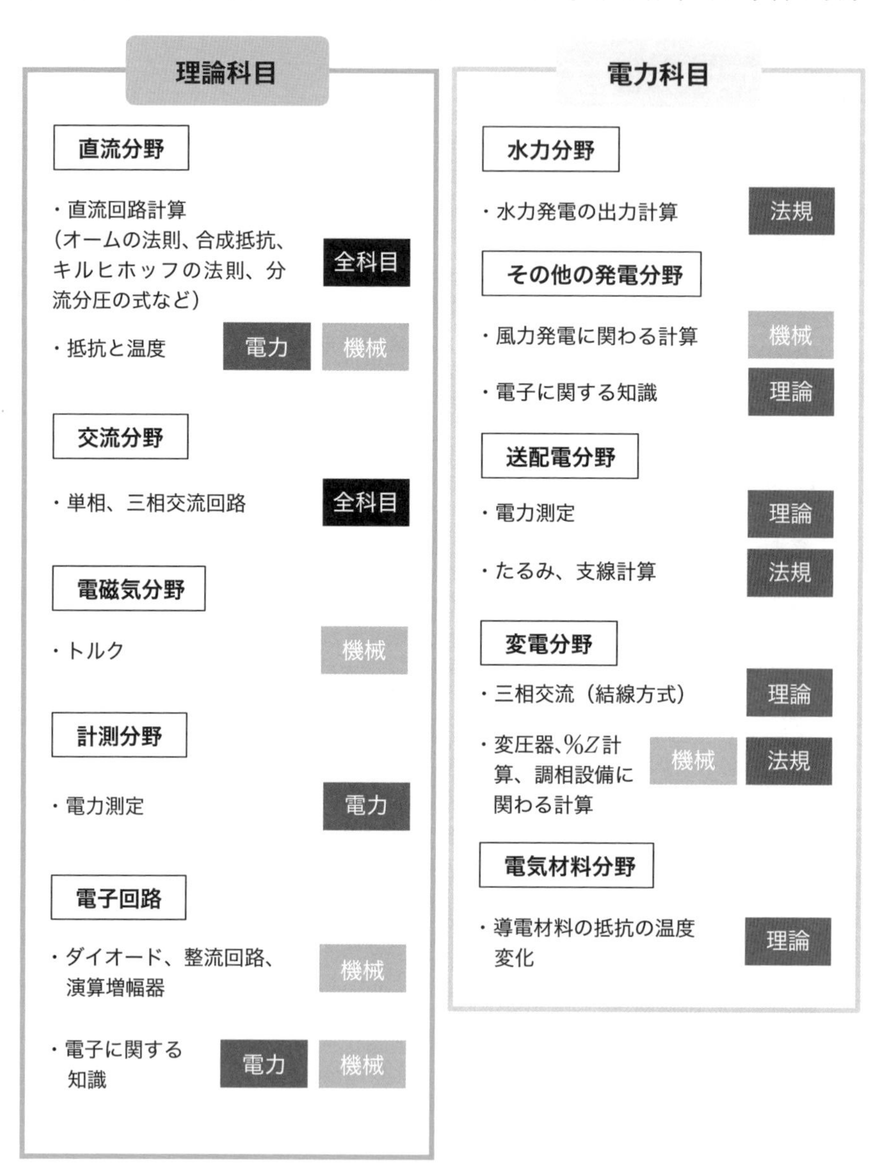

は、理論科目→電力科目→機械科目→法規科目です。「１つのわからない」が大きな影響を及ぼすことがあるため、理解不足を感じたら、関連科目も学習するとよいでしょう。

機械科目

３機（直流機・誘導機・同期機）

・速度、トルク、出力計算　理論

変圧器

・結線方式　理論

・変圧器、%Z計算、調相設備に関わる計算　電力

パワーエレクトロニクス

・ダイオード、整流回路、演算増幅器、電子運動　理論

電動機応用

・風力発電に関わる計算　電力

電熱

・抵抗の温度変化　理論

法規科目

施設管理

・水力発電の出力計算、たるみ、支線計算　電力

・変圧器（損失と効率計算）、%Z計算、調相設備に関わる計算　電力

理論科目は他の科目の土台となっていて、他の科目同士も関連し合っていることがわかりますね。

「電気とは何か、電圧や電流、電位とは何か」といった基礎となる定義や、高校で学習した物理知識のトルクや慣性モーメントなども電験において重要です。土台作りをしっかり行うことで、後でつまずくのを防ぎます。
では、「電気とは何か」からさっそく学んでいきましょう！

02 基礎 ランク A 難易度 C

電気とは

**電気の正体は電子です。
電子の移動が電流と定義されています**

私たちが普段使っている電気の正体は、電子です。**電子を理解するためには、原子の知識が必要になります。**すべての物質は原子でできていますが、原子は陽子と中性子からなる原子核とその周りを回転する電子から成り立っています。

陽子はプラスの電気を帯び、中性子は中性のため、原子核は正の電荷を帯びています。一方、電子はマイナスの電気を帯びています。安定状態では、陽子の数と電子の数が同じであり、原子はバランスがとれて電気的に中性です。陽子や電子が帯びている電気を量的に取り扱うとき、これらを**電荷**とよび、電荷の量を**電気量**といいます。**電気量を表す量記号にQ、電気量の単位にはクーロン（単位記号[C]）が用いられます。**

●電気の流れ

いつもは原子核の周りを回っている電子ですが、外部から刺激を受けることで、原子核の周りの軌道から飛び出してしまいます。この飛び出した電子を**自由電子**といいます。**電子の移動こそが電気の流れであり、電流の正体です。**

なお、電子が飛び出すと、陽子（プラス）に比べて電子（マイナス）の数が減るので、原子全体としてはプラスになるのですが、これを**正に帯電している**と表現します。大事な表現なので覚えておきましょう。

●電流の定義

電荷（電子）が移動することを**電流**といいます。電流の大きさは移動した電荷の量によって決まります。**「電流の大きさは、ある断面を１秒間に通過した電荷（電子）の量である」**という定義は重要です。電流の向きはプラスの電荷の流れる向きと等しく、マイナスの電荷（電子）の流れる方向とは反対になります。

原子の構造

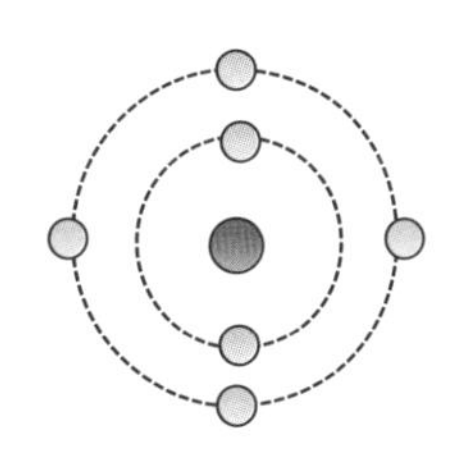

◯：電子
●：原子核
（陽子＋中性子）

原子核はプラスの電気、電子はマイナスの電気を持っています。打ち消し合って、通常状態の原子はプラスマイナスゼロの中性状態です。

厳密には、原子核は陽子と中性子から成り立っていますが、中性子は電気を持たないと考えます。

電気の流れが生まれるとき

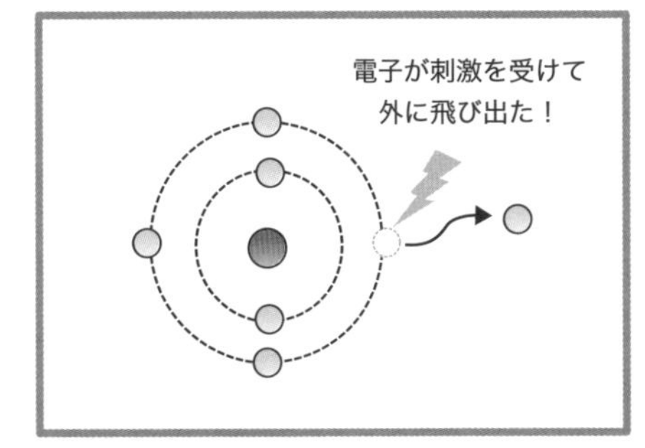

電子は原子核を中心に円運動していますが、外部からの刺激で円周上から飛び出すことがあります。この電子の移動こそが電気の流れであり、電流の正体です。

電流の定義

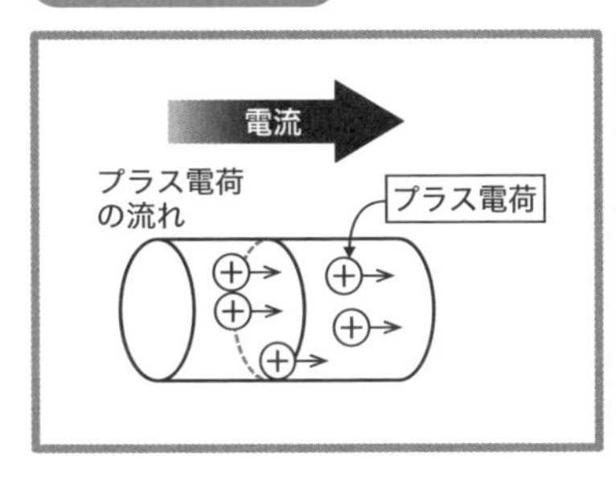

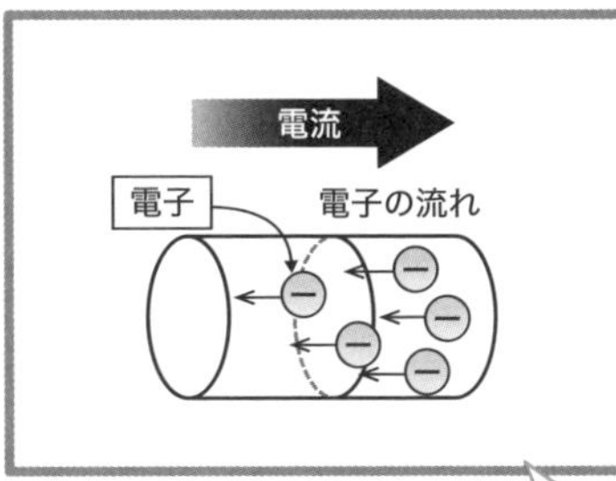

「電流の流れる方向と電子の流れる方向が反対向き」というのもポイントの一つです。

基礎　ランク A　難易度 C

電気回路における電流と電圧

電気回路は電気を供給する電源、運ぶ配線と電気を受け取り仕事をする負荷で構成されます

電池と豆電球を右ページの図のように接続したとき、電流は電池の＋（正極）から豆電球を通り、電池の－（負極）に流れます。この電流が流れる通路のことを**電気回路**といいます。電気回路は一般的には図記号で書き表すことができます。ここでは、電気回路を構成する３つの要素「電源」「配線」「負荷」を解説します。

● 電源

先ほどの回路図を例とすると、電池が電源となります。電気を生み出したり、負荷に電気を供給する役割を担います。電源には大きく分けて２種類があり、**常に一定方向に電気を運ぶ直流（ＤＣ）電源と電気を運ぶ方向が一定時間経過後に変わる交流（ＡＣ）電源**があります。ちなみに、電池は直流電源です。

● 配線

電源から負荷へ電気を運ぶのが配線の役割です。配線には、**電気がよく通る性質である導体に絶縁被覆をかぶせた電線**や**電線を複数本束ねて保護被覆を被せたケーブル**があります。

● 負荷

先ほどの回路図では豆電球が該当します（正確には、電池の内部抵抗や電線の抵抗も負荷となります)。後でもう少し深く学びます。

さて、電池のように＋から－へ電流を供給できる力のことを**起電力**といいます。**電源電圧**、**電圧**と呼ばれることもあります。電圧と電流の関係は、「注射で水を押し出すイメージ」の例えがよく使われます。注射は押す力が大きいほど、中の水が多く出てきます。電気回路でも、電圧が大きければ大きいほど、回路に流れる電流は大きくなります。

JIS には図記号のルールが定められていて、下図の右のような回路図で表す決まりになっています。

電気回路の実体図および図記号による回路図

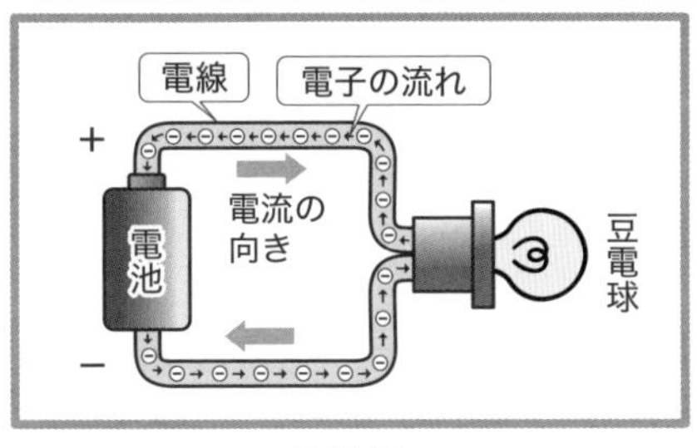

実体図

図記号で表した回路図

電源の種類

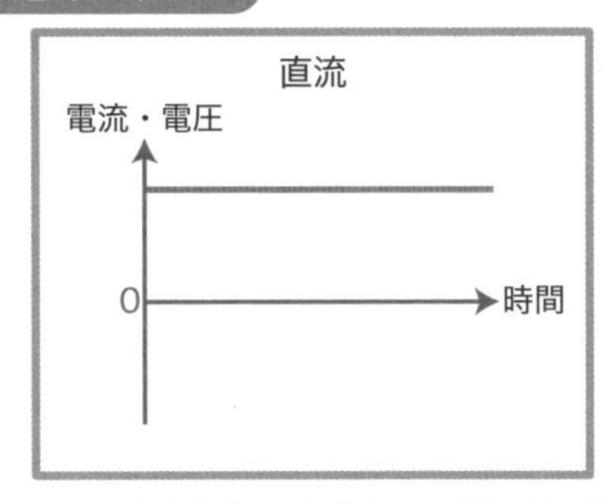

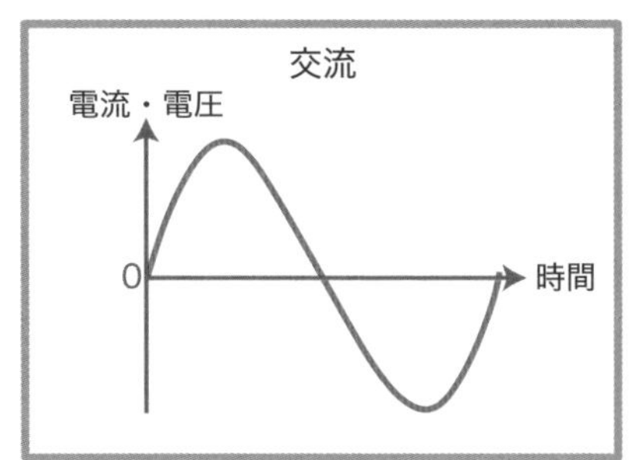

2つの電源は、電気の性質が大きく異なります。交流電源は、上下足し合わせると0となります。ちなみに、家庭のコンセントは交流です。

電圧と電流を注射に例える

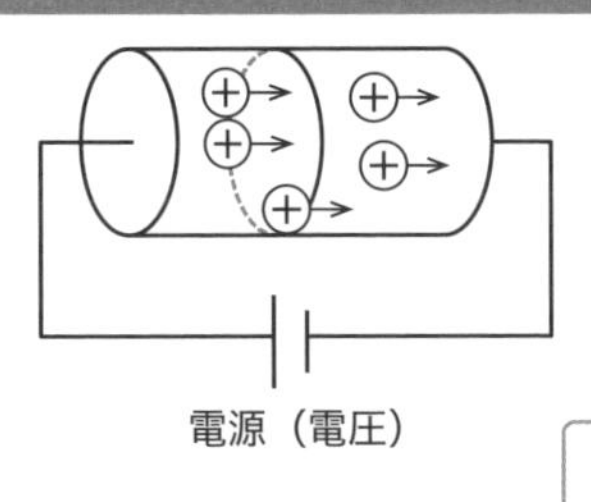

電源（電圧）

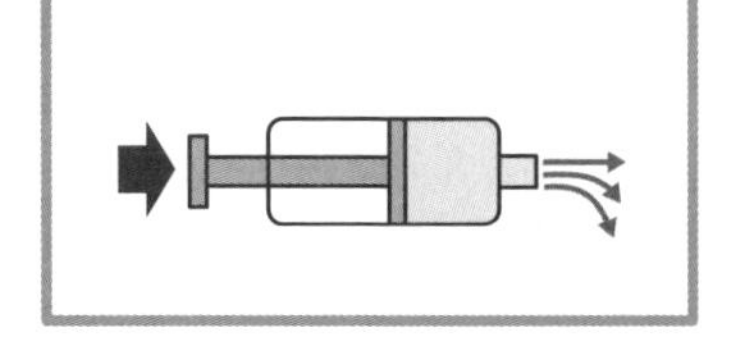

電気回路も注射と同じく、大きい圧をかければかけるほど、流れは大きくなります。

基礎　ランク A　難易度 B

電気回路の負荷（抵抗とコイルとコンデンサ）

電気回路の負荷は抵抗のほかにコイルやコンデンサといった素子があります

電気回路の負荷には、**抵抗、コイル、コンデンサ**の３種類があります。コイルとコンデンサは、抵抗と違った特徴を持っています。詳細は後ほど学びますので、ここでは概要と構造を把握しましょう。

コイルは一般的に銅線を巻いたもの全般をいいます。コイルも抵抗と同様、回路の電流を妨げる働きをし、その妨げる大きさを**自己インダクタンスL（単位記号［H：ヘンリー］）**と定義しています。自己インダクタンスに角周波数ω[rad/s]をかけたものを**誘導性リアクタンス**と呼び、その単位は抵抗と同様、オーム[Ω]を用います。

コンデンサは２つの金属板を合わせ、板間に誘電体や絶縁体を挟むことで電荷を蓄えることができる素子をいいます。誘導性リアクタンスと同様、静電容量C（単位記号［F：ファラッド］）が回路に流れる電流の流れを妨げる働きの大きさを表すもので、静電容量Cに角周波数ωをかけて逆数をとったものを**容量性リアクタンス**と呼び、その単位は抵抗や誘導性リアクタンスと同様、オーム[Ω]を用います。

コンデンサは電源にもなれる

静電容量C（キャパシタンスともいいます）は、コンデンサの電荷の蓄えやすさを示し、静電容量が大きいほど電荷を蓄積できるため、コンデンサの性能がよいといえます。コンデンサに蓄えられる電荷は、静電容量とコンデンサにかかる電圧の積で求めることができます。静電容量を求める公式に誘電率と比誘電率が含まれていますが、**誘電率は「電荷の蓄積しやすさを表す定数」、比誘電率は「真空の誘電率の何倍かを表す定数」**と覚えておきましょう。図のようなコンデンサを平行平板コンデンサといい、内部に発生する電界はコンデンサに加わる**電圧**と**金属板間隔**で決まります。

電気回路の負荷のまとめ

素子名	構造	図記号	量記号 (電流の流れにくさ $[\Omega]$)
抵抗			R
コイル			$X_L = \omega L = 2\pi f L$ X_L：誘導性リアクタンス $[\Omega]$ ω：角周波数 [rad/s] L：自己インダクタンス [H]
コンデンサ	誘電体 金属板		$X_c = \dfrac{1}{\omega C} = \dfrac{1}{2\pi f C}$ X_c：容量性リアクタンス $[\Omega]$ ω：角周波数 [rad/s] C：キャパシタンス [F]

コンデンサに関する公式

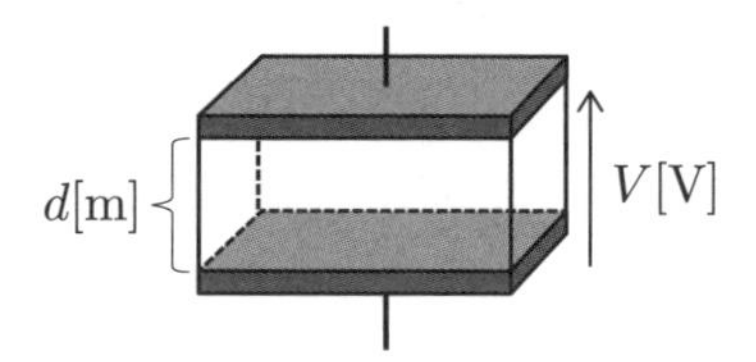

金属板面積：$S[\mathrm{m}^2]$　比誘電率：ε_s
真空の誘電率：$\varepsilon_0[\mathrm{F/m}]$　金属板間隔：d[m]
コンデンサに加わる電圧：V[V]

電荷 $Q = CV$[C]

※単位の [C] はクーロンと読みます

静電容量 $C = \dfrac{\varepsilon_0 \varepsilon_s S}{d}$[F]

電界 $E = \dfrac{V}{d}$[V/m]

※誘電率 $\varepsilon = \varepsilon_0 \varepsilon_s$

問題にチャレンジ

問題 コンデンサの静電容量は極板間の距離が長くなるほど、大きくなり、電荷を蓄積しやすくなる。○か×か。

解説 コンデンサの極板間の距離は長くなるほど、電荷同士の引き付け合う力が弱くなるため、静電容量は小さくなります。　答え：×

基礎　ランク A　難易度 C

電位差、電圧、電圧降下

電位差、電圧、電圧降下といった似ている用語は整理しておきましょう

電位とは、1［C］の電荷をある点から基準になる点へ運ぶのに要する仕事のことを意味します。電位の大きさを表す量記号にV、電位の単位にはボルト（単位記号[V]）を用います。

電気は目に見えないものであり、想像しづらいことから、よく水で例えられます。水は高いところから低いところに向かって流れ、高さが等しければ、水は流れません。電気も水と同様、電流は電位の高い方から低い方へと流れる性質があります。**「電流は電位の高い位置から低い位置に流れる」「電流は同じ電位であれば流れない」**と考えておきましょう。

電位差の意味

電位の高い位置と電位の低い位置の差のことを**電位差**といいます。この電位差を**電圧**とも呼びます。電位差、電圧の大きさを表す量記号にも電位と同じV、単位にはボルト（単位記号[V]）を用います。電位差があるほど、電圧が高いことを意味するので、より多くの電流が流れるポテンシャルがあることになります。

電圧降下の意味

電圧や電位差に似たような言葉で**電圧降下**という用語があります。電圧降下とは、抵抗に電流が流れ込むほうの端子に対して、流れ出るほうの端子の電位が低くなることをいい、**R[Ω]の抵抗にI[A]の電流が流れるときに生じる電圧降下はRI[V]**となります。これから学習する直流回路、交流回路、計測分野の計算だけでなく、他の科目でも必要となる考え方となりますので、覚えておきましょう。

電位を水で例えたイメージ

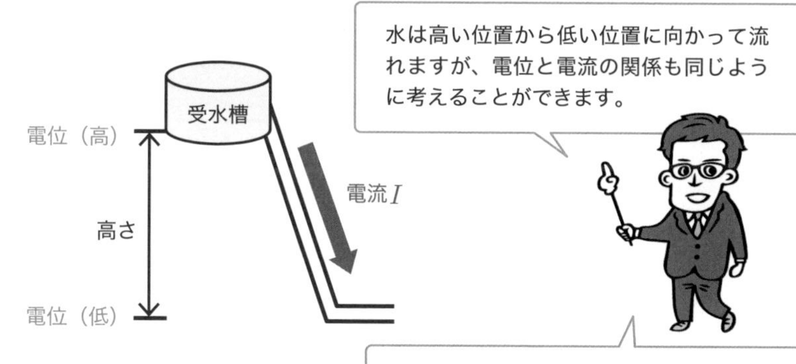

「電位差がない場合、電流が流れない」という考え方も重要です。理論科目で学ぶブリッジ回路の平衡条件を学ぶときに役立ちます。

電圧降下のイメージ

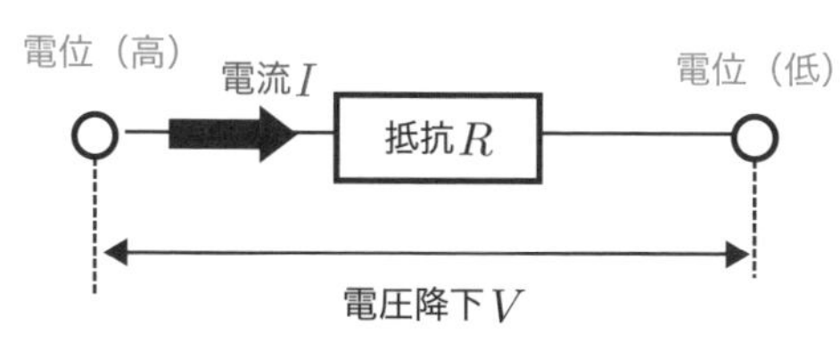

電圧降下V = 電位(高) − 電位(低)

簡単な計算の場合、配線の抵抗は0と考えるので、抵抗の電圧降下＝電位の差となります。

電池の内部抵抗による電圧降下が邪魔になることも

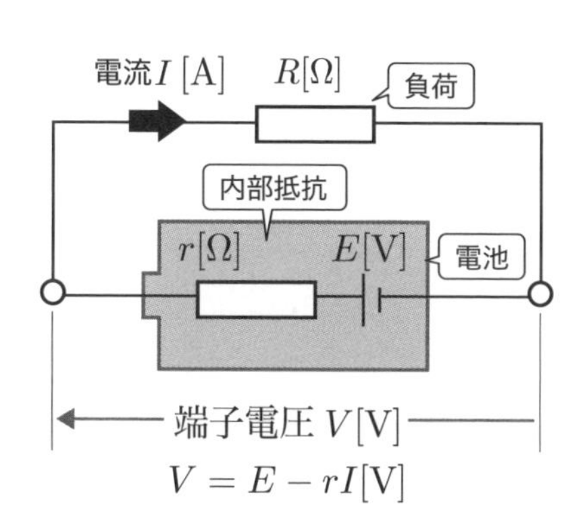

電池には内部抵抗が存在し、その分、電圧降下が生じるため、電池の電圧をそのまま負荷に供給できるわけではありません。ここは少し難しいので、参考までに確認しておく程度で構いません。

基礎　ランク A　難易度 B

直流回路の基本計算

直流回路の基本計算には電圧、電流、抵抗の計算や電力計算があります

オームの法則は、電気回路における電圧、電流、抵抗の関係性をまとめた法則のことです。ドイツの物理学者オームが実験で示した「導体に流れる電流の大きさは、その両端に加えた電圧に比例し、抵抗に反比例する」が元となっています。

右ページの図のように、回路に流れる電流をI[A]、加える電圧をV[V]、回路の抵抗をR[Ω]としたときの関係は、次のように表すことができます。

$$I=\frac{V}{R}[\mathrm{A}]$$

この式を変形して、電圧Vと抵抗Rについて求めると、

$$V=IR[\mathrm{V}] \qquad R=\frac{V}{I}[\Omega]$$

となります。このようにオームの法則によって電圧、電流、抵抗の関係を式で表すことができます。いずれか2つの数値がわかれば、未知の数値を求めることができます。

電力計算の考え方

直流回路の基本計算には、電流計算や抵抗計算のほかに**電力計算**があります。電流が抵抗を流れると熱（ジュール熱）が発生します。

この現象は、電気エネルギーが熱エネルギーに変換されたことを意味します。すなわち、抵抗R[Ω]にI[A]の電流を流すことは、毎秒I^2R[J]の電気エネルギーが、抵抗に供給されたことになります。

抵抗に供給、または抵抗で消費される単位時間（1秒間）当たりの電気エネルギーを**電力**といいます。電力を表す量記号にはP、電力の単位にはワット（単位記号[W]）を用います。

オームの法則

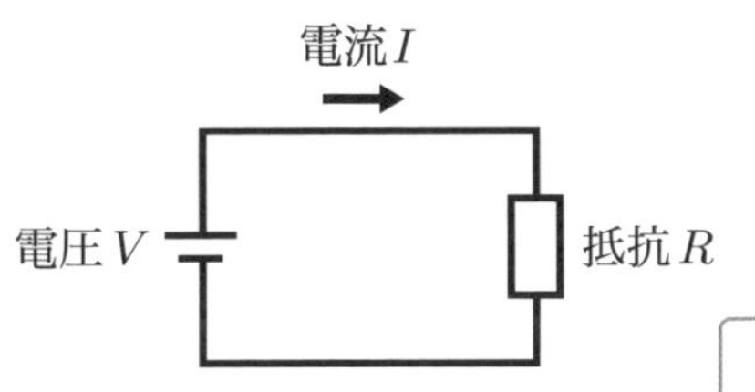

電流を求める式

電流 I ＝電圧 V ÷抵抗 R

式を変形して、電圧や抵抗を求めることもできます。問題に適した形に変形できるようになりましょう！

電圧を求める式

電圧 V ＝電流 I ×抵抗 R

抵抗を求める式

抵抗 R ＝電圧 V ÷電流 I

ジュールの法則

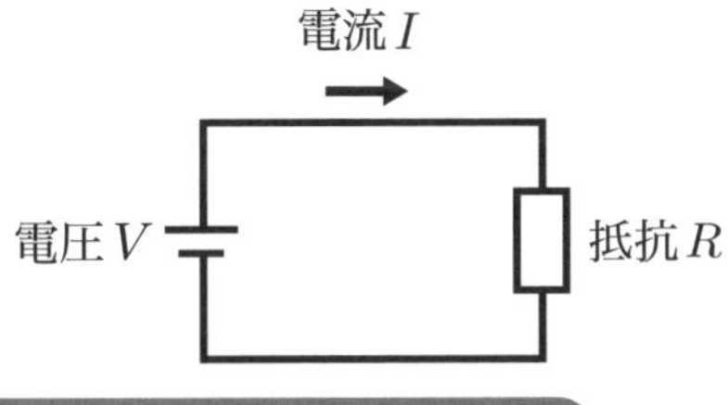

抵抗で発生する熱は
電流の２乗に比例します。

$Q = RI^2t$[J]　　t：時間（秒）

電力と電力量を求める式

電力量は、電力に時間をかけると求まります。

電力を求める式

$P = RI^2$[W]

電力量を求める式

$W = P \times t$[W・s]

ワンポイント　電力を求める式は展開できるように

電力を求める式はオームの法則を使うことで、次式のように表すことができます。

$$P = R \times \left(\frac{V}{R}\right)^2 = \frac{V^2}{R}\text{[W]}$$

$$P = R \times \left(\frac{V}{R}\right) \times I = VI\text{[W]}$$

COLUMN

電験三種でやりたい仕事に就く①

電気主任技術者は、有資格者の不足もあり、就職や転職をするだけであればそれほど難しくはありません。また、電験三種の仕事は非常に広い範囲にわたります。現場作業が多い仕事、管理業務が多い仕事、電気だけでなく機械も含めた設計の仕事など企業によって異なります。

資格を取得した後、多くの選択肢の中から仕事を選んで就職・転職をするわけですが、仕事を選ぶときに企業のネームバリューや規模、福利厚生などを一番の理由にしがちです。しかし、ここにミスマッチを招く大きな原因があります。

「自分が何の仕事をやりたいか」よりも求人のスペックを優先すると、「この仕事もやらないといけないのか」「現場に行くのが面倒だな」と精神的な負担を感じ続けながら仕事をすることになります。

そのため、まずは「どんな仕事をしている時に自分は楽しく過ごせるか」「どんな仕事が嫌なのか」といった問いを設け、自分なりの答えを書き出してみてください。例えば、電気技術者としての仕事別には、施工作業、施工管理、修繕作業、修繕作業の管理、プラントの運転業務、設計業務、講師業務などがあります。また、タイプ別には机上業務（書類作成、調整業務、予算業務）と現場作業に分けることができます。

仕事内容は特に気にしないという人もいると思いますが、人から感謝される仕事や自分の力で日々進捗できる仕事に対しては、より意欲を感じられるのではないでしょうか。自分の好きな仕事を中心にしていけば、自ずと同じ考えを持った人が集まり、幸せな時間を過ごすことができるでしょう。

また、転職だけが環境を変える手段ではありません。今の仕事が辛いと考えている人でも、自分の得意な仕事や好きな業務比率が高い仕事にシフトさせていくと、よい方向に向かうはずです。現在勤めている会社での仕事を少しずつ変化させることで、転職を成功させることに近い効果が得られるでしょう。

第2章

理論科目

理論科目は直流回路、交流回路、静電気、磁気、電子回路、電気電子計測、過渡現象の７分野が試験範囲です。

公式が数多く登場するのが特徴で、本章では必要な公式を分野ごとにわかりやすく整理しています。

理論科目は計算問題が多く、暗記が通用しない科目でもあるので、早い時期からの学習が必要です。出題のパターンが少ないため、１問１問理解しながら学習を進めていきましょう。

概要

理論科目をチェック

直流回路、交流回路、静電気、磁気、電子回路、電気電子計測、過渡現象の7分野が範囲です

理論科目は合計17問で構成され（問17と問18は1つを選択して回答）、**各分野からある程度決まった割合の問題数が出題されます**。理論科目といえば、直流回路や交流回路、静電気、磁気といった分野をイメージする人が多いでしょう。

直流回路や交流回路（単相、三相）では、回路図が与えられ、回路に流れる電流などを求める計算問題が出題されます。単純な回路図ばかりではなく、回路図を変形する力も求められます。

磁気や静電気では、磁気現象や静電気現象がどのような影響を及ぼすものなのかを問う文章問題や、公式を駆使して電気の粒子（電荷）に働く力、電界、磁界などを求める計算問題があります。

また、電子回路では、既に製品化されており、PCなどに搭載されているトランジスタなど電子デバイスのしくみを問う問題が出題されます。例えば、トランジスタにはスイッチング機能がありますが、その動作に必要な電流などを計算で求める問題が出題されます。

電気電子計測では、電流計や電圧計を回路に組み込んだ時の誤差や計器自体のしくみ、測定装置であるオシロスコープのしくみなどを問う問題が出題されます。

理論科目の学習戦略

戦略としては、**電子回路や計測を集中的に学習する**のがおすすめです。近年、メイン分野はほとんどの人が解けないような難問が出ます。**一方で、難しい問題が多い年度ほど、電子回路や計測の問題が基本問題となることが多いです**。電子回路や計測に関しては、多くのテキストが後半部分に掲載しており、学習していない人が多いため、差がつく分野だといえるでしょう。

メイン分野

直流回路（3～4問程度／17問）	静電気（3問程度／17問）
交流回路（3～4問程度／17問）	磁気（3問程度／17問）

POINT

・直流回路と交流回路は計算問題のみ
・三相交流は毎年B問題で出題されており、特に重要
・静電気と磁気は文章問題もあるので、暗記ではなく理解する
・最初は、簡単なテーマから学ぶ
・公式を整理する中で問題を解くコツを掴む

理論科目は年々難化していますが、メイン分野が難しくなっています。電子回路と電気電子計測も押さえる戦略を立てて勉強しましょう。

それ以外の分野

電子回路（2問程度／17問）	電気電子計測（2問程度／17問）
過渡現象（1問程度／17問）	

POINT

・電子回路と電気電子計測は基礎問題が多く出題される
・どちらも過去問だけで学ぼうとすると挫折する

計測分野を捨てる人が多いですが、計測分野は基礎知識で解ける問題がほとんどですので、勉強しておきましょう。

ワンポイント 問題番号でおおむね出題の内容がわかります

問題番号はヒントにもなります。例えば、ブリッジ回路に関する問題は問6や問7といった中盤、交流回路の共振に関する計算問題は問9、過渡現象に関する問題は問10といった具合です。だいたい決まった問題番号で決まったテーマが出題されます。解法が浮かぶだけでもずいぶん解きやすくなります。

02

ランク A　難易度 C

抵抗の定義

抵抗は導体の長さに比例し、断面積に反比例します

抵抗とは

電気材料にはさまざまな物質が用いられますが、これらの中で電気をよく通すものを**導体**、ほとんど通さないものを**絶縁体**、その中間を**半導体**と分類しています。電気材料には**電流の流れを妨げる働き**があります。この働きを**電気抵抗**、あるいは**抵抗**と呼びます。

導体の中で同じ形状をしていても、材質が異なれば抵抗は異なります。そのため、断面積1 m^2、長さ1 mの抵抗値のことを**抵抗率**と定義することで、物質固有の値として表すことができます。

また、抵抗の大きさは温度によって、変化することがわかっています。その変化の割合を**抵抗温度係数**と呼び、αで表すきまりとなっています。

抵抗は合成することができる

抵抗は2個以上あるとき、1個にまとめることができます。これを**抵抗の合成**といいます。**抵抗の合成には、抵抗が直列に接続してある場合と並列に接続してある場合の2通りの合成方法があります**。右ページに合成抵抗を求める式の回路図と公式をまとめました。

「なぜ抵抗の合成を行う必要があるのか？」と疑問を持つ人がいますが、電気回路は電源をつないで回路内に電流を流すことでモノを動かしたりします。電気回路を構築する導線には流すことができる電流に限界があります（これを**許容電流**といいます）。

許容電流を超えないためにも、抵抗を並列接続して電流を分流させるなどの工夫を行い、電気回路の抵抗を調整します。電流の大きさをある値以上にしたい場合もあることから、電気回路内の抵抗の大きさを把握するためにも、抵抗の合成計算を行うのです。

抵抗の定義

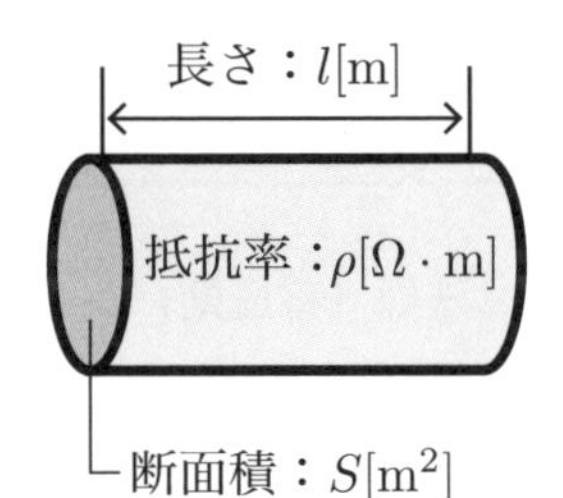

$$R=\rho\frac{l}{S}[\Omega]$$

抵抗：R[Ω]　導体の長さ：l[m]

抵抗率：ρ[Ω・m]　断面積：S[m^2]

電気の通しやすさを示す導電率もあります。導電率は抵抗率の逆数となるため、

導電率$=\dfrac{1}{\text{抵抗率}}$となります。

温度と抵抗の関係

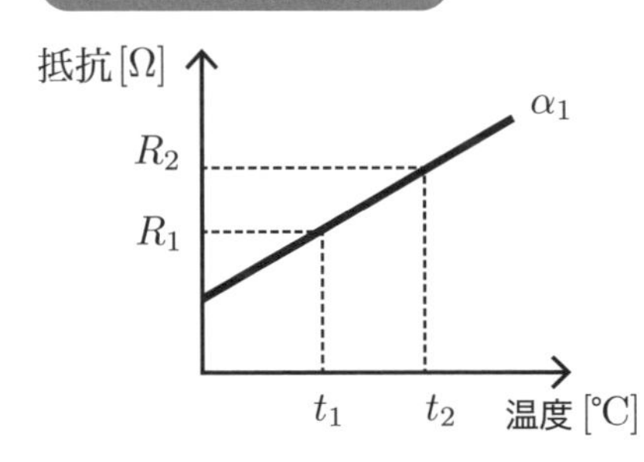

$$R_2=R_1\{1+\alpha_1(t_2-t_1)\}[\Omega]$$

t_1[℃]のときの抵抗：R_1[Ω]

t_2[℃]のときの抵抗：R_2[Ω]

基準温度t_1[℃]のときの抵抗温度係数：α_1

直列回路の合成抵抗を求める

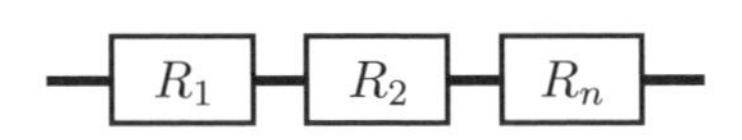

$$R=R_1+R_2+\cdots+R_n[\Omega]$$

並列回路の合成抵抗を求める

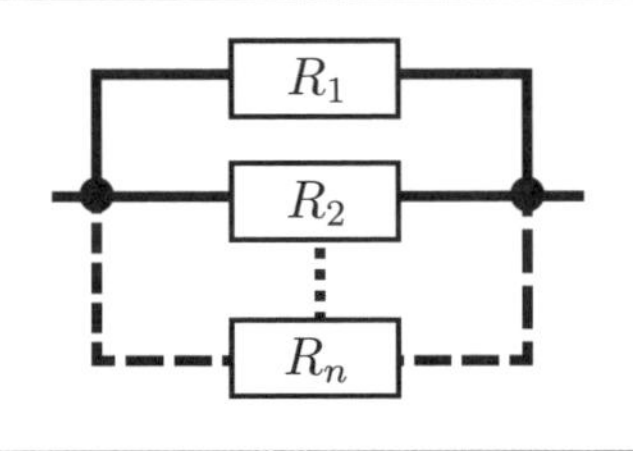

抵抗が2つの場合

$$R=\frac{R_1R_2}{R_1+R_2}[\Omega]$$

抵抗が3つ以上ある場合

$$R=\frac{1}{\frac{1}{R_1}+\frac{1}{R_2}+\cdots+\frac{1}{R_n}}[\Omega]$$

合成抵抗は、回路計算では必ずといってよいほど使いますのでマスターしましょう！

直流　ランク A　難易度 B

キルヒホッフの法則

キルヒホッフの法則によりオームの法則だけでは解けない複雑な回路計算ができます

キルヒホッフの法則には**第１法則（電流則）**と**第２法則（電圧則）**があります。第１法則と第２法則を組み合わせて用いることで、オームの法則だけでは解けない電気回路や手間がかかる複雑な電気回路の計算ができるようになります。

キルヒホッフの第１法則（電流則）

「回路の任意の接続点に流れ込む電流の和は、接続点から流れ出る電流の和に等しい」と定めたのがキルヒホッフの第１法則です。**電流則**とも呼ばれています。接続点へ流れ込む電流に＋、接続点から流れ出る電流に－の符号を付けて表すと、**回路中の接続点へ出入りする電流の総和はゼロとなります。**

キルヒホッフの第１法則はよく水道管に例えられます。漏れのない水道管では、入ってくる水の量と出ていく水の量は等しくなりますが、これは電気回路における電流にも同じことがいえます。

キルヒホッフの第２法則（電圧則）

「電気回路において、任意の閉回路を一方向にたどるとき、その閉回路での起電力の和は、抵抗による電圧降下の和と等しくなる」と定めたのがキルヒホッフの第２法則です。**電圧則**とも呼ばれています。右の回路で考えてみると、起電力の和は$E_1 + E_2$、各抵抗の電圧降下は$I_1R_1 + I_1R_2$となり、これらが等しくなります。

キルヒホッフの第２法則は、「川の流れ」で例えることができます。起電力は水の高さに相当し、川の流れを作り出すエネルギーと考えるとわかりやすいでしょう。抵抗での電圧降下は「水の落差」であると考えることができます。

キルヒホッフの第１法則（電流則）

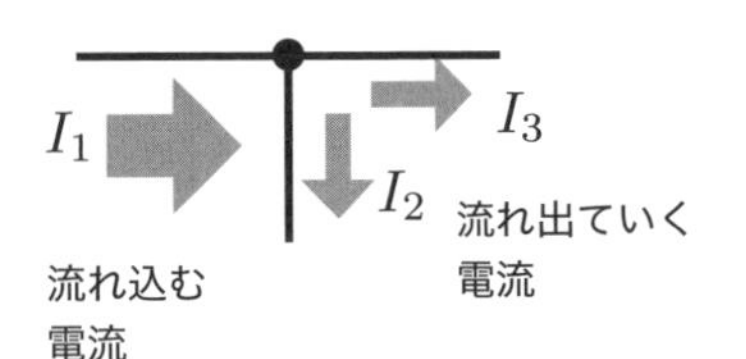

流れ込む電流＝流れ出ていく電流の合計

$$I_1 = I_2 + I_3$$

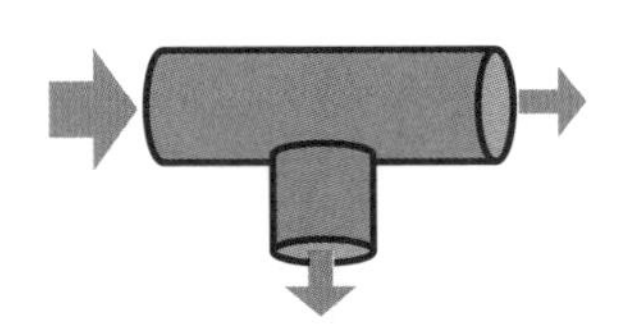

入る水量と出る水量が等しい水道管のイメージで理解しましょう！

キルヒホッフの第２法則（電圧則）

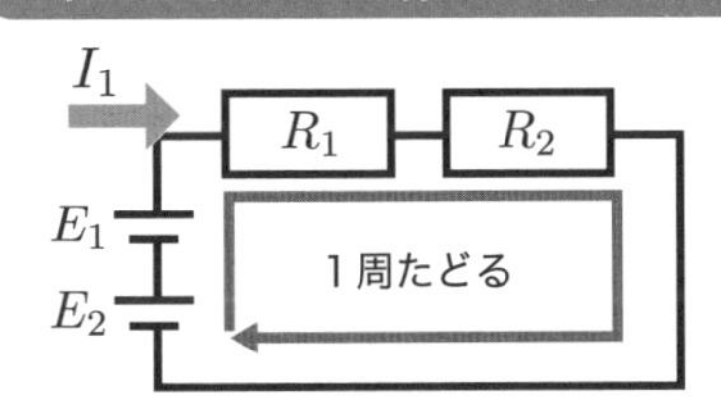

起電力の和＝各抵抗の電圧降下

$$E_1 + E_2 = I_1R_1 + I_1R_2$$

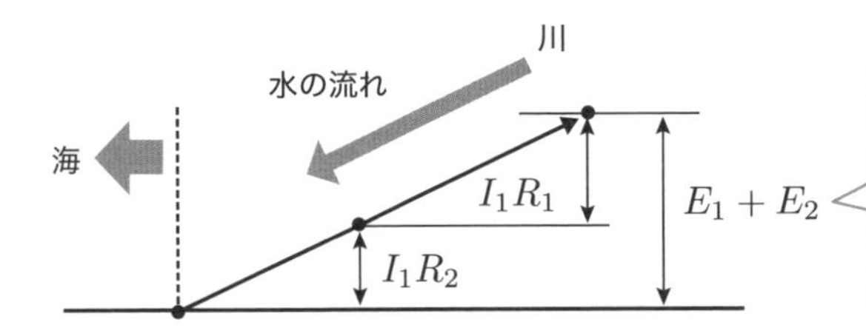

起電力や電圧降下の和がよくわからない人は「川の流れ」をイメージするとよいでしょう。

問題にチャレンジ

問題 ある回路内の１つの閉回路（閉回路Ⅱとする）に対して電圧の式を立てると$E_2 = 5I_2 + 6I_3$となる。〇か×か。

解説 時計回りをたどる向きとして式を立てると$E_2 = 5I_2 - 6I_3$となります。たどる向きと電流の向きが反対の場合には－（マイナス）が付くので注意が必要です。　答え：×

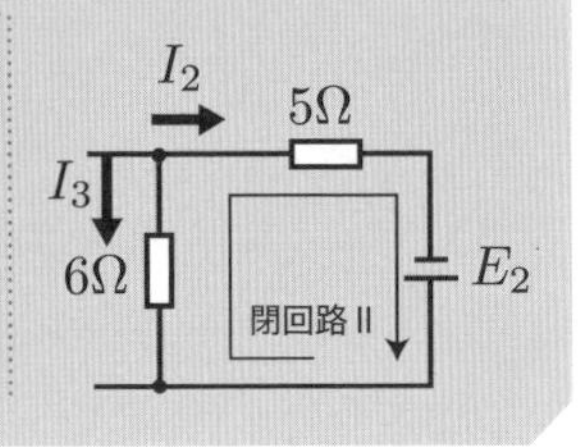

直流　ランク A　難易度 B

04 分流の式と分圧の式の違いとは

分流の式は並列回路に分流する電流、分圧の式は直列接続された抵抗にかかる電圧を計算できる法則です

電気回路内の電流や電圧を求める方法には、**分流の式**と**分圧の式**という便利な計算手法があります。

●分流の式

分流の式とは、枝分かれする電気回路中に流れる電流の大きさを求めることができる式です。分流の式を使うためには「**枝分かれする前の電流**」と「**回路中の抵抗値**」が必要です。抵抗が並列に接続された回路では、電流が抵抗の大きさに反比例して分流することがわかっています。抵抗の小さいほうに大きな電流が流れるというイメージを持っておくとよいでしょう。

●分圧の式

分圧の式とは、直列接続された複数の抵抗に分散する電圧を求めることができる式です。分圧の法則を使うためには「**分散する前の電圧**」と「**回路中の抵抗値**」が必要です。抵抗が直列に接続された回路では抵抗の大きさに比例して電圧が分かれます。抵抗の大きいほうに大きな電圧がかかると覚えておきましょう。

分圧の式と分流の式の違いは「分子の抵抗」

分流の式と分圧の式は似ているので注意が必要です。これらの決定的な違いは**分子の抵抗**です。分流の式の分子には求めたい電流が流れる抵抗ではない側の抵抗を入れるのに対し、分圧の式の分子には求めたい電圧がかかる抵抗を入れます。単純に式を暗記するのではなく、それぞれの式の背景を理解しておきましょう。

試験では複雑な回路図が出題されることもありますが、抵抗の合成を行って回路を整理すると、分流の式や分圧の式を使って解ける問題も多くあります。問題を解く中で式を使いこなせるようになりましょう。

分流の式

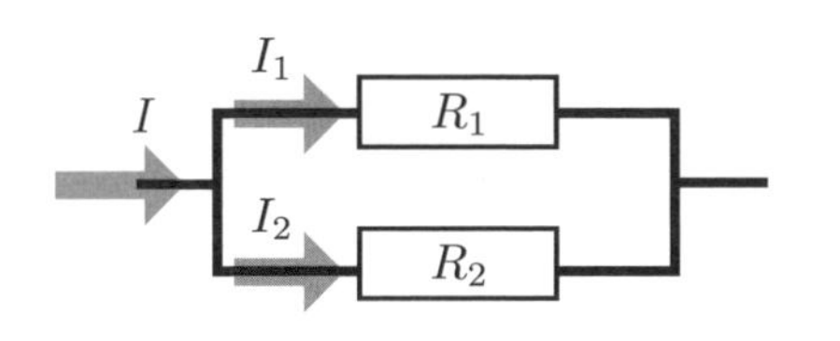

$$I_1 = \frac{R_2}{R_1 + R_2} \times I[\mathrm{A}]$$

$$I_2 = \frac{R_1}{R_1 + R_2} \times I[\mathrm{A}]$$

分子には求める電流が流れない側の抵抗を入れます。

分圧の式

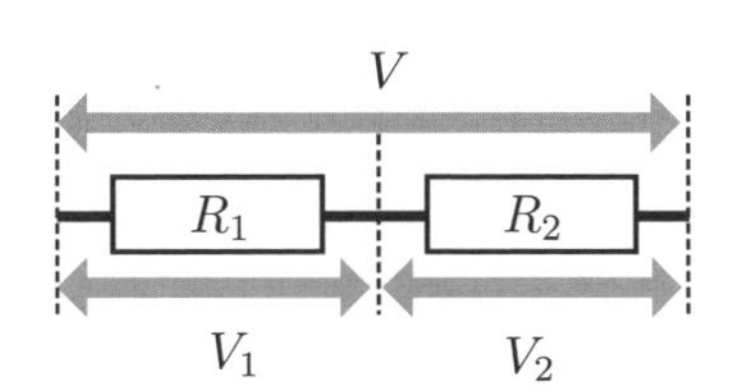

$$V_1 = \frac{R_1}{R_1 + R_2} \times V[\mathrm{V}]$$

$$V_2 = \frac{R_2}{R_1 + R_2} \times V[\mathrm{V}]$$

分流の式とは違い、分子には求める電圧がかかる抵抗を入れます。

問題にチャレンジ

問題 分流の式の分子に入る抵抗値は「求めたい電流が流れる側の抵抗」である。○か×か。

解説 分流の式の分子に入る抵抗値は「求めたい電流が流れる側の反対側の抵抗」です。電流は抵抗が小さい側に多く流れるという性質も合わせて覚えておくとよいでしょう。

答え：×

05 直流 ランク C 難易度 B

複雑な電気回路を解く際に便利な計算手法

電気回路の便利な計算方法として、重ね合わせの理とテブナンの定理があります

複雑な電気回路の計算をする場合、**重ね合わせの理**と**テブナンの定理**といった便利な計算手法があります。この2つの式を使いこなせると、かなりラクに計算ができるようになります。

重ね合わせの理

複数の電源がある回路の電流計算をする際、電源を1つずつ分けて考えて、最後に足し合わせて求めることができる便利な計算方法です。複数の電源を含む電気回路では、計算がとても複雑になってしまいますが、重ね合わせの理を活用することで簡単にしかも早く計算することができます。電気回路内の電源を分けて考えるところがポイントです。

テブナンの定理

回路内のある点の電流を求めることができるという定理です。抵抗がたくさんある電気回路で電流計算を行う場合、回路全体の合成抵抗を求めてから分流の式を使って枝分かれする電流を求めていく方法は、かなりの手間と時間がかかります。テブナンの定理には、そのわずらわしさを省くことができるメリットがあります。ただし、テブナンの定理を用いた計算では、**テブナンの定理用の等価回路**を作る必要があります。等価回路を作るために必要なものとしては、**端子間の電圧**と**合成抵抗**があります。

右にテブナンの定理に必要なことを4つの手順にまとめました。まずは、電流を求めたい部分を切り離します。次に、切り離した部分の電圧（端子a－b間電圧）を求めます。そして、端子から見た回路の抵抗（**等価抵抗**）を求めます。この等価抵抗と切り離した抵抗を接続した回路がテブナンの定理用の等価回路であり、**等価回路に流れる電流が求めたい電流**です。

重ね合わせの理

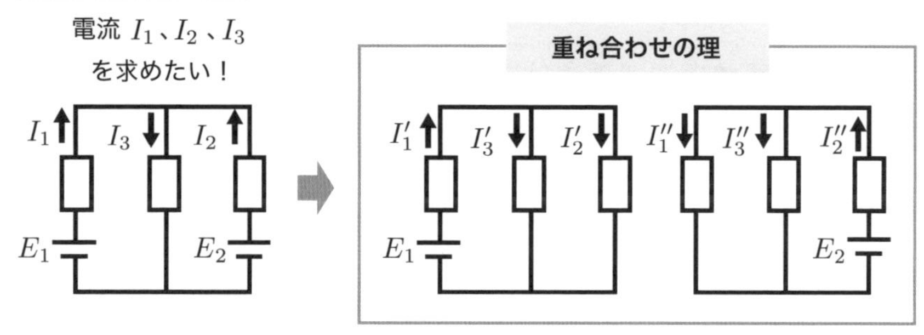

電源を１つずつの回路に分けて電流を足し合わせることで、各電流を求めることができます。

$$I_1 = I_1' - I_1'' \qquad I_2 = -I_2' + I_2'' \qquad I_3 = I_3' + I_3''$$

テブナンの定理

４つの手順

手順①	電流を求めたい部分を切り離して端子 $a-b$ をつける
手順②	端子 $a-b$ 間にかかる電圧 V を求める
手順③	端子 $a-b$ から見た回路の抵抗 R'（等価抵抗）を求める
手順④	等価抵抗と切り離した部分を接続する

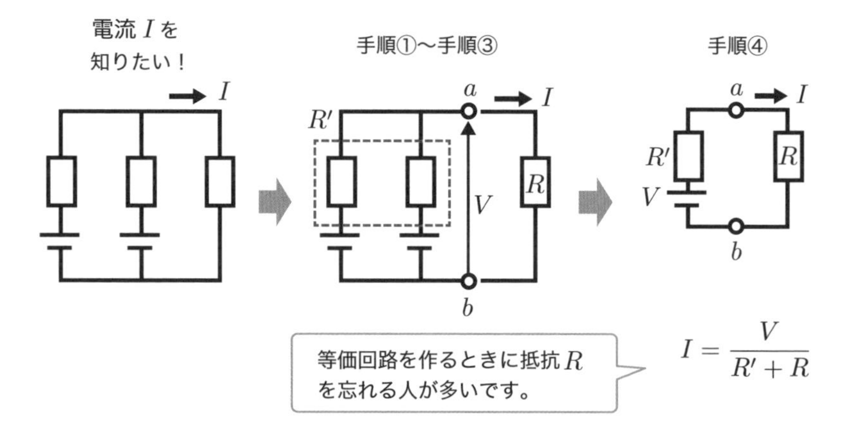

直流 ランク C 難易度 B

直流回路の過渡現象

直流回路の過渡現象は、定常状態(電流・電圧一定)から別の定常状態に移るまでの変化現象です

過渡現象とは、定常状態から別の定常状態に移るまでに起こる変化をいいます。例えば、抵抗R[Ω]、インダクタンスL[H]の直列回路に直流電圧E[V]を加えたとき、電流は右ページのグラフのような変化曲線を描きますが、これが過渡現象です。抵抗と静電容量C[F]の直列回路のコンデンサに蓄積する電荷も同じような変化曲線を描きます。回路中のコイルやコンデンサに直流電圧をかけ、一定の時間が経過すると**コイルは短絡状態、コンデンサは開放状態**となり、過渡現象が収まって安定状態となります。

過渡現象の継続時間の目安は「時定数」

過渡現象の継続時間の目安となるものとして、**時定数**という用語が使われています。過渡現象が収まったときの電流や電荷を1としたとき、**0.632に達したときの時間を時定数**とします。時定数が過渡現象の変化が終わるまでの時間が早いのか遅いのかの参考になります。**RL直列回路の時定数TはL/R[s]、RC直列回路の時定数TはCR[s]です。**

時定数の公式を求めるのは数学的に難しいため、暗記しておくとよいでしょう。RL直列回路の時定数の覚え方としては、インダクタンスLはコイルが電流変化を拒むことを表したものであるので、Lが大きいほど電流の変化が終わるまで時間がかかり、抵抗Rは大きいほど回路に流れる電流自体が小さくなるので電流変化の幅が小さくなると考えると、RL直列回路の時定数$T = L/R$[s]がしっくりきます。

RC直列回路の時定数の覚え方としては、静電容量は電荷をどれだけたくさん溜めることができるかの指標であり、抵抗Rは大きいほど電荷の移動がしづらく、コンデンサに電荷が溜まりにくくなると考えるとよいでしょう。

過渡現象

RL 直列回路

回路中に流れる電流と時間の関係

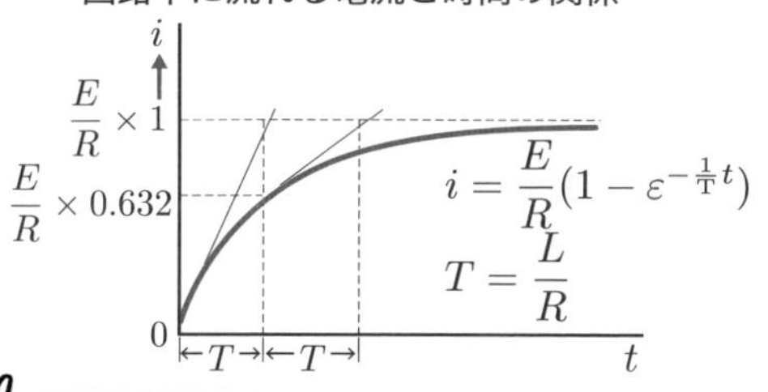

電流の式や時定数を求めるには積分の知識が
必要になるため、暗記するほうが早いです。

RC 直列回路

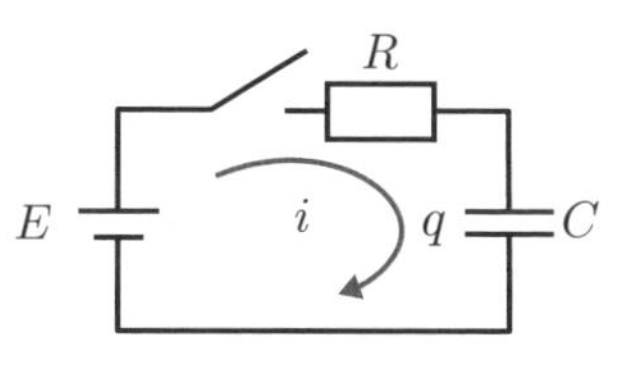

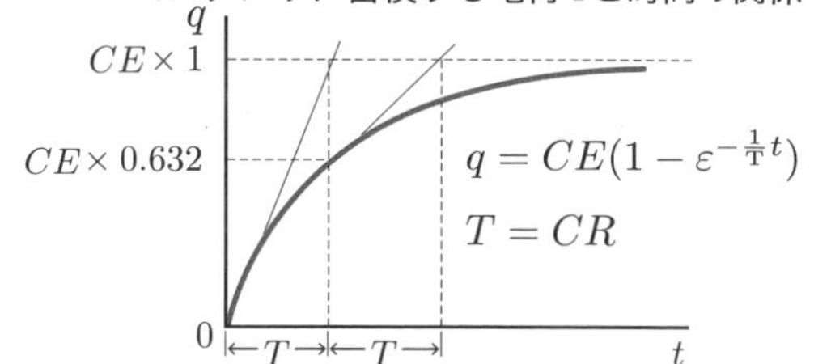

回路に流れる電流と時間の関係

電荷がコンデンサに溜まっ
ていくため、徐々に電流が
流れなくなります。

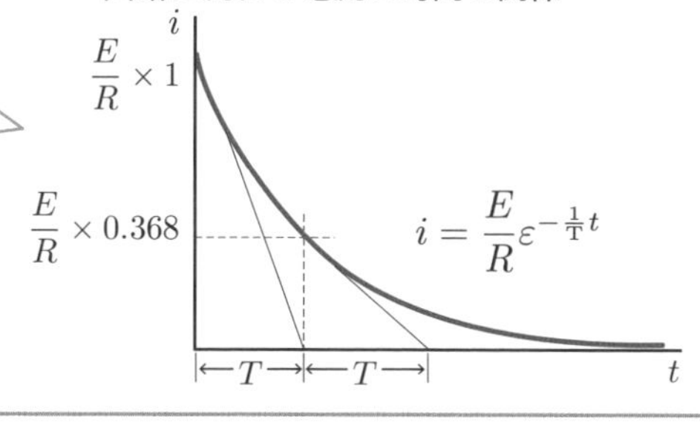

問題にチャレンジ

問題 RL直列回路の時定数は$\frac{R}{L}$、RC直列回路の時定数は$\frac{R}{C}$である。○か×か。

解説 RL直列回路の時定数は$\frac{L}{R}$、RC直列回路の時定数はCRです。答え：×

直流　ランク C　難易度 C

07 ブリッジ回路とは

ブリッジ回路は、直並列回路の中間を橋渡しするような回路です

ブリッジ回路とは、直並列回路の途中に橋をかけたような回路のことをいいますが、単純な直並列計算のみでは電流計算ができません。テブナンの定理を用いて解く、キルヒホッフの法則に基づいて連立方程式を立てて解く、Δ－Y変換を用いて直並列回路に変換して解くといった解法が必要となります。

しかし、**ブリッジ回路の平衡条件**を満たしている場合には、右に示すように、簡単に電流計算を行うことができます。

なお、直並列回路の橋をかけたところに電流計を接続した回路を**ホイートストンブリッジ**といい、抵抗を精密に測定する場合に広く用いられます。

ブリッジ回路の平衡条件

ブリッジ回路の向かい合う抵抗をかけた値が等しいとき、橋渡しをしている経路には電流が流れなくなります。このような状態となる条件を**ブリッジ回路の平衡条件**といいます。

ブリッジ回路の平衡条件を満たすとき、橋渡ししている経路に電流が流れないということは**電位差がないこと**を意味しています。

電位差の考え方は重要かつ応用が利くので、苦手意識のある人は右の図のように、ブリッジ回路の各点の電位を高さで表してみるとよいでしょう。

A点からC点を経由してB点にたどり着くまでの経路の抵抗は27Ω、A点からD点を経由してB点に至る経路の抵抗は9Ωです。経路ACの抵抗は経路ACBのどのくらいの割合を占めるかといえば、$\frac{6}{27}=\frac{2}{9}$となります。

一方で、経路ADB側も同じことがいえます。C点とD点の電気的な高さが等しいため、電流が流れないことになります。ブリッジ回路の平衡条件を電位差で理解しておくのは非常に役立ちます。

ブリッジ回路の平衡条件

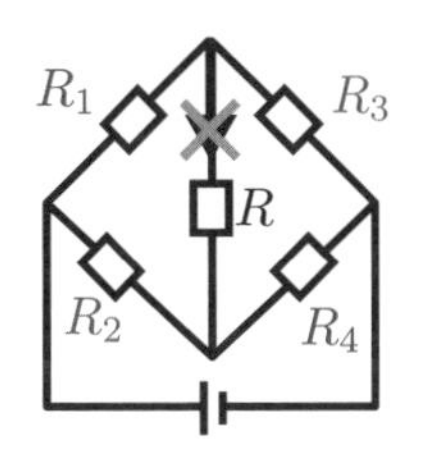

ブリッジ回路の平衡条件の式

$$R_1 \times R_4 = R_2 \times R_3$$

平衡条件を満たすとき、橋渡ししている抵抗 R の両端の電位差がなくなるため、R には、電流が流れなくなります。

平衡状態の電位のイメージ図

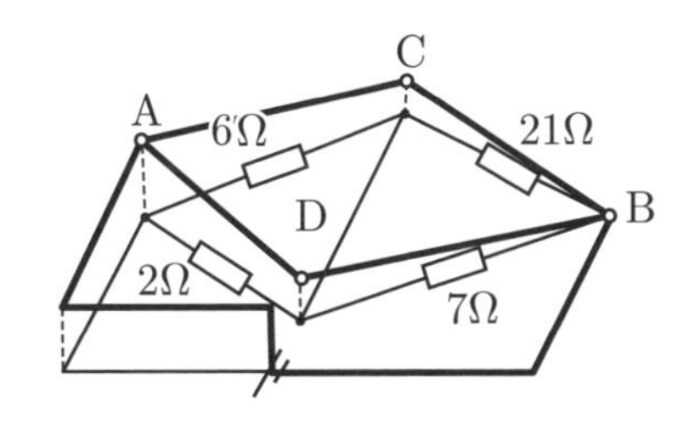

C点とD点の電位が同じというイメージを持っておくと、応用ができるようになります。

さまざまなブリッジ回路

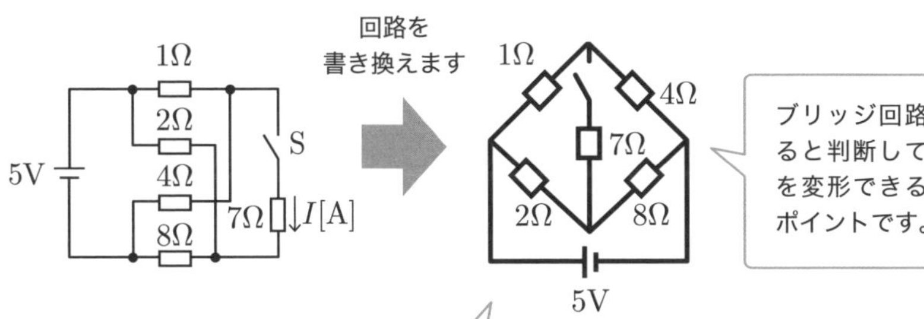

ブリッジ回路であると判断して回路を変形できるかがポイントです。

$R_1 \times R_4 = 1\Omega \times 8\Omega = 8\Omega$　　$R_2 \times R_3 = 2\Omega \times 4\Omega = 8\Omega$

平衡条件を満たしているので、スイッチを入れても抵抗 7Ω には電流は流れません。

直流回路分野の例題

抵抗3Ωの端子間の電圧が1.8Vであった。
電源電圧E[V]の値はいくらか。

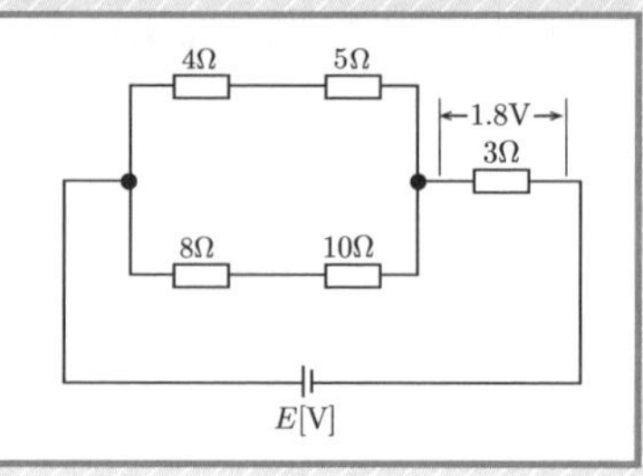

解答

まず、並列回路の合成抵抗Rを求めます。

$$R=\frac{R_1\times R_2}{R_1+R_2}=\frac{(4+5)\times(8+10)}{(4+5)+(8+10)}=6\Omega$$

次に、分圧の法則を用いて、電源電圧Eを求めます。
3Ωにかかる電圧をV_1としたとき

$$V=1.8=\frac{3}{R+3}E$$

$$1.8=\frac{3}{6+3}E$$

$$E=\frac{6+3}{3}\times1.8=\frac{9}{3}\times1.8=5.4\text{V}$$

正解　5.4[V]

図のような直流回路において、$2R$[Ω]の抵抗に流れる電流I[A]の値はいくらになるか。
【平成13年・問10】

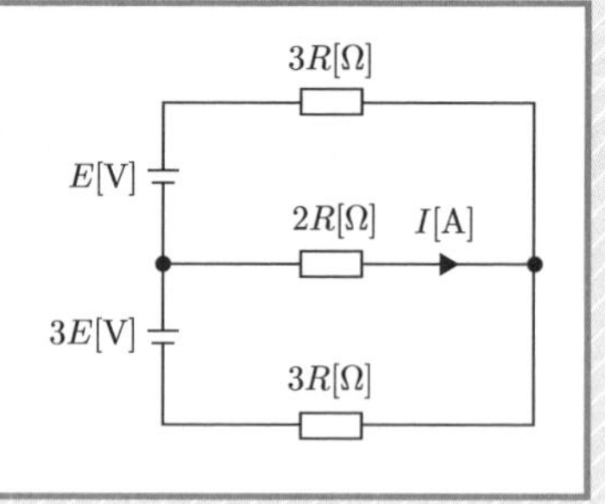

解答

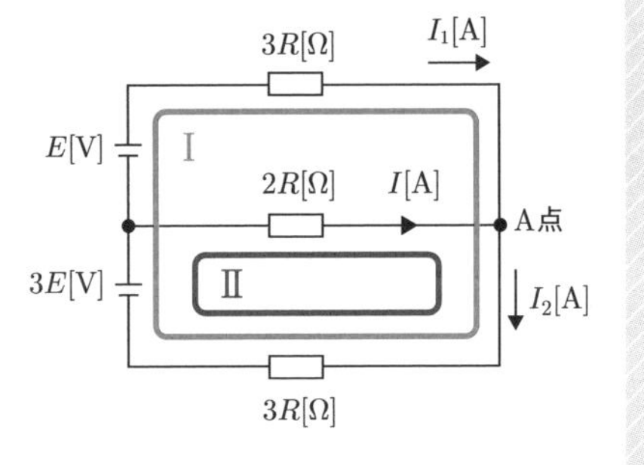

まず、各電流をI_1、I_2の方向を右図のように仮定し、回路にキルヒホッフの第１法則と第２法則を適用し、式を立てます。

A点に第１法則を適用します。

$$I_1 + I = I_2 \cdots ①式$$

閉回路Ⅰにおいて第２法則を適用します。

$$3E + E = 3RI_1 + 3RI_2$$
$$4E = 3RI_1 + 3RI_2 \cdots ②式$$

閉回路Ⅱにおいて第２法則を適用します。

$$3E = 2RI + 3RI_2 \cdots ③式$$

①式を②式と③式に代入し、連立方程式を立てると

$$\begin{cases} 4E = 6RI_1 + 3RI \cdots ④式 \\ 3E = 3RI_1 + 5RI \cdots ⑤式 \end{cases}$$

となります。

⑤式を２倍し、両式の差をとると

$$\begin{cases} 4E = 6RI_1 + 3RI \\ 6E = 6RI_1 + 10RI \end{cases}$$
$$-2E = -7RI$$

となります。したがって

$$I = \frac{2E}{7R}$$

正解　$\frac{2E}{7R}$[A]

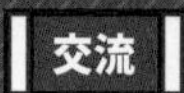

08 ランク C 難易度 C

交流回路とは

交流回路は交流電源と抵抗素子、コイル、コンデンサで構成される電気回路です

直流回路の電圧や電流は、過渡現象の期間を除いて一定の値でした。時間の経過に伴って、**大きさ**と**向き**が変化する電流や電圧を**交流（略記号ＡＣ）**といいます。交流の変化の様子を図形化したものを、その交流の波形といい、正弦曲線であるものは**正弦波交流**と呼ばれます。波形の特徴を表現する用語に**サイクル**、**周期**、**周波数**、波形の大きさを表現する用語に**最大値**、**平均値**、**実効値**があります。

波形の特徴と大きさ

●サイクル、周期、周波数

サイクルとは、波形のある地点から時間で変化して戻ってくるまでの過程、**周期は１サイクルにかかる時間**、**周波数は１秒間の間に繰り返すサイクルの数**をいいます。

●最大値・平均値

正弦波交流の大きさは時間の経過とともに変化しますが、各時間の大きさを**瞬時値**といい、瞬時値のうちの最大の値を**最大値**といいます。一方で、交流波形の半周（0.5 サイクル）の平均をとった値を**平均値**といいます。

●実効値

交流の実効値は、同じ時間内に抵抗中で使われる電力量が等しくなる直流電流の値です。

●抵抗のみの交流回路

交流回路では大きさと向きを考える必要があるため、**ベクトル図を使って複素平面で表現します**（ベクトルと複素平面は別章を参照）。抵抗のみの交流回路では、電圧と電流の波形にズレ（**位相差**）がないのが特徴です。後ほど学ぶ交流回路では、電圧と電流の波形やベクトルに位相差があります。

交流の定義

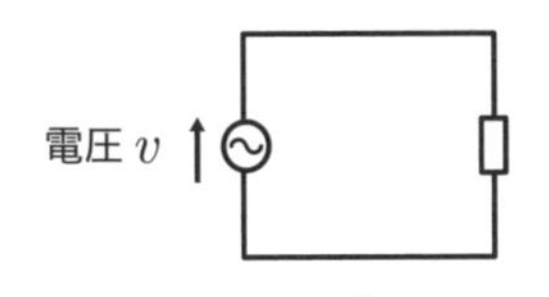

瞬時値の式

$$v = V_m \sin \omega t[\mathrm{V}]$$

(V_m: 最大値 [V]　ω: 角速度 [rad/s]　t : 時刻 [s])

〜 は交流電源を意味します。

交流波形の表現方法

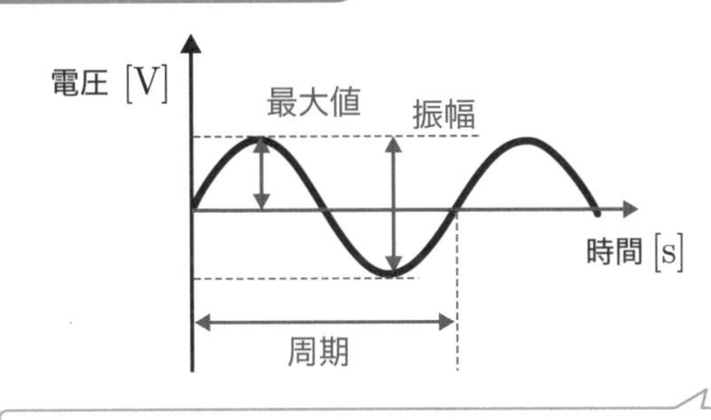

$$実効値 = \frac{最大値}{\sqrt{2}}$$

$$平均値 = 最大値 \times \frac{2}{\pi}$$

$$周波数 = \frac{1}{周期}$$

周波数と周期の関係は、他の科目でも使うので非常に重要です！

抵抗のみの回路

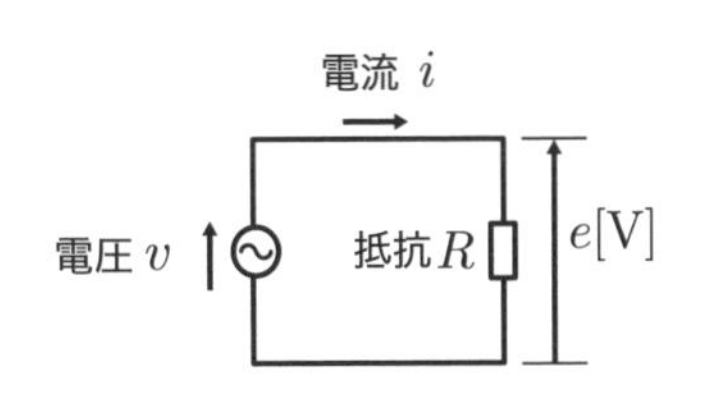

波形

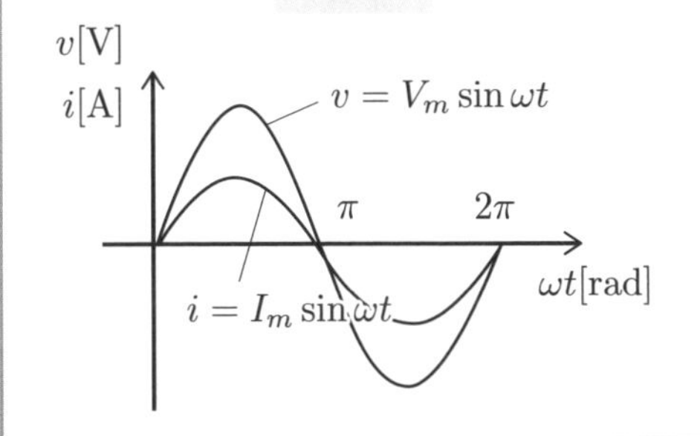

電圧と電流に位相差はありません。これを同相といいます。

ベクトル図

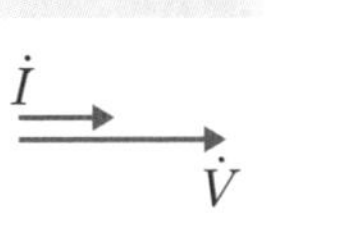

交流　ランク A　難易度 B

単相交流回路（コイルのみ、コンデンサのみ）

コイルのみやコンデンサのみの交流回路にはそれぞれ特徴があります

交流回路では抵抗以外に**コイル**と**コンデンサ**も電流の流れを妨げます。コイルやコンデンサに交流電圧を加えたときの**電圧と電流の位相差、電流の大きさ**について理解しましょう。

●コイル（インダクタンスL）のみの回路

コイルのみの回路に流れる電流は、電圧より90°（π/2[rad]）遅れます。右ページの波形とベクトル図からも**90°（π/2[rad]）の位相差**が読み取れます。

●コンデンサ（静電容量C）のみの回路

コンデンサのみの回路に流れる電流は、電圧より90°（π/2[rad]）進みます。コンデンサは電流を**90°（π/2[rad]）**進めると覚えるとよいです。

コイルおよびコンデンサに流れる電流の式

交流電圧$\dot{V}$[V]をコイル（インダクタンスL[H]）のみの回路、コンデンサ（静電容量C[F]）のみの回路それぞれに加えたときに流れる電流をそれぞれ$\dot{I}_L$、$\dot{I}_C$[A]とするとき、次の式で表すことができます。コイルの誘導性リアクタンスをX_L、コンデンサの容量性リアクタンスをX_Cとします。

コイルのみの回路に流れる電流　$\dot{I}_L = \dfrac{\dot{V}}{jX_L} = \dfrac{\dot{V}}{j\omega L} = -j\dfrac{\dot{V}}{\omega L}$[A]

コンデンサのみの回路に流れる電流　$\dot{I}_C = \dfrac{\dot{V}}{-jX_C} = \dfrac{\dot{V}}{\frac{1}{j\omega C}} = j\omega C\dot{V}$[A]

ベクトル図（複素平面図）では虚数単位$+j$は**90°（π/2[rad]）進み**、$-j$は**90°（π/2[rad]）遅れ**を意味しています。複素数が苦手な人は、別章で解説していますので、確認してください。

コイル（インダクタンスL）のみの回路

回路図

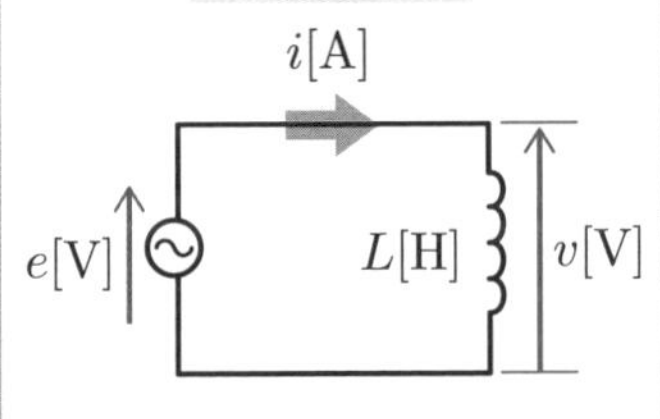

波形

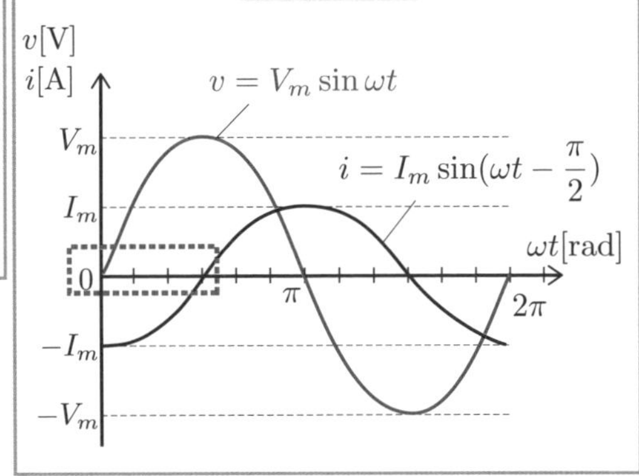

ベクトル図

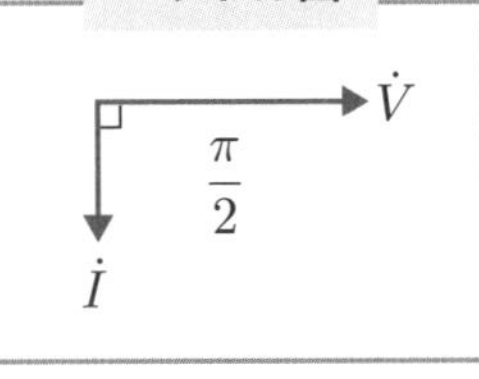

点線で囲んだ部分に注目すると、電流の方が 90°遅れていることがわかります。

コンデンサ（静電容量C）のみの回路

回路図

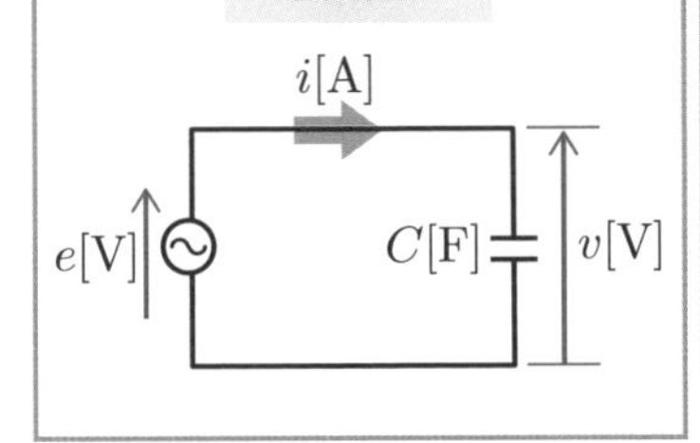

波形

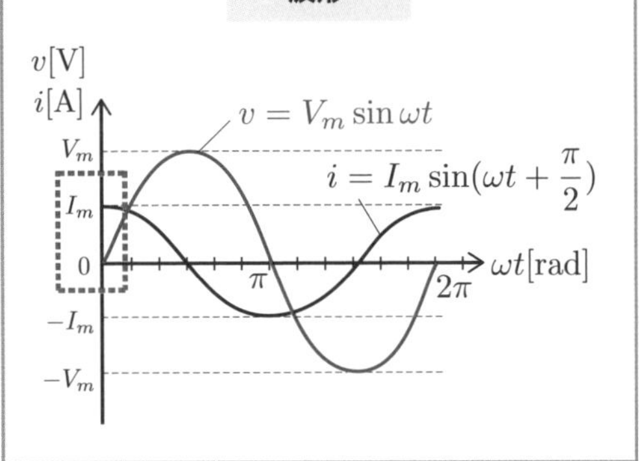

ベクトル図

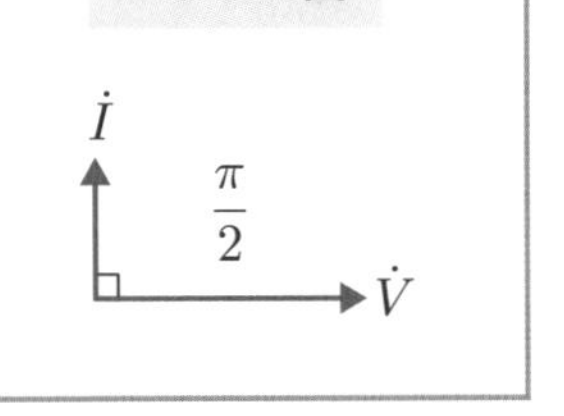

点線で囲んだ部分に注目すると、電流の方が 90°進んでいることがわかります。

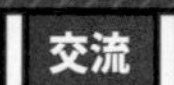

10

ランク A　難易度 B

単相交流回路（直列回路）

抵抗、コイル、コンデンサを直列接続した回路の電圧、電流、インピーダンスの特徴を解説します

単相交流回路の直列回路には、**RL直列回路**、**RC直列回路**、**RLC直列回路**があります。本節では電圧と電流の位相差、インピーダンスの大きさ、電流の求め方を学んでいきましょう。

● RL直列回路の電圧と電流の位相差

キルヒホッフの第二法則（電圧則）により、$\dot{V}=\dot{V}_R+\dot{V}_L$が成り立ちます。抵抗に加わる電圧$\dot{V}_R$とコイルに加わる電圧$\dot{V}_L$には90°の位相差（**コイルに加わる電圧が進み**）があるため、右ページのようなベクトル図となります。

● RC直列回路の電圧と電流の位相差

抵抗に加わる電圧$\dot{V}_R$とコンデンサに加わる電圧$\dot{V}_C$には90°の位相差（**コンデンサに加わる電圧が遅れ**）があるため、右ページのようなベクトル図となります。

● RLC直列回路の電圧と電流の位相差

RLC直列回路では$\dot{V}_L$と$\dot{V}_C$が打ち消し合います。$\dot{V}_L$の方が$\dot{V}_C$より大きい場合を**誘導性**、逆の場合を**容量性**といいます。

各回路のインピーダンスと電流

各回路のインピーダンスと電流の大きさをまとめましたので、確認しておきましょう。

	インピーダンス	電流の大きさ
RL 直列回路	$\dot{Z}=R+jX_L,\ \lvert\dot{Z}\rvert=Z=\sqrt{R^2+X_L^2}$	$I=\dfrac{V}{Z}$
RC 直列回路	$\dot{Z}=R-jX_C,\ \lvert\dot{Z}\rvert=Z=\sqrt{R^2+X_C^2}$	$I=\dfrac{V}{Z}$
RLC 直列回路	$\dot{Z}=R+j(X_L-X_C)=R+j(\omega L-\dfrac{1}{\omega C}),$ $\lvert\dot{Z}\rvert=Z=\sqrt{R^2+(X_L-X_C)^2}$	$I=\dfrac{V}{Z}$

RL 直列回路

回路図

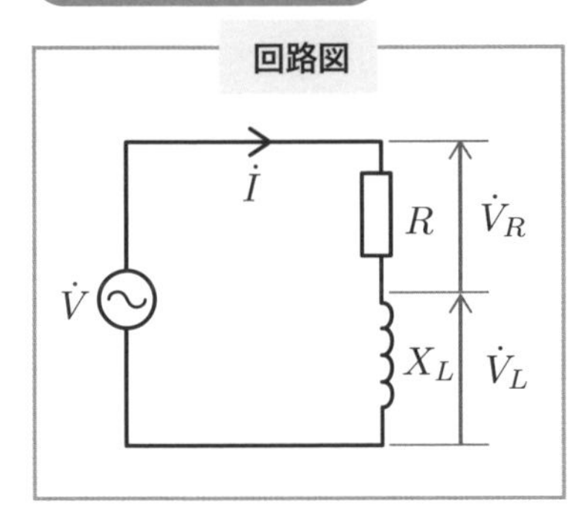

ベクトル図

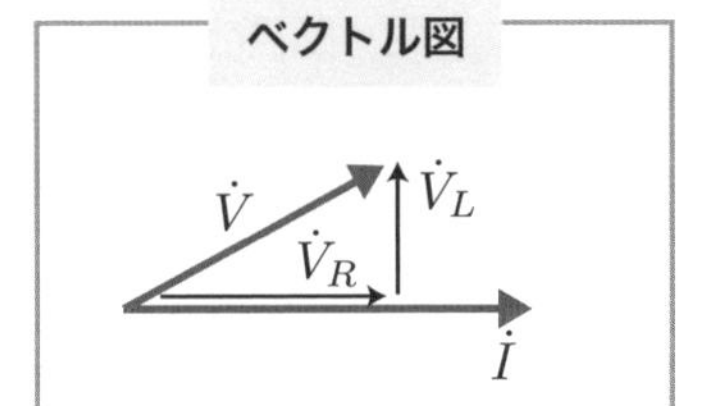

RL 直列回路と RC 直列回路では、$\dot{V}_L$ と $\dot{V}_C$ の向きが反対になっているのがポイントです。

RC 直列回路

回路図

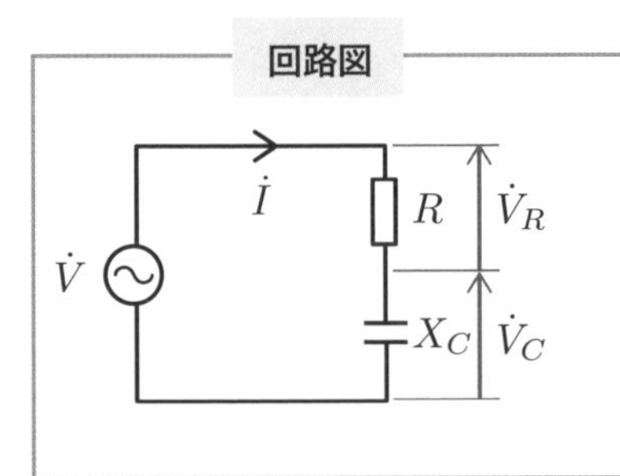

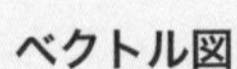

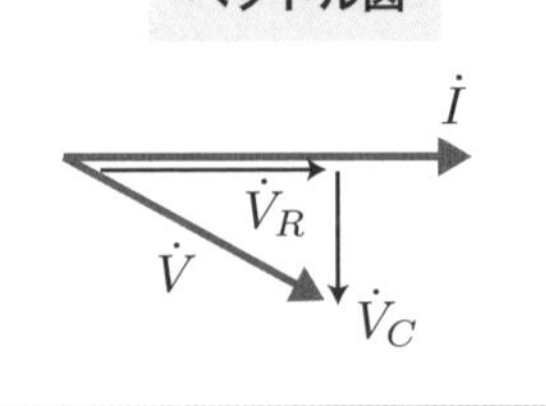

$\dot{V}_R$ と $\dot{V}_L$、$\dot{V}_C$ を比較したとき、$\dot{V}_L$ は進み、$\dot{V}_C$ は遅れという特徴が試験に出ます！

RLC 直列回路

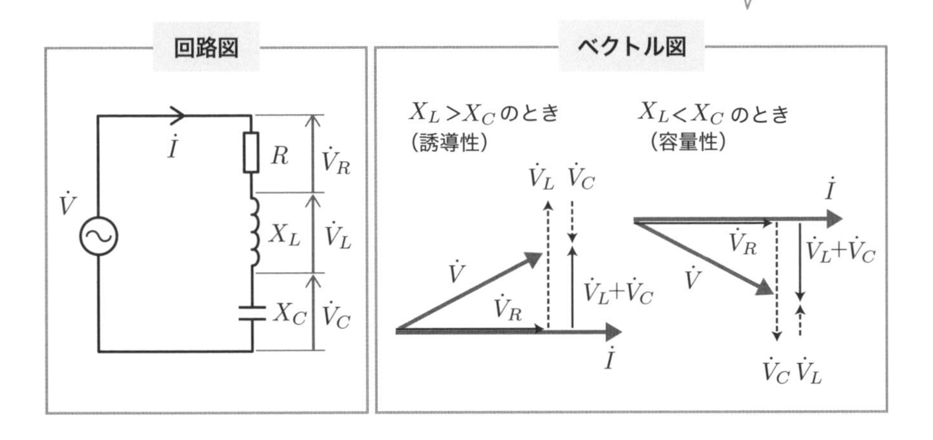

11

ランク A　難易度 B

単相交流回路（並列回路）

抵抗、コイル、コンデンサを並列接続した回路の電圧、電流、インピーダンスの特徴を解説します

単相交流回路の並列回路には**RL並列回路**、**RC並列回路**、**RLC並列回路**があります。並列回路では負荷に加わる電圧が等しいので、電圧を基準としてベクトル図を描く点に注意しましょう。

● RL並列回路の電圧と電流の位相差

RL並列回路では、キルヒホッフの第一法則（電流則）により、$\dot{I} = \dot{I}_R + \dot{I}_L$が成り立ちます。抵抗に流れる電流$\dot{I}_R$とコイルに流れる電流$\dot{I}_L$には90°の位相差があり、電流$\dot{I}_L$の方が遅れるため、右ページのようなベクトル図となります。

● RC並列回路の電圧と電流の位相差

抵抗に流れる電流$\dot{I}_R$とコンデンサ側を流れる電流$\dot{I}_C$には90°の位相差がありますが、コンデンサ側を流れる電流$\dot{I}_C$が進むという違いがあります。

● RLC並列回路の電圧と電流の位相差

RLC並列回路では、$\dot{I}_L$と$\dot{I}_C$が打ち消し合うベクトル図となります。

各回路のインピーダンスと電流

各回路のインピーダンスと電流の大きさを確認しておきましょう。

	インピーダンス	電流の大きさ
RL 並列回路	$\dot{Z} = \frac{1}{\frac{1}{R} - j\frac{1}{\omega L}}$, $Z = \frac{1}{\sqrt{(\frac{1}{R})^2 + (\frac{1}{\omega L})^2}}$	$I = \sqrt{I_R^2 + I_L^2}$
RC 並列回路	$\dot{Z} = \frac{1}{\frac{1}{R} + j\omega C}$, $Z = \frac{1}{\sqrt{(\frac{1}{R})^2 + (\omega C)^2}}$	$I = \sqrt{I_R^2 + I_C^2}$
RLC 並列回路	$\dot{Z} = \frac{1}{\frac{1}{R} + j(\omega C - \frac{1}{\omega L})}$, $Z = \frac{1}{\sqrt{(\frac{1}{R})^2 + (\omega C - \frac{1}{\omega L})^2}}$	$I = \sqrt{I_R^2 + (I_L - I_C)^2}$

RL 並列回路

回路図

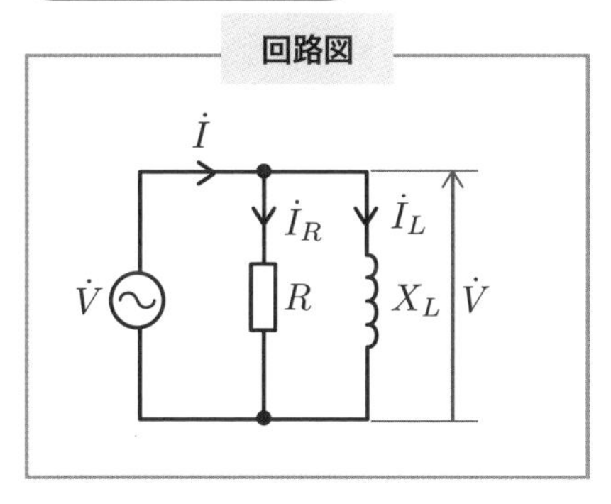

ベクトル図

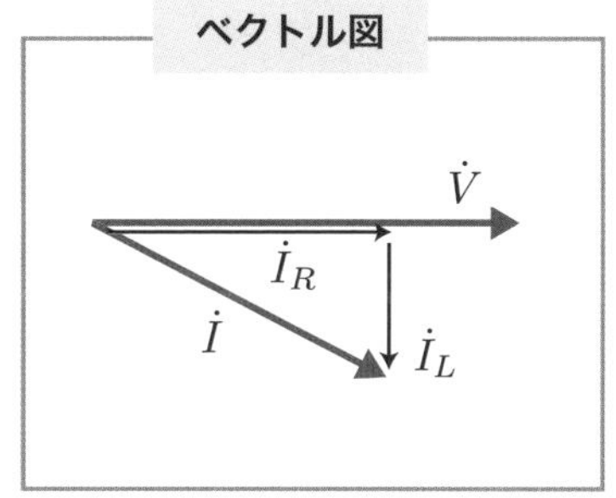

RC 並列回路

回路図

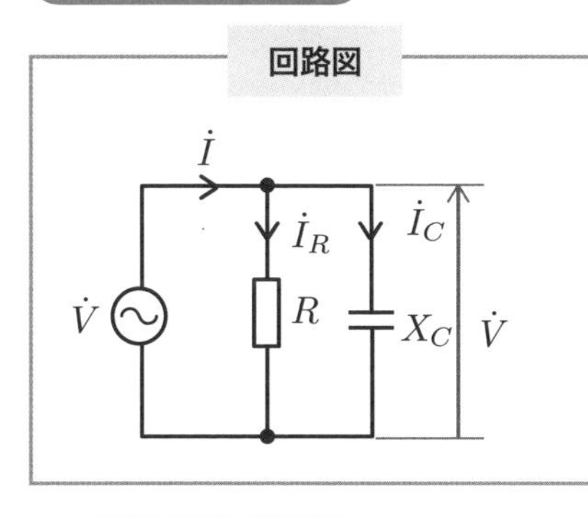

ベクトル図

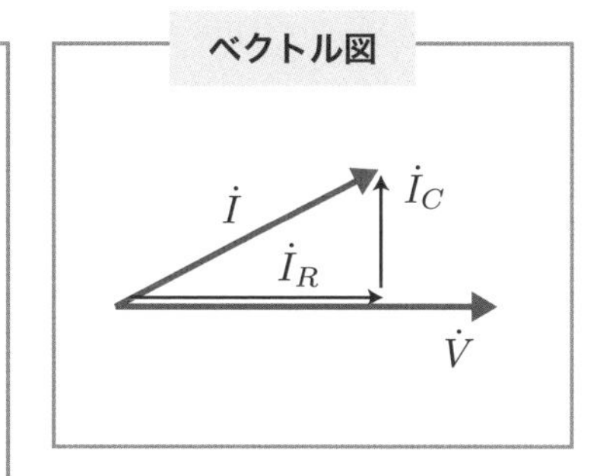

RLC 並列回路

回路図

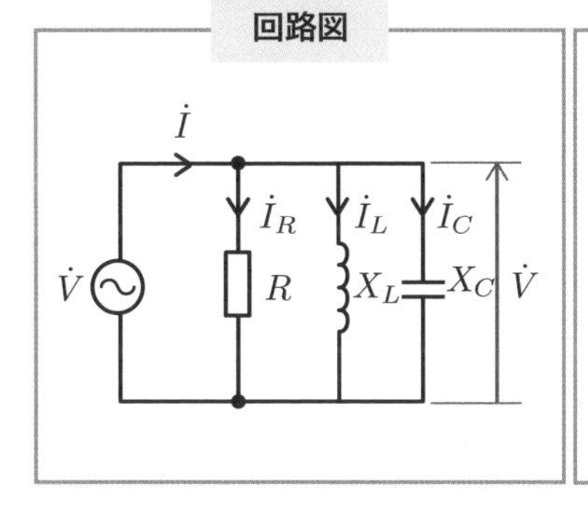

ベクトル図

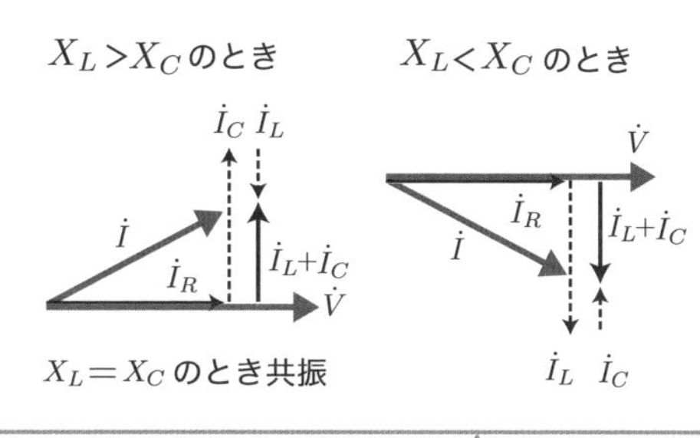

$\dot{I}_R$ と $\dot{I}_L$、$\dot{I}_C$ を比較したとき、$\dot{I}_L$ は遅れ、$\dot{I}_C$ は進むという特徴が試験で出ます！

単相交流回路分野の例題

図のような回路において
電源電圧が$e = 200\sin(\omega t + \frac{\pi}{4})$であるとき、回路に流れる電流$i$[A]を表す式を求めよ。

【平成12年・問9】

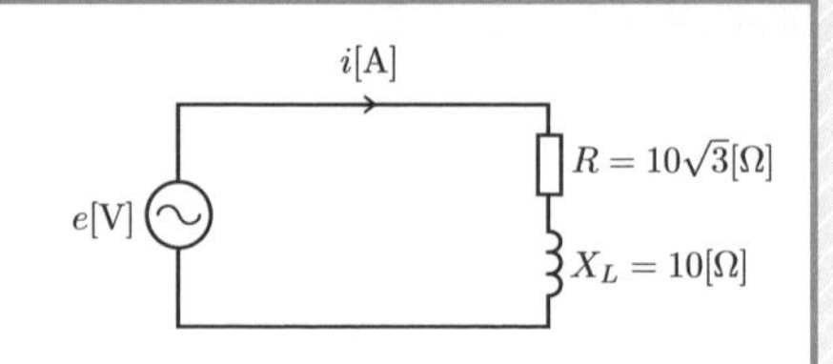

解答

回路の合成インピーダンスZは

$$Z = \sqrt{R^2 + X_L^2} = \sqrt{(10\sqrt{3})^2 + 10^2} = 20\,\Omega$$

電圧の実効値が$\dfrac{200}{\sqrt{2}}$であるので、電流iの実効値は

$$I = \frac{V}{Z} = \frac{\frac{200}{\sqrt{2}}}{20} = \frac{10}{\sqrt{2}}\,\mathrm{A}$$

よって、電流iの最大値は10 A。
次に、電源電圧eと電流Iの位相差ϕを考えます。
回路の力率は

$$\cos\theta = \frac{R}{Z} = \frac{10\sqrt{3}}{20} = \frac{\sqrt{3}}{2}$$

であるから、$\theta = \dfrac{\pi}{6}$が求まります。

コイル（誘導性負荷）に流れる電流の位相は電圧よりも遅れるため、

$i = 10\sin\left(\omega t + \dfrac{\pi}{4} - \dfrac{\pi}{6}\right) = 10\sin\left(\omega t + \dfrac{\pi}{12}\right)$ [A]となります。

正解　$10\sin\left(\omega t + \dfrac{\pi}{12}\right)$ [A]

図のように、$R = 1\Omega$の抵抗、インダクタンス$L_1 = 0.4\text{mH}$、$L_2 = 0.2\text{mH}$ のコイル、及び静電容量$C = 8\mu\text{F}$のコンデンサからなる直並列回路がある。この回路に交流電圧$V = 100\text{V}$を加えたとき、回路のインピーダンスが極めて小さくなる直列共振角周波数ω_1の値[rad/s]を求めよ。

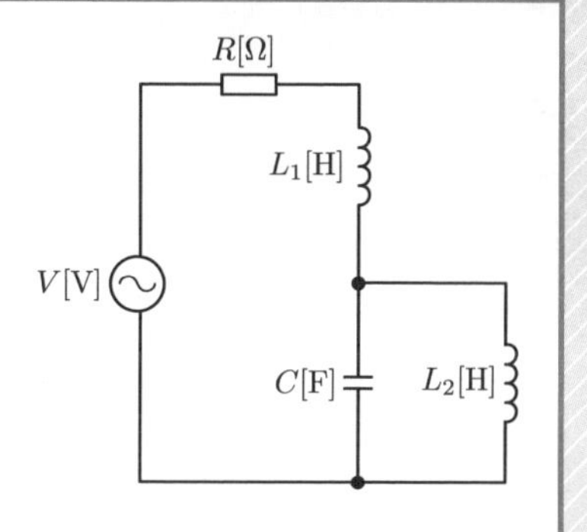

【平成 28 年・問 9 改】

解答

回路の合成インピーダンスZは

$$Z = R + j\omega L_1 + \frac{j\omega L_2 \times \frac{1}{j\omega C}}{j\omega L_2 + \frac{1}{j\omega C}} = R + j\omega L_1 + \frac{j\omega L_2}{j^2\omega^2 C L_2 + 1}$$

$$= R + j\omega \left(L_1 + \frac{L_2}{1 - \omega^2 C L_2} \right)$$

直列共振は回路全体のインピーダンスの虚数部が0のときであるので

$$L_1 + \frac{L_2}{1 - \omega^2 C L_2} = 0$$

$$L_1 + L_2 = \omega^2 C L_1 L_2$$

$$\omega = \sqrt{\frac{L_1 + L_2}{C L_1 L_2}} = \sqrt{\frac{0.4 \times 10^{-3} + 0.2 \times 10^{-3}}{8 \times 10^{-6} \times 0.4 \times 10^{-3} \times 0.2 \times 10^{-3}}}$$

$$\fallingdotseq 3.06 \times 10^4 \,\text{rad/s}$$

正解　3.06×10^4[rad/s]

交流　ランク A　難易度 B

三相交流とは

三相交流とは位相が異なる3つの起電力を1つにまとめた交流のことです

三相交流とは、3つの単相交流を組み合わせた交流をいいます。すべての単相交流の大きさと位相差が等しい場合には、**対称三相交流**と呼ばれることがあります。

三相交流の発生原理

右ページの図のように、3つの同じ形をしたコイルA、B、Cを互いに$\frac{2}{3}\pi$[rad]（120°）ずらして配置します。これを磁界中で一定の角速度で回転させると、各コイルに起電力e_a、e_b、e_cが発生します。この各起電力を**相電圧**といいます。波形図を見ると$e_a \Rightarrow e_b \Rightarrow e_c$の順に最大となりますが、この順序を**相順（相回転）**と呼んでいます。対称三相交流は3つの交流の大きさが等しく、互いの位相差が$\frac{2}{3}\pi$[rad]（120°）となります。

電圧や電流をベクトル図で表す場合、a相～c相のいずれかを基準として表現します。電圧を例に考えてみると、a相を基準にした場合、$\dot{E}_a = E\angle 0$　$\dot{E}_b = E\angle -\frac{2}{3}\pi$　$\dot{E}_c = E\angle -\frac{4}{3}\pi$と書き表すことができます。波形の最大値を$E_m$、角速度[rad/s]を$\omega$、時刻[s]を$t$とすれば、下記のように三相交流の電圧式を立てることができます。

$$e_a = E_m \sin\omega t \quad e_b = E_m \sin\left(\omega t - \frac{2\pi}{3}\right) \quad e_c = E_m \sin\left(\omega t - \frac{4\pi}{3}\right)$$

三相交流回路の結線方法

三相交流電源や負荷の結線方法として、**Y結線（星形結線）**と**Δ結線（三角結線）**があります。この2種類の結線方法の組み合わせによって、三相交流回路を考えることができます。電源側でΔ結線とY結線、負荷側でΔ結線とY結線の合計4種類が三相交流の基本回路となります。

三相交流の原理

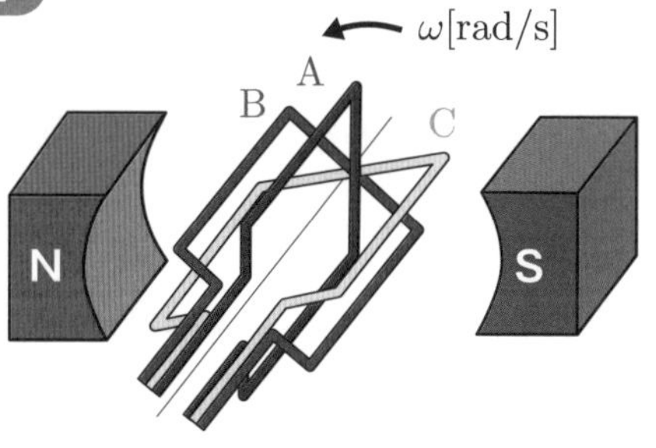

波形図

e [V]
e_a　e_b　e_c
0　π　2π　3π　4π
ω[rad]

ベクトル図

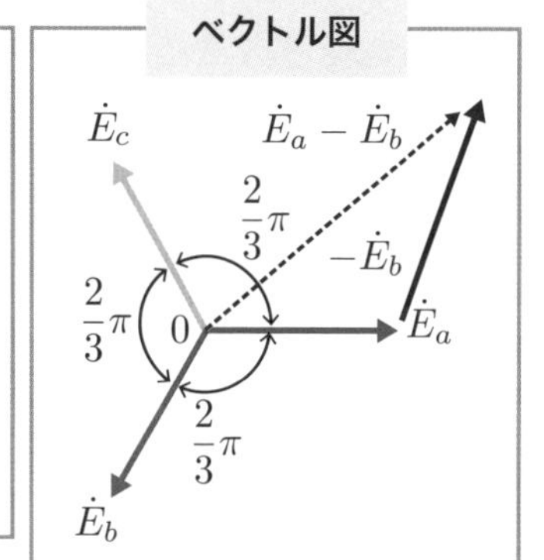

Δ－Δ回路（電源・負荷：Δ結線）

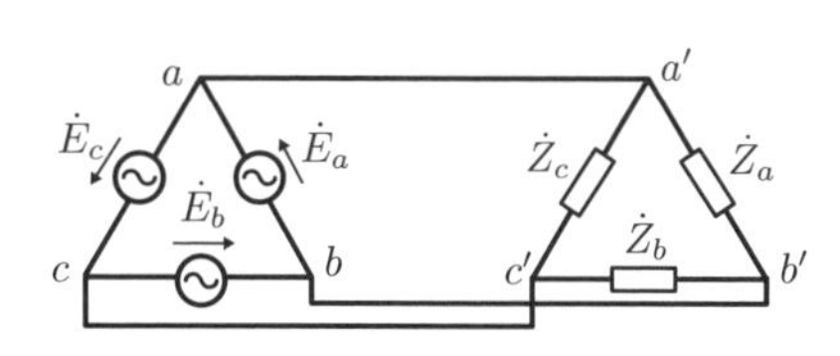

Y－Y回路（電源・負荷：Y結線）

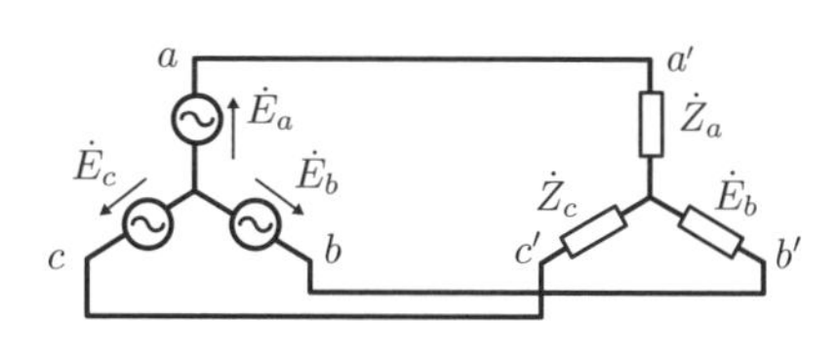

Y－Δ回路
（電源：Y結線　負荷：Δ結線）

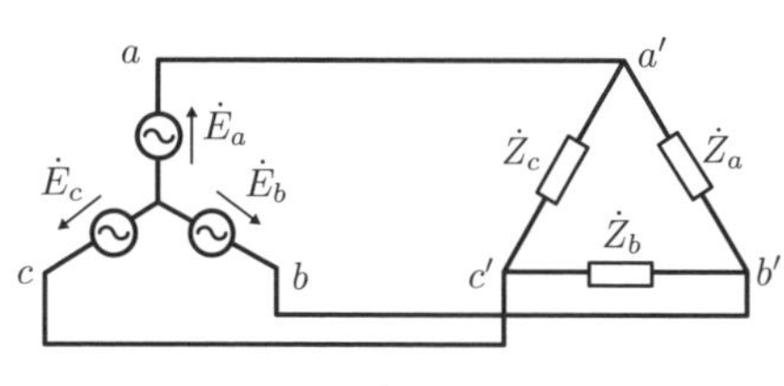

Δ－Y回路
（電源：Δ結線　負荷：Y結線）

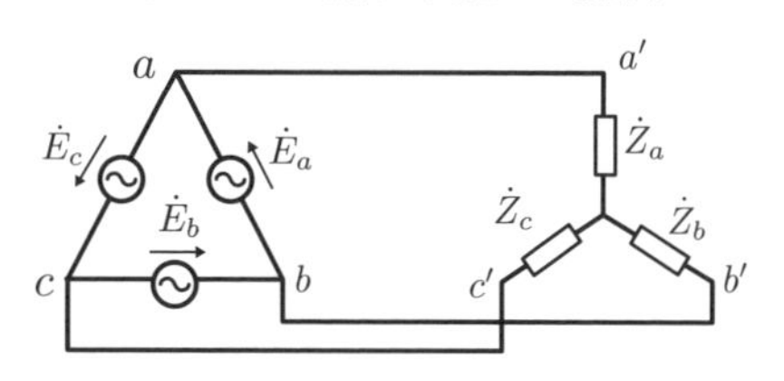

交流 ランク A 難易度 B

13 Y－Y回路とΔ－Δ回路の電圧と電流

Y－Y回路とΔ－Δ回路には回路内の電圧や電流に違いがあります

三相交流回路の結線方法には、**Y結線**と**Δ結線**があります。**Y結線とは各相の一端を接続し、他端を外部と接続できるようにした結線方法**をいい、**Δ結線は各コイルを接続して閉回路を作り、接続点を外部と接続できるようにした結線方法**をいいます。三相交流回路の基本である**Y－Y回路**と**Δ－Δ回路**に着目して、それぞれの特徴を解説します。

●Y－Y回路

右の回路図から**相電流と線電流は等しい**ことが読み取れます。一方で、電圧については、**線間電圧＝$\sqrt{3}$×相電圧**の関係が成立します。

●Δ－Δ回路

Δ－Δ回路では**相電圧と線間電圧が等しい**という特徴があります。一方で、電流については、**線電流＝$\sqrt{3}$×相電流**の関係が成立します。

Y結線とΔ結線の等価交換（Δ－Y変換）

Y結線とΔ結線には$\dot{Z}_Y = \frac{\dot{Z}_\Delta}{3}$の関係があるのですが、次のように導出することができます。

端子a－b間に着目します。a－b間の抵抗は両回路とも等しいとすれば、下の式が成立し、関係式を求めることができます。

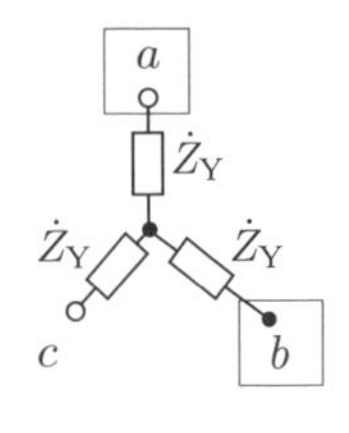

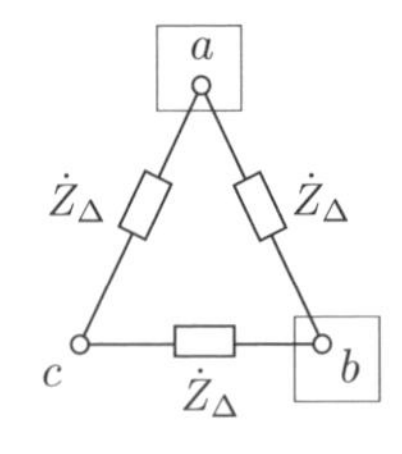

$$\dot{Z}_Y + \dot{Z}_Y = \frac{2\dot{Z}_\Delta \times \dot{Z}_\Delta}{2\dot{Z}_\Delta + \dot{Z}_\Delta}$$

$$2\dot{Z}_Y = \frac{2\dot{Z}_\Delta}{3}$$

$$\dot{Z}_Y = \frac{\dot{Z}_\Delta}{3}$$

相電圧：$\dot{E}_a$、$\dot{E}_b$、$\dot{E}_c$　相電流：$\dot{I}_1$、$\dot{I}_2$、$\dot{I}_3$　線間電圧：$\dot{V}_{ab}$、$\dot{V}_{bc}$、$\dot{V}_{ca}$　線電流：$\dot{I}_a$、$\dot{I}_b$、$\dot{I}_c$

Y－Y 回路の特徴

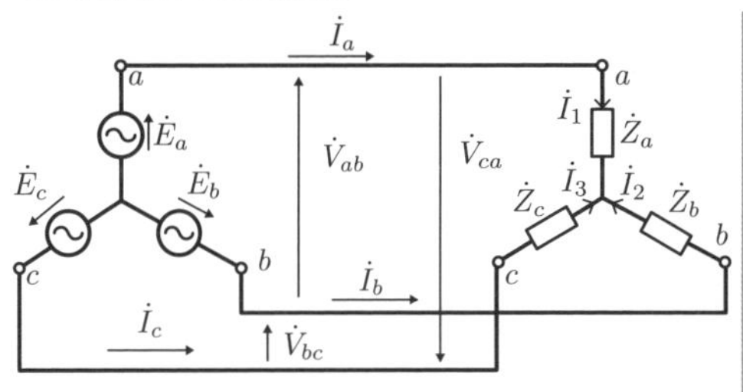

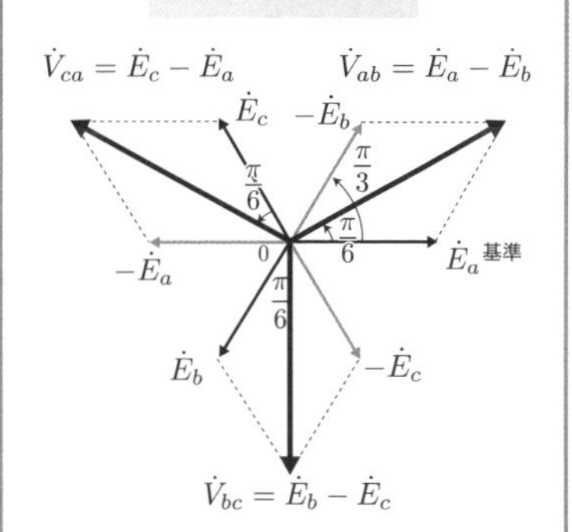

線間電圧は相電圧より $\frac{\pi}{6}$ 位相が進むという特徴も理解しておきたいところです。

Δ－Δ 回路の特徴

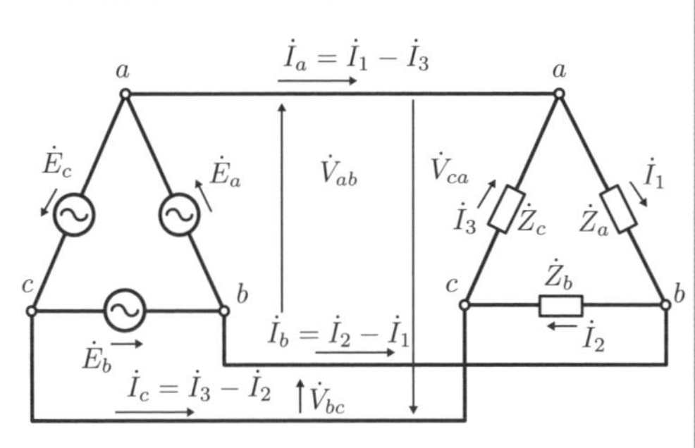

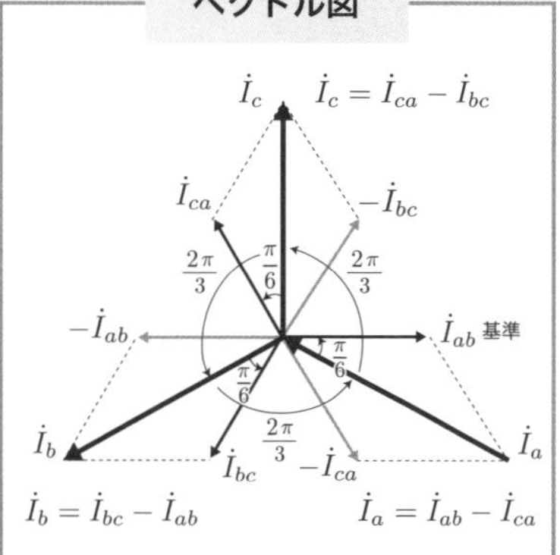

線電流は相電流より $\frac{\pi}{6}$ 位相が遅れます。

ワンポイント　試験では電源と負荷の結線方法が異なることが多い

三相交流回路は、基本回路（Y－Y 回路やΔ－Δ 回路）に変形できるかがポイントで、変形さえできれば、後は$\sqrt{3}$に気をつけて計算するだけです。

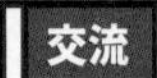

ランク B　難易度 B

14

交流回路の電力

交流回路の電力には皮相電力、有効電力、無効電力の3種類があります

交流回路では、電圧や電流が常に変化しているため、単純に両者の掛け算をするだけでは電力を求めることができません。

そのため、交流回路の電力を表す用語として、**皮相電力、有効電力、無効電力**があります。

●皮相電力

皮相電力とは、電圧の実効値Vと電流の実行値Iを単純に掛け算した積VIをいいます。皮相電力は**見かけ上の電力**とも呼ばれます。

●有効電力

有効電力とは、電源から送り込まれる皮相電力のうち、負荷で有効に利用される電力をいいます。

●無効電力

無効電力とは、負荷で利用できない電力をいいます。

三相交流回路の電力

三相交流回路の電力は、３つの相の電力の和で求めることができます。三相交流回路の有効電力で考えてみると、三相の有効電力Pは三相各相の電力をP_a[W]、P_b[W]、P_c[W]としたとき、$P = P_a + P_b + P_c$と表すことができます。

各相の電力は等しいことから、これをP_pとすれば、$P = 3P_p$となります。三相負荷に加わる相電圧をV_s[V]、負荷に流れる相電流をI_s[A]、負荷の力率を$\cos\theta$とすれば、一相分の有効電力P_pは$P_p = 3V_sI_s\cos\theta$[W]で表されます。

ここで、電圧と電流を線間電圧と線電流で表すと、$P = \sqrt{3}VI\cos\theta$[W]となります。

$\sqrt{3}$となる理由は、負荷がY結線の場合には$V_s = \frac{1}{\sqrt{3}}V$、$I_s = I$、負荷がΔ結線の場合には$V_s = V$、$I_s = \frac{1}{\sqrt{3}}I$となるためです。

交流回路の電力

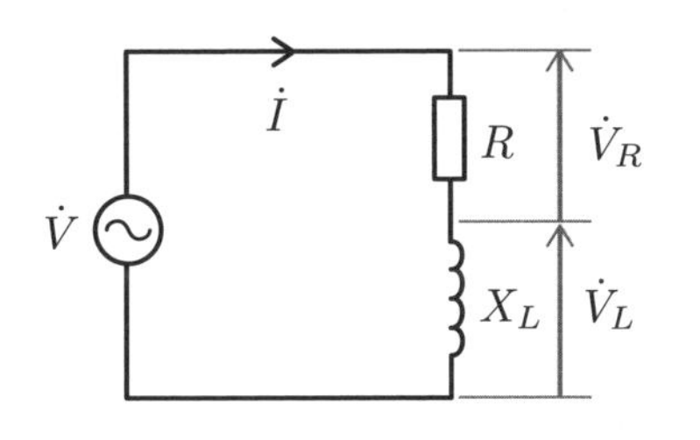

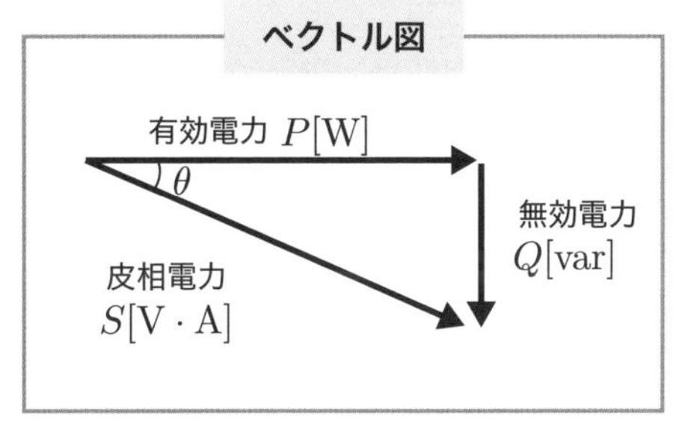

cos θ は力率であり、皮相電力のうち有効電力がどれだけの割合を占めているかを表したものです。詳しくは法規で学びます。

電力の公式

皮相電力　$S = VI$[V・A]

有効電力　$P = VI\cos\theta$[W]

無効電力　$Q = VI\sin\theta$[var]

三相交流回路の電力

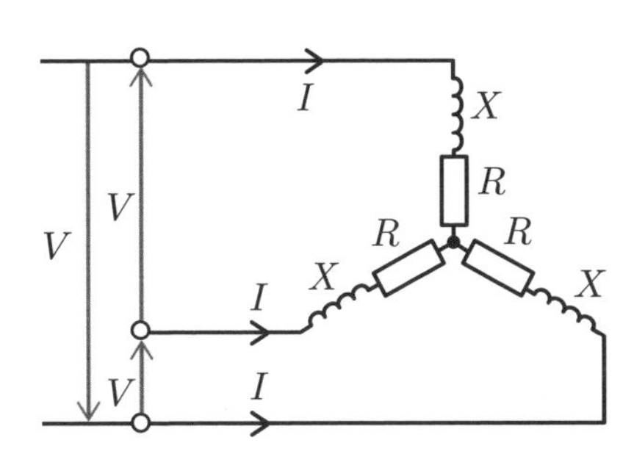

電力の公式

皮相電力　$S = \sqrt{3}VI$[V・A]

有効電力　$P = \sqrt{3}VI\cos\theta$[W]

無効電力　$Q = \sqrt{3}VI\sin\theta$[var]

V：線間電圧 [V]

I：線電流 [A]

ワンポイント　有効電力と無効電力の違いを押さえよう

有効電力は負荷で利用できますが、無効電力は電気エネルギーが電源と負荷との間を往復するだけで有効に利用できません。無効電力が多いのは、送った電気を利用できない電力量が多くなることを示しており、送電効率が悪くなります。

三相交流分野の例題

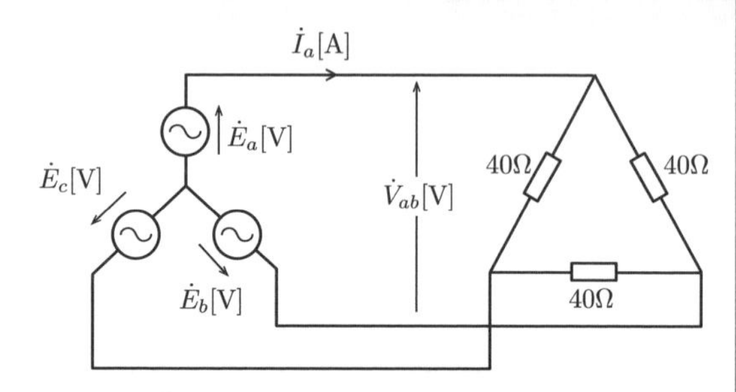

図の対称三相交流電源の各相の電圧は、それぞれ$\dot{E}_a = 200\angle 0$[V]、$\dot{E}_b = 200\angle -\frac{2\pi}{3}$[V]、$\dot{E}_c = 200\angle -\frac{4\pi}{3}$[V]である。

この電源には、抵抗40ΩをΔ結線した三相平衡負荷が接続されている。このとき、線間電圧$\dot{V}_{ab}$[V]と線電流$\dot{I}_a$[A]の大きさを求めよ。

【平成15年・問7改】

解答

Y結線における線間電圧V_lと相電圧V_pの関係（$V_l = \sqrt{3}V_p$）から、線間電圧$\dot{V}_{ab}$の大きさV_{ab}は

$$V_{ab} = \sqrt{3}|\dot{E}_a| = \sqrt{3} \times 200 \fallingdotseq 346\text{V}$$

次に線電流を求めます。三相負荷を$\Delta \Rightarrow$ Y変換すると

$$Z_Y = \frac{1}{3}Z_\Delta = \frac{40}{3}\Omega$$

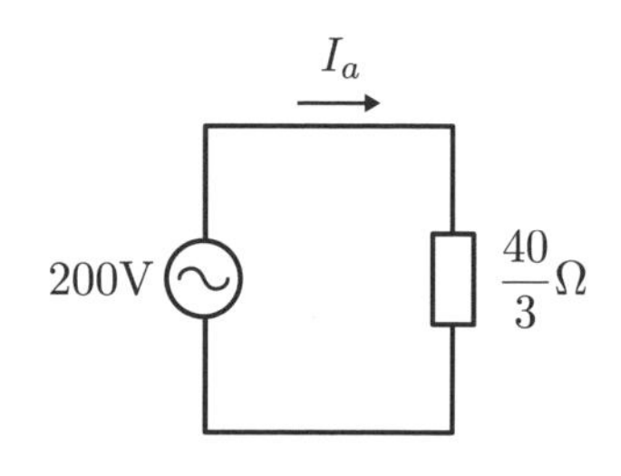

であるから、一相分を取り出した等価回路は右のようになります。

これより、線電流$\dot{I}_a$の大きさI_aは

$$I_a = \frac{|\dot{E}_a|}{Z_Y} = \frac{200}{\frac{40}{3}} = 15\text{A}$$

正解　$V_{ab} = 346$[V]
$I_a =$ 15[A]

抵抗 R[Ω]、誘導性リアクタンス X[Ω]からなる平衡三相負荷（力率 80％）に対称交流電源を接続した交流回路がある。Y 結線した平衡三相負荷に線間電圧210Vの三相電圧を加えたとき回路に流れる線電流Iは$\frac{14}{\sqrt{3}}$Aであった。
負荷の誘導性リアクタンスX[Ω]の値はいくらか。

【平成 18 年・問 15】

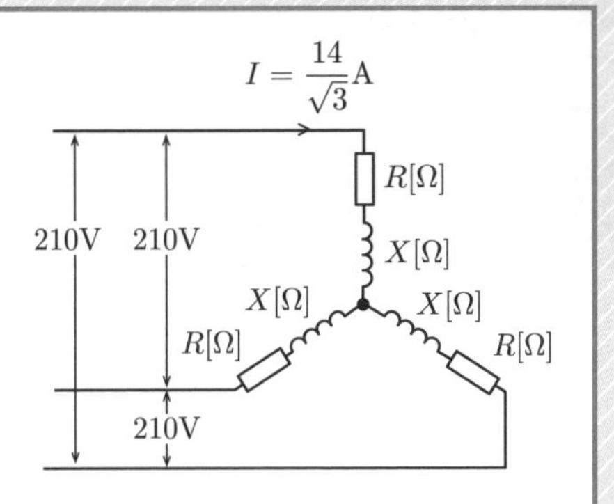

解答

線間電圧が210Vであるため、

相電圧は$\frac{210}{\sqrt{3}}$Vです。

したがって、1 相分の等価回路は右のようになります。

$I = \frac{14}{\sqrt{3}}$[A]

$V_p = \frac{210}{\sqrt{3}}$[V]　R　X　Z

よって、1 相当たりのインピーダンスZは、

$$Z = \frac{V_p}{I} = \frac{\frac{210}{\sqrt{3}}}{\frac{14}{\sqrt{3}}} = 15\Omega$$

負荷の力率を$\cos\theta$（=80%）とすると、抵抗Rは

$$R = Z\cos\theta = 15 \times 0.8 = 12\Omega$$

よって、誘導性リアクタンスXの値は

$$X = \sqrt{Z^2 - R^2} = \sqrt{15^2 - 12^2} = 9\Omega$$

正解　9[Ω]

静電気とは

物体に帯びている電気を静電気といい、2つの異なる物体を摩擦すると生じます

静電気とは、物質に帯電した電気のことをいいます。ガラス棒と絹など2つの異なる物体を摩擦すると、これらの物体が電気を帯びて軽い物体を引き付けることがあります。物体が電気を帯びる性質のことを**帯電**といいます。

物体を構成する原子は正の電荷（陽子）と原子全体の負の電荷量（電子）が等しいので、電気的には中性です。しかし、２つの異なる物質を摩擦すると、一方の物体の原子から離れやすい最外殻電子が他方の物体の原子へ移るといった現象が起こります。電子を失った物体は＋に、他方の物体は－に帯電します。これらの電荷に関わる**静電力**と**電界**の考え方が重要になります。

クーロンの法則とは

２つの電荷間に働く静電力F[N]の大きさは**両方の電気量の積**に比例し、**両電荷間の距離**r[m]**の２乗**に反比例します。この法則を**クーロンの法則**といいます。ε（イプシロン）は誘電率、ε_0は真空の誘電率です。誘電率は物質固有の値であり、電荷の集まりやすさと捉えておくとよいでしょう。

電界とは

電界の強さは、電界中に1Cの電荷当たりに働く静電力の大きさと向きと定義されています。帯電体の近くに電荷を置くと、電荷にはクーロンの法則に従う静電力が働きます。電荷を置いた時にその電荷に静電力が働く空間を**電界**といいます。静電力が強く働くところは電界が強く、静電力が弱く働くところは電界が弱くなります。これは、電界は**電気力線**という仮想の線で考えると、うまく説明できます。クーロンの法則から、Q[C]の電荷からr[m]離れた電界の強さの式と電位の式を導くことができます。

静電気に関するクーロンの法則

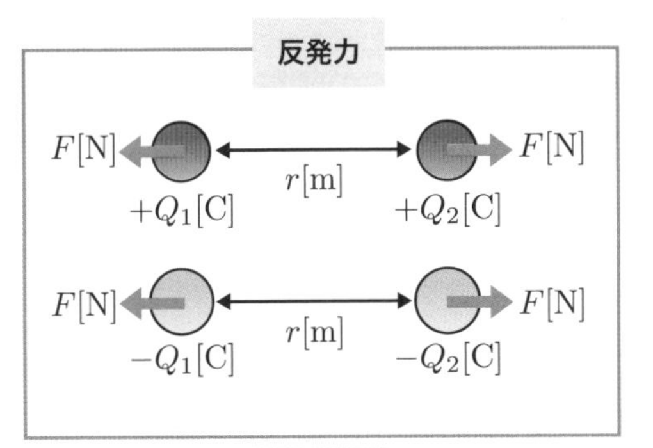

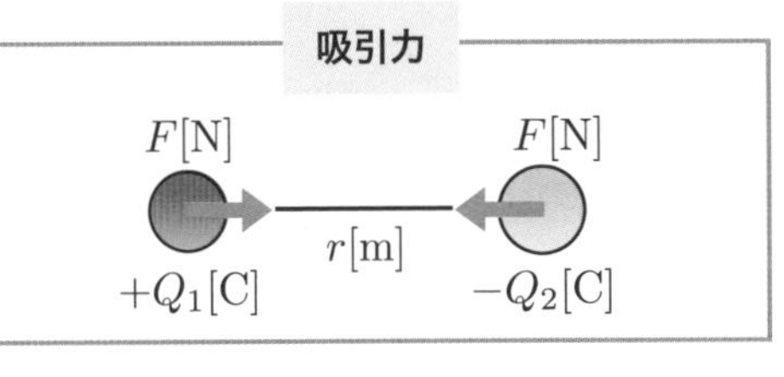

静電力 $F = \dfrac{Q_1 Q_2}{4\pi\varepsilon r^2}$[N]

距離 r[m] 離れた電荷 Q_1、Q_2 に働く力を求める公式です。同種の電荷は反発、異種の電荷は引き合います。

静電力と電界の関係

静電力

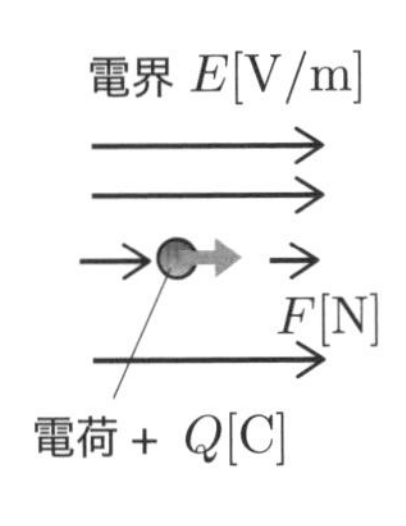

静電力 $F = QE$

点電荷を置いたときに生じる電界と電位

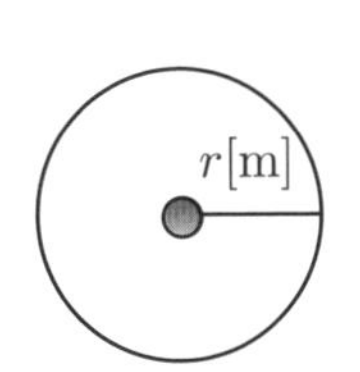

電界 $E = \dfrac{Q}{4\pi\varepsilon r^2}$[V/m]

電位 $V = \dfrac{Q}{4\pi\varepsilon r}$[V]

点電荷を置いたときに生じる電界と電位の式はよく使うので押さえておきましょう。

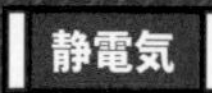

ランク B　難易度 B

16 電束と電束密度

電束は、電荷の周りの物質に関係なく1Cの電荷から必ず1本出る仮想の線です

電束とは、電荷の周りの物質に関係なく、1Cの正の電荷から必ず1本出て、−1Cの負の電荷に入る仮想の線をいいます。

電束の量記号はΨ（プサイ）、単位は[C]（クーロン）で表すのが一般的です。仮想の線ではありますが、1本2本といった表し方はせず、1C、2Cと数えます。

前に登場した電気力線と電束の考え方には、大きく異なる点があります。それは**誘電率を考慮するか否か**です。電気力線の本数は、電荷を誘電率で割った値となりますが、**電束の本数は電荷の大きさと等しい**と考えます。

また、誘電率は、電気力線の通しにくさと考えることもできます。何もない空間の誘電率を**真空の誘電率**と呼び、その大きさはおおよそ8.85×10^{-12}F/mとなります。ある物質の誘電率と真空の誘電率との比率は**比誘電率**と定義され、1より大きい値となります。

電束密度と電界の関係

1 m^2当たりに貫く電束の本数を**電束密度**といい、量記号はD、単位は[C/m^2]で表します。

電束密度と電界には誘電率倍の関係があります。電気力線の密度は電界の大きさと等しいこと、電気力線の誘電率倍が電束の本数であることから、電束密度も電界の誘電率倍となります。

ちなみに誘電率ですが、空気中の誘電率は真空中の誘電率とほぼ等しいことから、試験問題では真空の誘電率として計算することが多いです。

真空の誘電率の値も含めて、原則、問題文中に与えられますが、念のため真空の誘電率の大きさは問題を解いていく過程で覚えておくとよいでしょう。

電気力線と電束

電気力線数を求める公式

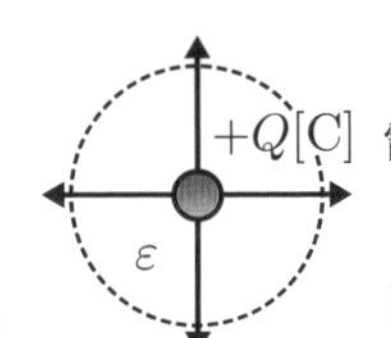

電気力線数 $= \dfrac{Q}{\varepsilon}$[本]

電荷：Q[C]

誘電率：ε[F/m]

電束を求める式

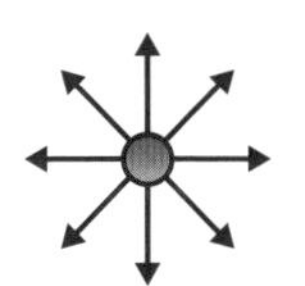

電束 $\Psi = Q$[C]

電荷：Q[C]

電束の算出は誘電率を考慮する必要はないです。

電束密度を求める公式

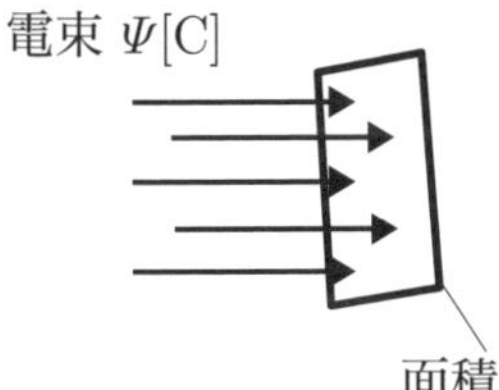

電束密度 $D = \dfrac{\Psi}{S}$[C/m^2]

電束：Ψ[C]

面積：S[m^2]

電束密度と電界の関係

$D = \varepsilon E = \varepsilon_0 \varepsilon_r E$[C/m^2]

誘電率：ε[F/m]

真空の誘電率：ε_0[F/m]

比誘電率：ε_r

電界：E[V/m]

電気力線の密度＝電界となるため、電界に誘電率を掛け算すると電束密度になるのがポイントです。

問題にチャレンジ

問題 コンデンサの電極間の電束密度が一定であるとき、電極間を通る電気力線数および電界の大きさは比誘電率に比例する。〇か×か。

解説 電束密度と電界の関係 $E = \dfrac{D}{\varepsilon}$ より電束密度と電界の間には「比誘電率の大きさに反比例」といった関係があります。比誘電率が大きくなるほど、電界および電気力線数は小さくなります。よって、間違いとなります。

答え：×

静電気　ランク C　難易度 C

17 コンデンサの直列接続・並列接続

接続方法の違いにより合成静電容量や蓄えられるエネルギーに大きな違いが生じます

コンデンサは抵抗と同様に、**直列接続**もしくは**並列接続**することができます。抵抗の合成とは式に大きな違いがありますので、注意しましょう。

● 直列接続

コンデンサC_1, C_2, $\cdots C_n$を直列に接続した場合、合成静電容量は

$$\frac{1}{\frac{1}{C_1}+\frac{1}{C_2}+\cdots+\frac{1}{C_n}}[\mathrm{F}]$$

となります。コンデンサの直列接続の式は、**並列接続**された抵抗の合成抵抗を求める式と同じ形です。

● 並列接続

コンデンサC_1, C_2, $\cdots C_n$を並列に接続した場合、合成静電容量は

$$C_1+C_2\cdots+C_n[\mathrm{F}]$$

で求めることができます。

並列接続されたコンデンサの静電容量は、単に静電容量を足し合わせるだけで求めることができると覚えておくとよいでしょう。

コンデンサに蓄えられる静電エネルギー

静電容量C[F]のコンデンサに電圧V[V]を加え、十分時間が経ったときコンデンサに蓄えられるエネルギーを**静電エネルギー**といい、次の式で表されます。

$$W=\frac{1}{2}QV=\frac{1}{2}CV^2=\frac{Q^2}{2C}[\mathrm{J}]$$

試験問題では、静電容量C[F]、電荷Q[C]、極板間の電位差V[V]のどれかが与えられないことが多いため、式変形を行って使える式を選択していきます。

合成静電容量の求め方

並列接続

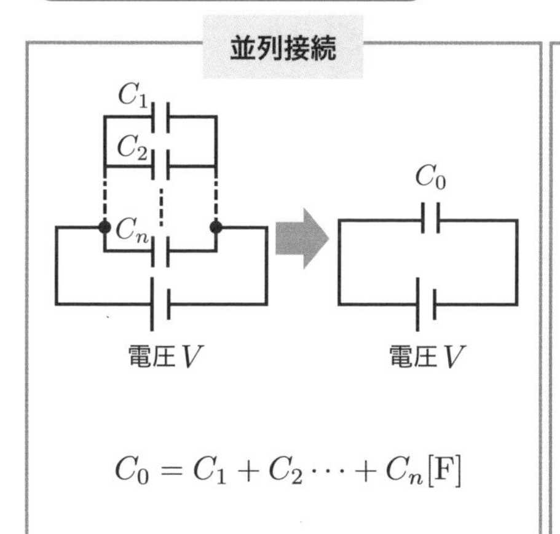

$$C_0 = C_1 + C_2 \cdots + C_n [\mathrm{F}]$$

直列接続

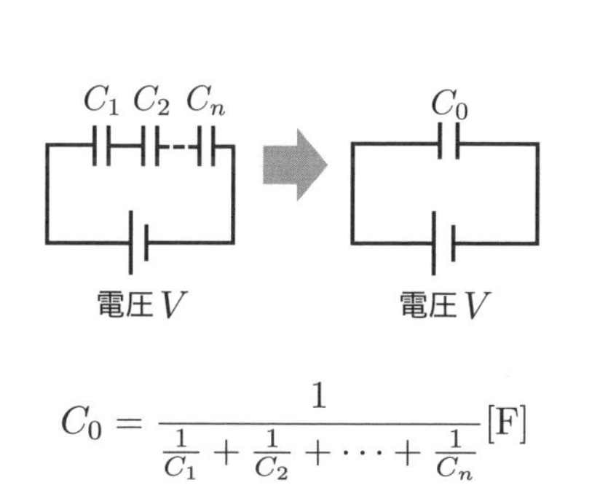

$$C_0 = \frac{1}{\frac{1}{C_1} + \frac{1}{C_2} + \cdots + \frac{1}{C_n}} [\mathrm{F}]$$

電荷の蓄えられ方の違い

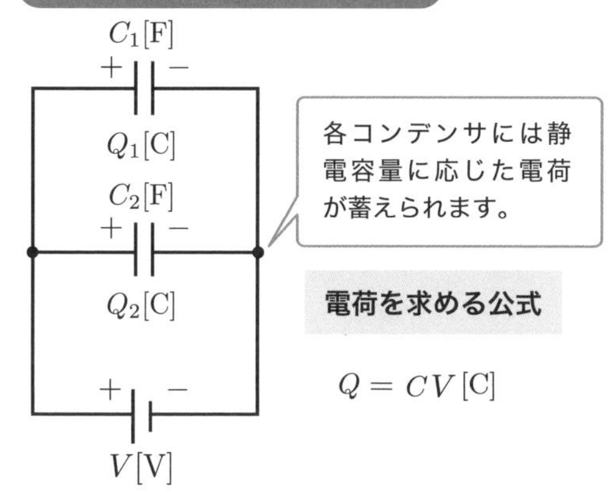

電荷を求める公式

$$Q = CV [\mathrm{C}]$$

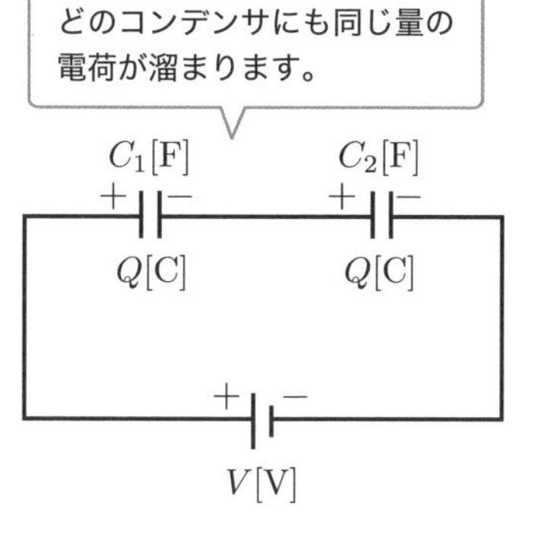

ワンポイント コンデンサの電荷減少と端子電圧の変化の関係

コンデンサの電荷を減少させたとき、コンデンサの端子電圧も同じように減少します。電圧の平均値は$V/2$となります。

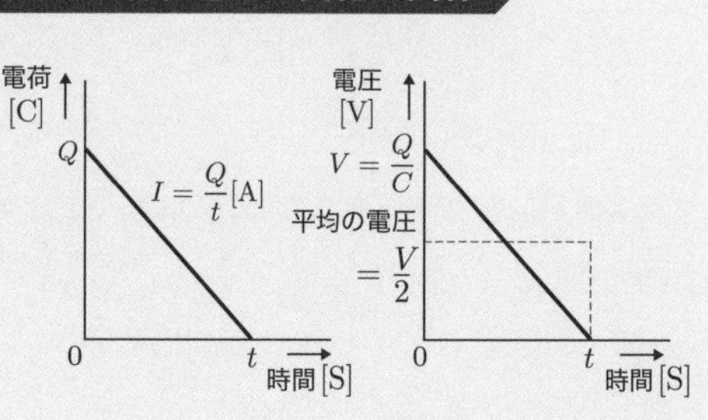

静電気分野の例題

図のように、真空中の直線上に間隔r[m]を隔てて、点A、B、Cがあり、各点に電気量$Q_A = 4 \times 10^{-6}$[C]、Q_B[C]、Q_C[C]の点電荷を置いた。これら三つの点電荷に働く力がそれぞれ零になった。このとき、Q_B[C]及びQ_C[C]はそれぞれいくらになるか。ただし、真空の誘電率ε_0[F/m]とする。

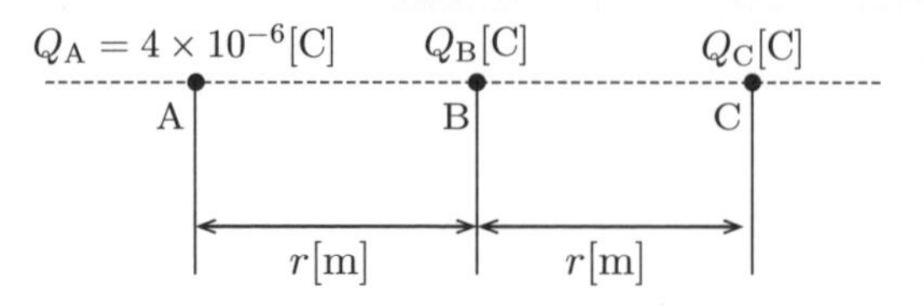

【平成25年・問2】

解答

問題文の「三つの点電荷に働く力がそれぞれ零になった」を糸口に問題を解きます。点Bの電荷に働く力を考えます。AB間の距離とBC間の距離が等しいことから、点Bの電荷に働く力が零になる条件は「$Q_A = Q_C$」「Q_Cは正電荷」となります。

よって、$Q_C = 4 \times 10^{-6}$C

次に点Aの電荷Q_Aに働く力を考えてみます。

F_{AC}　F_{AB}

A　B　C

電荷Q_Aには電荷Q_B、電荷Q_Cからそれぞれ力が働きます。これらが釣り合っていることから

電荷Q_Bからの力をF_{AB}、電荷Q_Cからの力をF_{AC}とすると

$$F_{AB} = F_{AC}$$

$$\frac{1}{4\pi\varepsilon_0} \times \frac{4 \times 10^{-6} \times Q_B}{(r)^2} = \frac{1}{4\pi\varepsilon_0} \times \frac{4 \times 10^{-6} \times 4 \times 10^{-6}}{(2r)^2}$$

$$Q_B = 1 \times 10^{-6}\text{C}$$

F_{AB}はF_{AC}と反対であるため、$Q_B = -1 \times 10^{-6}$Cとなります。

正解　$Q_C = 4 \times 10^{-6}$[C]　$Q_B = -1 \times 10^{-6}$[C]

図１に示すように、二つのコンデンサ$C_1 = 4\mu F$と$C_2 = 2\mu F$が直列に接続され、直流電圧6Vで充電されている。次に電荷が蓄積されたこの二つのコンデンサを直流電源から切り離し、電荷を保持したまま同じ極性の端子同士を図２のように並列に接続する。並列に接続後のコンデンサの端子間電圧の大きさV[V]はいくらか。　　【平成 20 年・問 5】

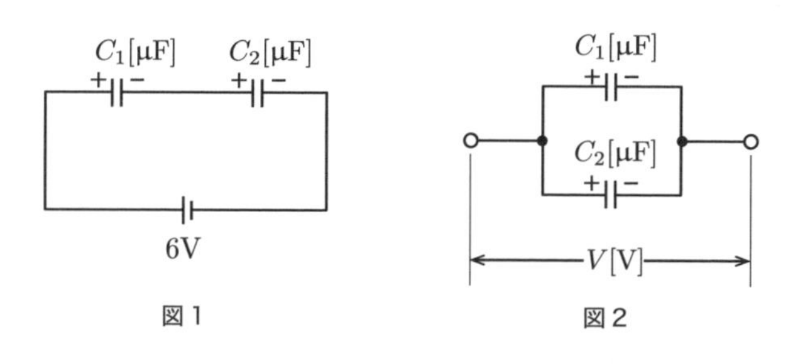

解答

図１のコンデンサの合成静電容量C'は

$$C' = \frac{C_1C_2}{C_1 + C_2} = \frac{4 \times 2}{4 + 2} = \frac{4}{3}\mu F$$

直列に接続されたコンデンサには同じ電荷量が蓄積されることから、合成静電容量に蓄えられる電荷Q'と等しいため

$$Q' = C'V = \frac{4}{3} \times 6 = 8\mu C$$

図２も同じく、合成静電容量C''と全体の電荷Q''を求めます。

並列に接続されたコンデンサの合成静電容量は

$$C'' = C_1 + C_2 = 4 + 2 = 6\mu F$$

電荷はそれぞれを足し合わせるので

$$Q'' = Q_1 + Q_2 = 8 + 8 = 16\mu C$$

したがって、コンデンサの端子間電圧の大きさVは$Q = CV$を変形して

$$V = \frac{Q''}{C''} = \frac{16}{6} = \frac{8}{3}\text{V}$$

正解　$\frac{8}{3}$[V]

磁気とは

磁気とは電流が流れたときに発生する力や磁石の周りに発生する力のことです

磁極とはN極とS極のこと

磁石には、鉄などを引き付ける性質（磁性）があります。磁石の両端が最も鉄を引き付ける力（**磁力**）が強く、中でも磁力が強い部分を**磁極**といいます。

磁極は、私たちがよく使う磁石のN極とS極のことです。また、**磁力の働く空間のことを磁界**といいます。静電気分野で学んだ電界と似ていますので、仮想の線で考えると理解しやすいでしょう。

磁界の場合、仮想の線は「**磁力線**」と呼びます。磁界と磁力線は静電気分野で学習した「電荷と電気力線」に似ています。

磁石のN極からS極に磁力線が出ていると考えると、磁界をイメージしやすくなります。

右ねじの法則と電磁力

右ねじの法則とは、電流が流れる導体の周りに発生する磁界の向きを表す法則です。ねじを締める際には時計周りに回転させる必要がありますが、まさにこれと同じ関係性が電流と磁界の向きにはあります。

ねじの進行方向が「電流の向き」、ねじが締まる回転方向が「磁界の向き」となります。磁界の大きさは導体を流れる電流に比例し、導体からの距離に反比例します。

また、右ページの図のように、磁石の間に導体を置いて、その導体内に電流を流すと導体は、はじかれるように外側へ急に動き出します。電流が導体に流れているとき、その導体が磁界から受ける力のことを**電磁力**といいます。

磁界と磁力線

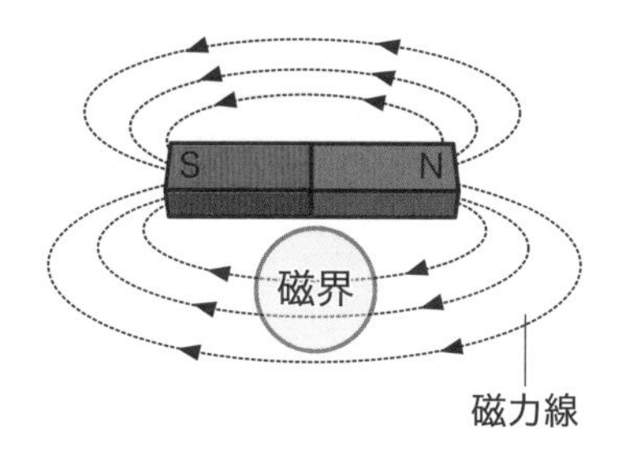

右ねじの法則（直線状導体の周りの磁界）

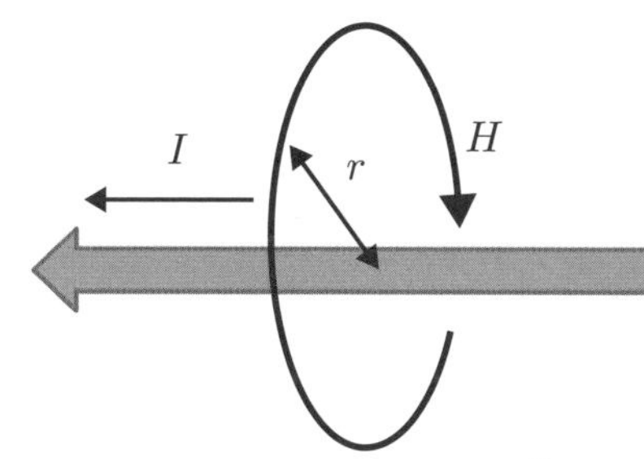

$$H = \frac{I}{2\pi r}[\mathrm{A/m}]$$

磁界の強さ：$H[\mathrm{A/m}]$

電流：$I[\mathrm{A}]$

直線状導体からの距離：$r[\mathrm{m}]$

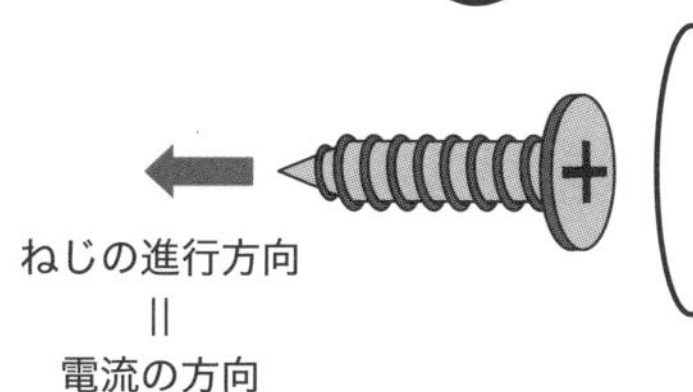

右ねじの回転方向
||
磁界の方向

ねじのイメージで考えるとわかりやすいです。

電磁力の働き

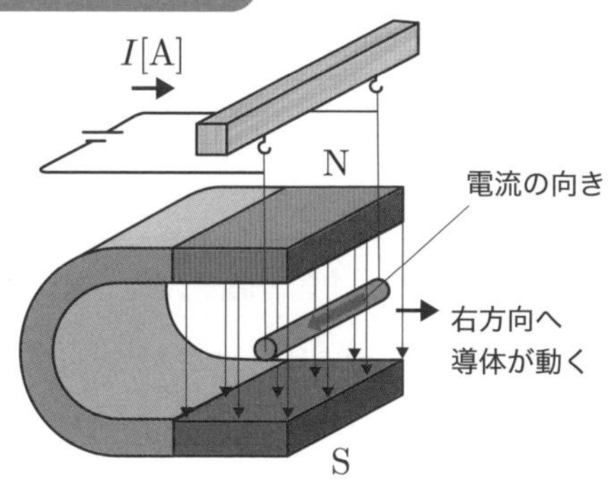

19

磁気　ランク B　難易度 B

磁束と磁束密度

磁束とは1Wbの強さの磁極から必ず1本出る仮想の線です。透磁率を考慮しない点で磁力線と異なります

磁束とは透磁率に関係なく、1 Wbの強さの磁極から必ず1本出る磁気的な仮想の線をいいます。これまで学んだ磁力線と磁束は、静電気分野の「電気力線と電束」と同じような関係があります。磁力線の本数は磁極の強さ（磁荷の大きさ）を透磁率で割って求めた値、磁力線の密度は磁界の大きさと等しいと定義されています。

一方で、磁束の場合、**磁束の本数は磁極の強さに等しい**と考えます。量記号はΦ（ファイ）、単位は[Wb]（ウェーバー）とし、磁束を仮想の線で表現しますが、線の数を1 Wb、2 Wbと数えるのが特徴です。環境（透磁率）を考慮しなくてすむため、計算が簡単というメリットが磁束の考え方にはあります。また、透磁率ですが、磁力線の透しにくさと覚えておくとよいでしょう。何もない空間の透磁率は**真空の透磁率**、ある物質の透磁率と真空の透磁率との比率は**比透磁率**と定義されています。

磁束密度と磁界の関係

1 m^2当たりに貫く磁束の本数を**磁束密度**といい、量記号はB、単位は[T]もしくは[Wb/m^2]で表します。**磁束密度と磁界には透磁率倍の関係があります**。磁力線の密度は磁界の大きさと等しいこと、磁力線の透磁率倍が磁束の本数であることから、磁束密度も磁界の透磁率倍となります。

磁力を求める式

クーロンの法則は、磁気分野にも適用することができます。２つの点磁荷があったとき、点磁荷間を結ぶ直線上に働く磁力を右の式で表すことができます。また、磁力は磁極の強さと磁界の大きさの積で表すこともできるため、両方の式を覚えておくとよいでしょう。

磁力線に関する公式

磁力線

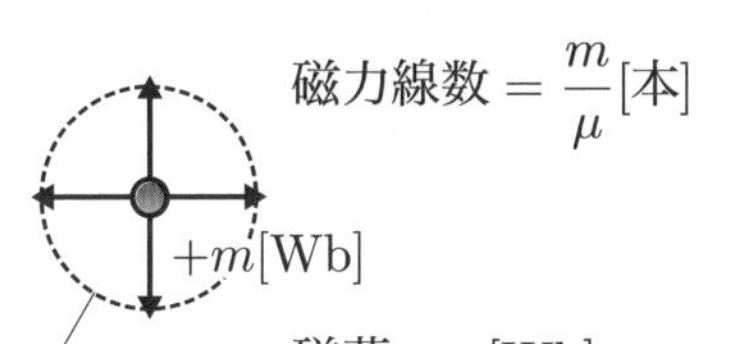

$$\text{磁力線数} = \frac{m}{\mu}[\text{本}]$$

磁荷：m[Wb]

透磁率：μ[H/m]

r[m]離れた点における磁界の大きさ

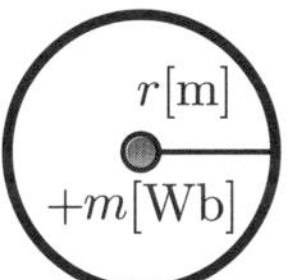

$$\text{磁界 } H = \frac{\text{磁力線の本数}}{\text{球の表面積}} = \frac{m}{4\pi\mu r^2}[\text{A/m}]$$

磁荷：m[Wb]

透磁率：μ[H/m]

距離：r[m]

磁束に関する公式

磁束

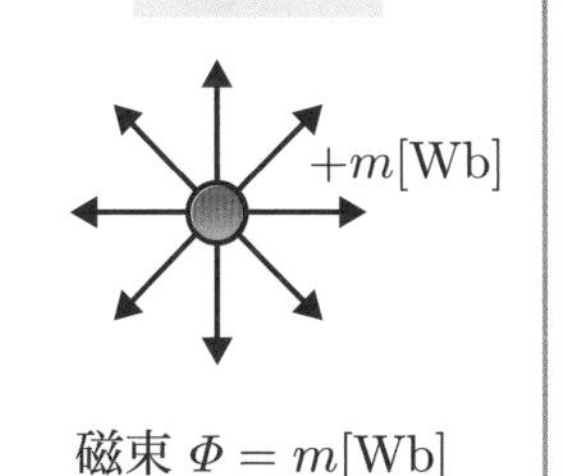

磁束 $\Phi = m$[Wb]

磁束密度

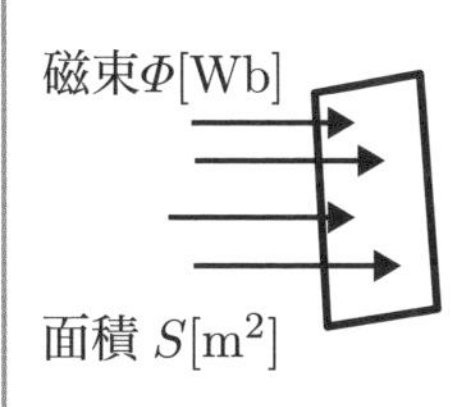

$$\text{磁束密度 } B = \mu H = \mu_r \mu_0 H[\text{T}]$$

磁力に関する公式

磁気に関するクーロンの法則

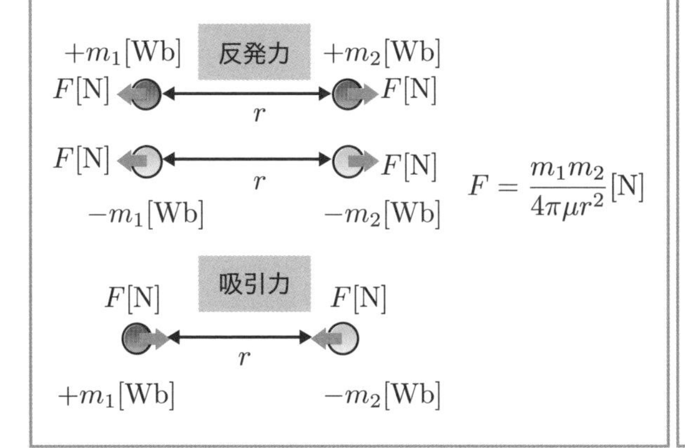

$$F = \frac{m_1 m_2}{4\pi\mu r^2}[\text{N}]$$

磁界で働く力

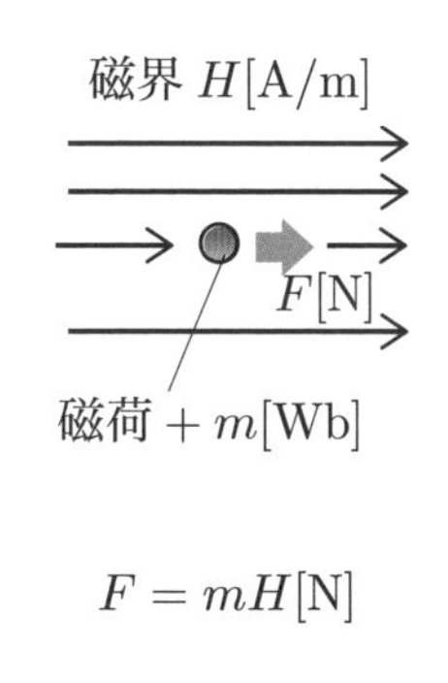

$$F = mH[\text{N}]$$

磁気　ランク B　難易度 B

フレミングの法則

フレミングの法則とは、発電機や電動機の原理をわかりやすく説明したものです

フレミングの法則とは

フレミングの法則には右手の法則と左手の法則があります。右手の法則はある磁界中において、導体が移動したときに導体に発生する電気（起電力）の関係をまとめたものです。

一方で、左手の法則はある磁界中において、導体に電流を流したときに導体に発生する力（電磁力）の関係をまとめたものです。

右手の法則は発電機の原理

フレミングの右手の法則は、発生する電気（起電力）の向きと強さを導くことができる法則で、電流、磁界、電圧の方向が重要となります。

右手親指が「**導体の運動方向**」、人差し指が「**磁束（磁界の向き）**」、中指が「**起電力の向き**」といった方向の関係性があります。

右手の法則は発電機の原理でもあります。

左手の法則は電動機の原理

フレミングの左手の法則は、力（電磁力）の向きと強さを導くことができる法則です。電流、磁界、力の方向が重要となります。

左手親指が「**電磁力**」、人差し指が「**磁束（磁界の向き）**」、中指が「**電流の向き**」といった方向の関係性があります。

左手の法則は電動機の原理でもあります。

これまでに学んだ「電磁力」ですが、フレミングの左手の法則により、導体が動く向き（導体に加わる力の大きさと向き）が決まります。

フレミングの右手の法則

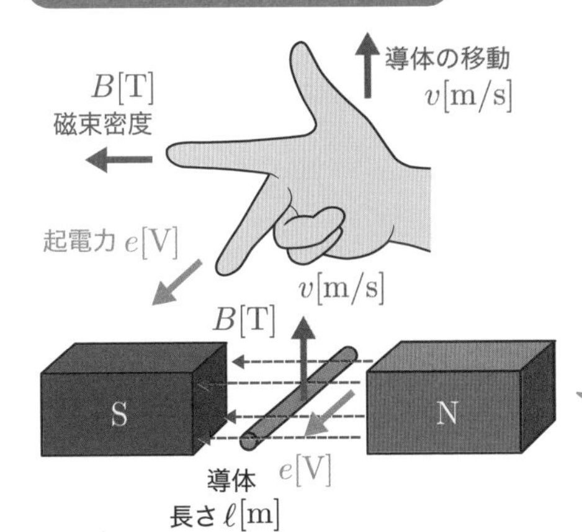

誘導起電力		磁束密度		コイルの長さ		速度
e	=	B	×	ℓ	×	v
[V]		[T]		[m]		[m/s]

ある磁界中において導体が親指方向に移動したとき、導体には中指方向の起電力が発生します。

フレミングの左手の法則

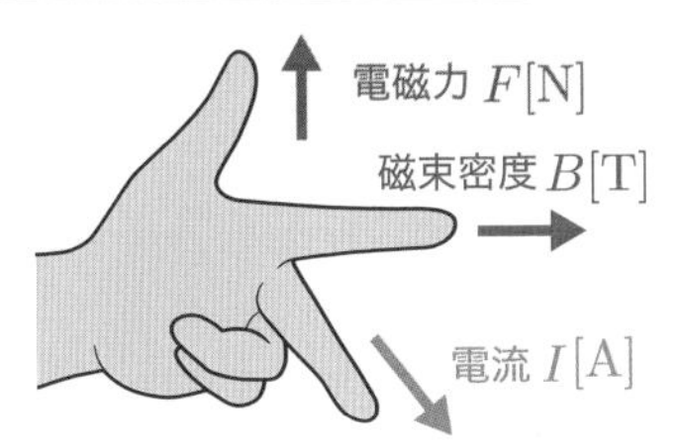

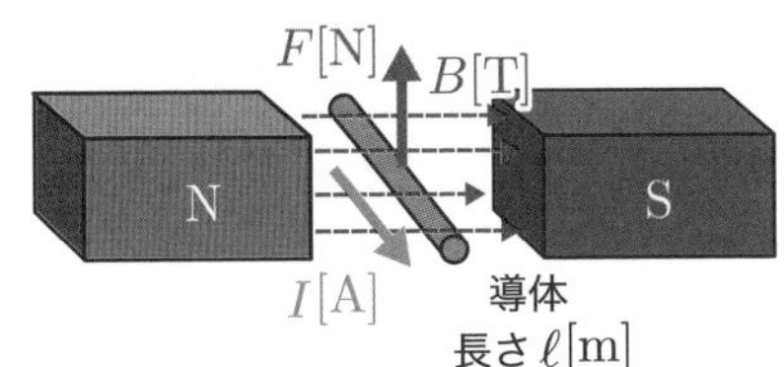

力		磁束密度		電流		コイルの長さ
F	=	B	×	I	×	ℓ
[N]		[T]		[A]		[m]

電流を導体に流すと導体は力を受けて動き出します。

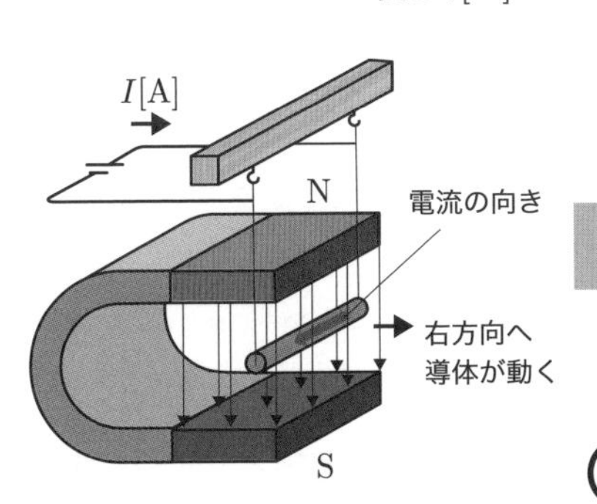

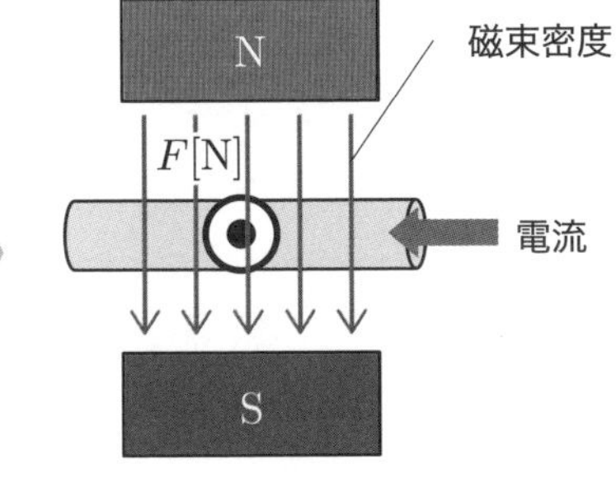

導体が受ける力の向き
（導体が紙面から飛び出てくる向き）

磁気　ランク C　難易度 B

さまざまな導体に発生する磁界の求め方

導体の周りに発生する磁界の大きさは導体の形状によって異なります

導体に電流が流れているとき、導体周辺に生じる磁界の大きさは導体の形状によって異なります。磁界の大きさは**ビオ・サバールの法則**や**アンペアの周回積分（周回路）の法則**によって求めることができます。

ビオ・サバールの法則

ビオ・サバールの法則とは、微小区間$\Delta\ell$[m]に流れる電流と生じる磁界ΔH[A/m]の大きさの関係をまとめた法則です。電流が流れている導体上に、任意の点Oを取ります。ここで、点O付近の微小な長さ$\Delta\ell$[m]に流れる電流I[A]が作る磁界の大きさを考えます。$\Delta\ell$の接線と線分OPとのなす角度をθとすると、点Oからr[m]離れた点Pにおける$\Delta\ell$[m]に流れる電流I[A]が作る磁界の大きさΔHは、右ページの式で表すことができます。

アンペアの周回積分の法則

アンペアの周回積分の法則とは、導体に流れる電流と周りに生じる磁界の関係をまとめた法則です。右ページの図のように、導体に電流$I_1, I_2 \cdots + I_n$が流れていて、電流が作る磁界の中で、ある点から任意の経路に沿って再び元の点に戻るようなループを考えます。ループを微小な長さ$\Delta\ell_1, \Delta\ell_2 \cdots + \Delta\ell_n$に分けて、それぞれの部分における磁界の大きさを$\Delta H_1, \Delta H_2 \cdots + \Delta H_n$としたとき、右ページの関係式が成り立ちます。

この2つの法則により、さまざまな形状のコイルが作り出す磁界の大きさを導くことができます。直線状導体と環状ソレノイドはビオ・サバールの法則、円形コイルと細長いコイルはアンペアの周回積分の法則から磁界を求める式を求めることができます。導出も大事ですが、**試験対策としては、それぞれの図と公式を覚え、問題を解くことを優先した方がよいです。**

ビオ・サバールの法則

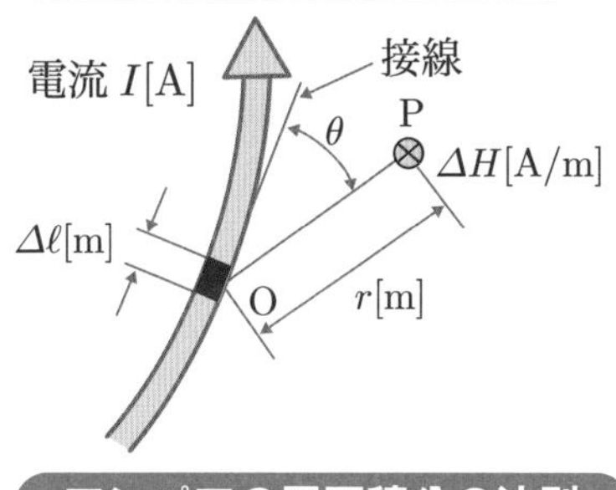

$$\Delta H = \frac{I\Delta\ell}{4\pi r^2}\sin\theta[\mathrm{A/m}]$$

磁界の強さ：H[A/m]

電流：I[A]

点 O からの距離：r[m]

点 O 付近の微小な長さ：$\Delta\ell$[m]

$\Delta\ell$の接線と線分 OP とのなす角度：θ[°]

アンペアの周回積分の法則

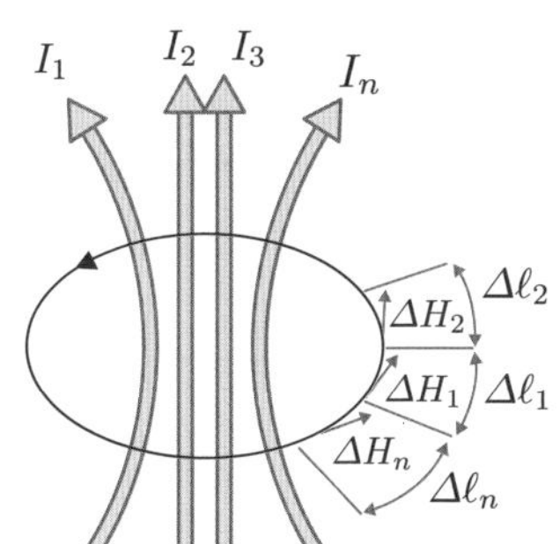

$$\Delta H_1\Delta\ell_1 + \Delta H_2\Delta\ell_2 + \cdots + \Delta H_n\Delta\ell_n = I_1 + I_2 + \cdots$$

磁界の強さ：$\Delta H_1 + \Delta H_2 + \cdots + \Delta H_n$[A/m]

微小な長さ：$\Delta\ell_1, \Delta\ell_2 + \cdots + \Delta\ell_n$[m]

電流：$I_1 + I_2 + \cdots + I_n$[A]

電験三種でよく出題される磁界の公式

直線状導体の周りの磁界

$$H = \frac{I}{2\pi r}[\mathrm{A/m}]$$

磁界の強さ：H[A/m]

電流：I[A]

直線状導体からの距離：r[m]

細長いコイル内部の磁界

$$H = N_0 I[\mathrm{A/m}]$$

磁界の強さ：H[A/m]

電流：I[A]

1m 当たりの巻数：N_0

円形コイルの中心の磁界

$$H = \frac{NI}{2\pi r}[\mathrm{A/m}]$$

磁界の強さ：H[A/m]

巻数：N

電流：I[A]

コイルの半径：r[m]

環状ソレノイド内部の磁界

$$H = \frac{NI}{2r}[\mathrm{A/m}]$$

磁界の強さ：H[A/m]

巻数：N

電流：I[A]

環の半径：r[m]

22 ランク C 難易度 B

電磁誘導とは

コイルを貫く磁束を変化させた際に誘導起電力が発生し、閉回路ができている場合に電流が流れる現象です

電磁誘導とは、コイルを貫く磁束を変化させた際に起電力（誘導起電力）が発生し、閉回路ができている場合には電流が流れる現象のことをいいます。

磁石をコイルに近づけたり遠ざけたりすると、コイルには起磁力が発生します。また、磁石を速く動かせば動かすほど、大きな起電力が発生します。発生した起電力を**誘導起電力**、流れた電流を**誘導電流**といいます。

電磁誘導に関する法則には、**ファラデーの法則**と**レンツの法則**があります。

ファラデーの法則

ファラデーの法則とは、誘導起電力の大きさと磁束の関係をまとめた法則です。誘導起電力の大きさはコイル内部を貫く磁束の単位時間（Δt）当たりの変化に比例することを式で表しています。

N回巻のコイルと磁束Φが鎖交する数（$N\Phi$）を**磁束鎖交数**といい、磁束鎖交数は大きければ大きいほど、誘導起電力は大きくなります。コイルの巻数が２倍になったとき、磁束鎖交数も２倍となるため、誘導起電力も２倍となります。

レンツの法則

レンツの法則とは、発生する誘導起電力の向きと磁束の変化の関係をまとめた法則です。誘導起電力の向きはコイル内の磁束変化を妨げる向きに生じることを示しています。

コイルに磁石を近づけた場合には、磁石の磁界を打ち消すような磁界を発生させる誘導起電力が生じます。

逆にコイルから磁石を遠ざける場合には、コイル内を通る磁束が減らないような磁束を発生させる誘導起電力が生じます。

電磁誘導の原理

コイルを貫く磁束が増える場合

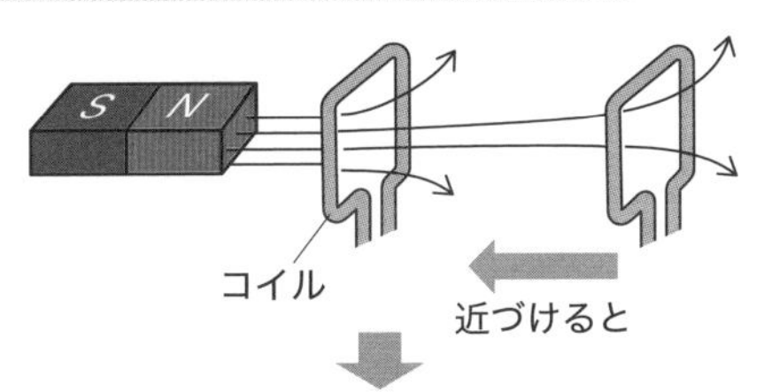

コイルを貫く磁束が増える

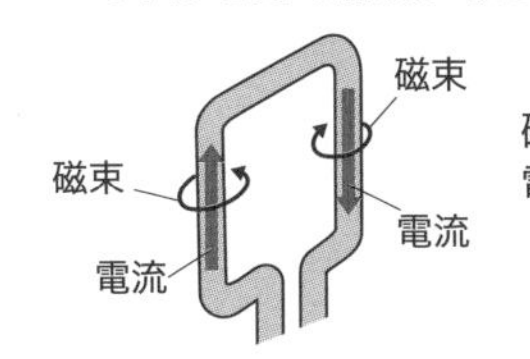

磁束を打ち消すように
電流が流れる

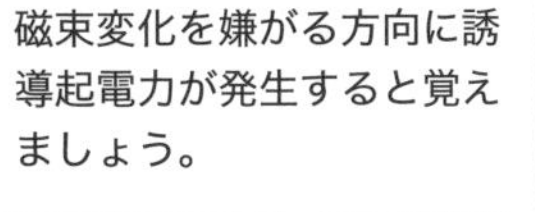

S
N

コイルの中に磁石を出し入れすると回路に電流が流れる

e[V]

誘導起電力の大きさを求める式

誘導起電力		巻数		磁束変化
e	$=$	$-N$	$\times$	$\dfrac{\Delta\Phi}{\Delta t}$
[V]				[Wb/s]

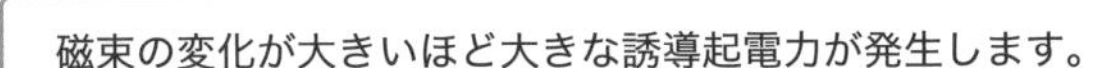

問題にチャレンジ

問題 0.2秒間に、巻数500回のコイルを貫く磁束が0.02Wbから0.05Wbに変化した。このとき、コイルに発生する誘導起電力e[V]は120 Vである。○か×か。

解説 ファラデーの法則から

$$e=-N\frac{\Delta\Phi}{\Delta t}=-500\times\frac{0.05-0.02}{0.2}=-75\text{V}$$

よって、コイルには75 Vの大きさの誘導起電力が発生しますので誤りとなります。

答え：×

磁気分野の例題

磁束密度2Tの平等磁界が一様に紙面の上から下へ垂直に加わっており、長さ2mの直線導体が磁界方向と直角に置かれている。この導体を図のように5m/sの速度で紙面と平行に移動させたとき、導体に発生する誘導起電力[V]はいくらになるか。

【平成 13 年・問 1】

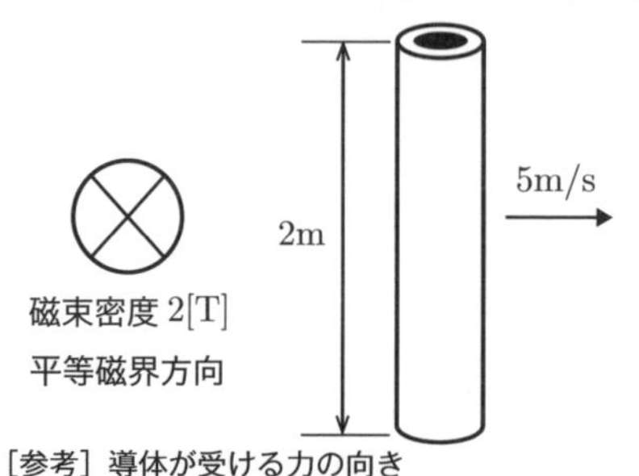

[参考] 導体が受ける力の向き
⦿：こちらに向かって飛び出してくる向き
⊗：こちらから飛び出す向き

解答

誘導起電力の公式は$e = B\ell v \sin\theta$

導体の移動する向きは、磁束に対して垂直であることから$\theta = 90°$であるので

$$e = 2 \times 2 \times 5 \sin 90° = 20\text{V}$$

よって、答えは20Vとなります。　　正解　20[V]

図のように、透磁率μ_0[H/m]の真空中に無限に長い直線状導体Aと１辺a[m]の正方形のループ状導体Bが距離d[m]を隔てて置かれている。AとBはxz平面上にあり、Aはz軸と平行、Bの各辺はx軸又はz軸と平行である。AとBには直流電流I_A[A]、I_B[A]がそれぞれ図示する方向に流れている。このとき、Bに加わる電磁力の大きさと向きを答えよ。　【平成 25 年・問 4】

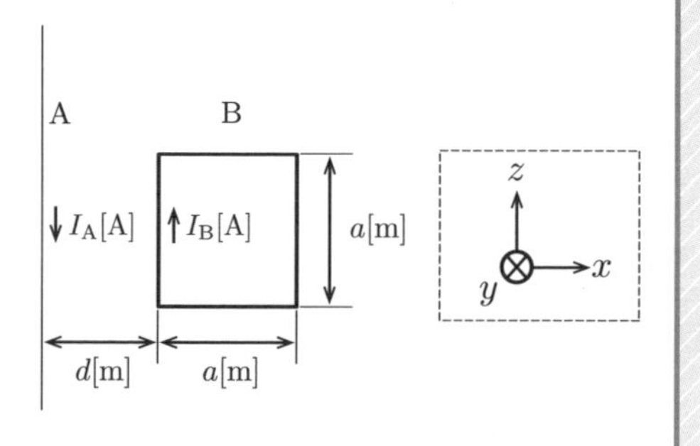

解答

平行導体間に働く1m当たりの電磁力の大きさFは

$F = BIl$ および $B = \mu H$、$H = \dfrac{I}{2\pi r}$ より $l = 1$ とすると、

$F = \dfrac{\mu I_A I_B}{2\pi r}$となります。

導体Bの頂点をS、V、U、Tとします。

導体Aと逆向きに電流が流れることから、フレミングの左手の法則に当てはめると導体BのSTに働く力は斥力（離れる方向に働く力）である。

導体BのSTと導体Aの距離はd[m]で一辺の長さがa[m]であるから、STに働く力F_1は

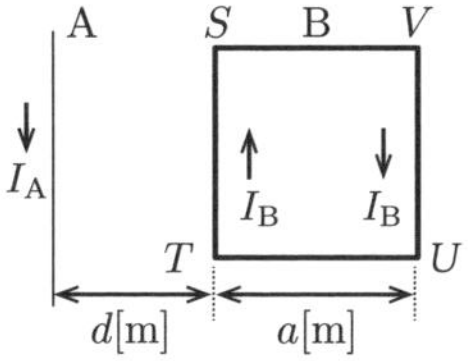

$$F_1 = \frac{\mu_0 I_A I_B a}{2\pi d}[\mathrm{N}]$$

次に、UVに働く力F_2は

$$F_2 = \frac{\mu_0 I_A I_B a}{2\pi(a+d)}[\mathrm{N}]$$

導体Bに加わる電磁力Fは導体Aから遠ざかる方向のF_1と、導体Aに近づく方向のF_2を合わせた力なので

$$F = F_1 - F_2 = \frac{\mu_0 I_A I_B a}{2\pi d} - \frac{\mu_0 I_A I_B a}{2\pi(a+d)}$$
$$= \frac{\mu_0 I_A I_B a}{2\pi}\left(\frac{1}{d} - \frac{1}{a+d}\right)$$

よって、答えは$F = \dfrac{\mu_0 I_A I_B a}{2\pi}\left(\dfrac{1}{d} - \dfrac{1}{a+d}\right)$[N]となり、$F > 0$です。

正解　$\dfrac{\mu_0 I_A I_B a}{2\pi}\left(\dfrac{1}{d} - \dfrac{1}{a+d}\right)$[N]、$+x$の方向

電子の運動

電子運動は電界中と磁界中でそれぞれ整理しておきましょう

ここでは、電界中および磁界中の電子運動について学びます。

●電界中の電子運動

電界中の電子運動ですが、右ページの図のように一様（大きさと向きが一定ということ）な電界の強さE[V/m]の一様な電界中に電荷$-e$[C]の電子を置くと、**電子には電界と反対方向の力が働くため、電子は加速しながら、反対の電極まで移動します**。

エネルギーについて考えると、電荷$-e$[C]の電子が、電位差V[V]に位置することによる電気的な位置エネルギーU[J]は$U = eV$[J]になります。電子の初速度はゼロですが、電界から力を受けることでどんどん加速されていきます。加速した質量m[kg]の電子が、速度v[m/s]で運動しているとすれば、運動エネルギーK[J]は、$K = \frac{1}{2}mv^2$[J]と表すことができます。

エネルギー保存の法則から、２つの式は同じであるといえるので、式を整理すると、電子の速度vは$v = \sqrt{\frac{2eV}{m}}$[m/s]で表すことができます。

●磁界中の電子運動

一様な磁界中において、電荷q[C]の粒子が速度v[m/s]で運動するとき、その粒子について磁束密度と速度の両方に対して、垂直な向きに大きさ$F = qvB$[N]の力が働きます。これを**ローレンツ力**といいます。

電子が磁界に垂直に入射した場合、速度の方向と垂直に一定のローレンツ力が働くとともに、遠心力$\frac{mv^2}{r}$[N]も加わることになります。ローレンツ力は常に中心に向かう求心力であるので、電子運動の軌道は曲げられ続け、結果的に円を描くように等速円運動をします。これを**サイクロトロン運動**といいます。ローレンツ力と遠心力とが釣り合うことから、$qvB = \frac{mv^2}{r}$が成立し、電子の円運動の半径を求める式は$r = \frac{mv}{eB}$となります。

電界中の電子運動

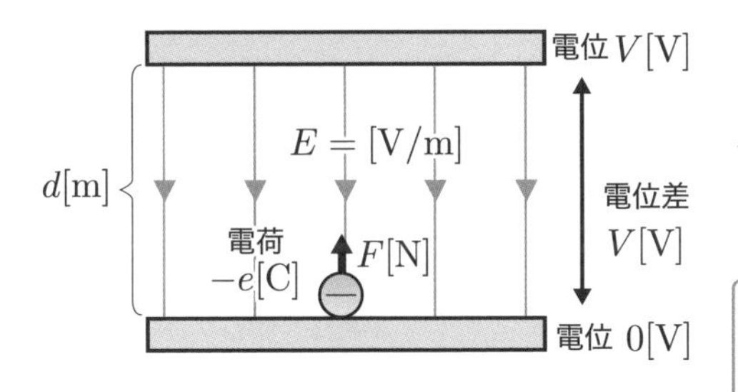

電界

$$E=\frac{V}{d}[\mathrm{V/m}]$$

電子に働く力

$$F=eE[\mathrm{N}]$$

ニュートンの運動方程式より
$F=ma$
と表すこともできるので
$F=ma=eE$
の関係式が成り立ちます。

電界中のエネルギー保存の法則

電界から得たエネルギー＝速度エネルギー

$$eV=\frac{mv^2}{2}[\mathrm{J}]$$

「位置エネルギーと運動エネルギーが等しい」という関係性が重要です。

磁界中の電子運動

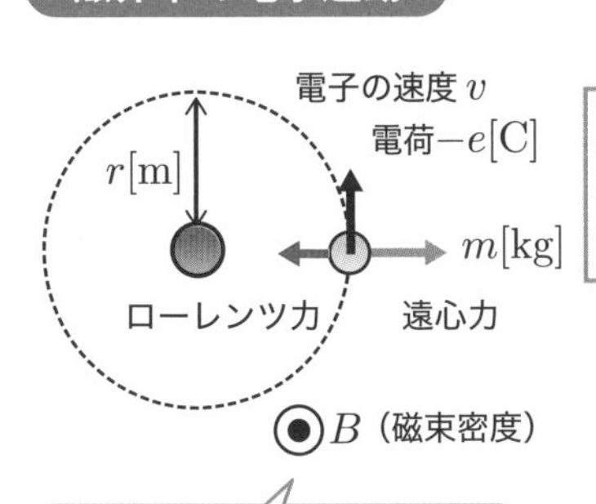

この記号は磁界の向きは裏面から表面の方向であることを表しています。

ローレンツカ

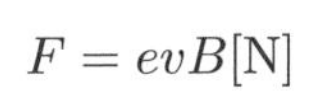

$$F=evB[\mathrm{N}]$$

遠心力を求める式

$$F=m\frac{v^2}{r}[\mathrm{N}]$$

電子の円運動の半径 r

$$r=\frac{mv}{eB}[\mathrm{m}]$$

サイクロトロン運動に関する問題は過去に何度も出題されています！

電子回路とは

ダイオードやトランジスタなどの半導体素子を含む電気回路のことです

電子回路とは、**半導体素子**を含む電気回路をいいます。**半導体は電気が通りやすい金属などの導体と電気が通りにくい絶縁体の中間の抵抗率を持つ物質**をいいます。半導体の代表的な物質にはケイ素（シリコン）があり、純粋なケイ素で作られた半導体を**真性半導体**と呼びます。そのままだと扱いづらいので不純物を少し加え、**N形半導体**や**P形半導体**にします。

● **N形半導体**

シリコンの最外殻の電子が4個（4価）あり、最外殻の電子が8個になると安定した結晶になることを利用します。

N形半導体ではシリコンに**リン（P）などの5価の不純物**（**ドナー**といいます）を加えて、1つの過剰電子を生み出します。この電子が結晶中を動き回ります。

● **P形半導体**

P形半導体では、**シリコンにホウ素（B）などの3価の不純物**（**アクセプター**といいます）を加えることで1つの電子不足を作り出します。この電子不足のことを**正孔（ホール）**と呼びます。

ダイオードの構造としくみ

ダイオードは、N形とP形の半導体を組み合わせた製品であり、電流が一方向にのみ流れるといった性質があります。流れる方向を整えることから、**整流素子**とも呼ばれます。

ダイオードの＋側はアノード、－側はカソードと決められていることも合わせて覚えておきましょう。ダイオードには逆電圧をかけても電流はほとんど流れませんが、さらに大きな逆電圧をかけると、急に電流が流れる**降伏現象（ツェナー効果）**が生じることも覚えておくとよいでしょう。

N形半導体とP形半導体

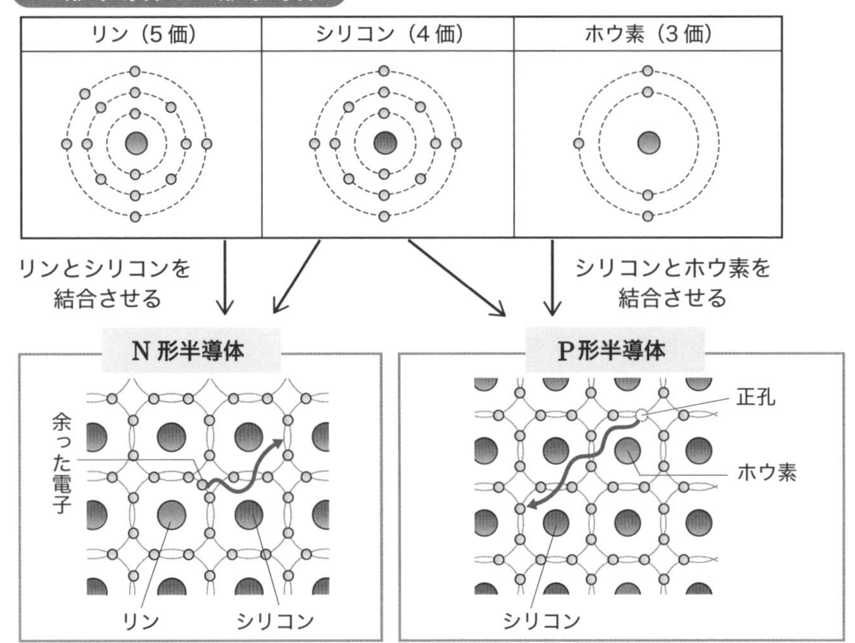

ダイオード

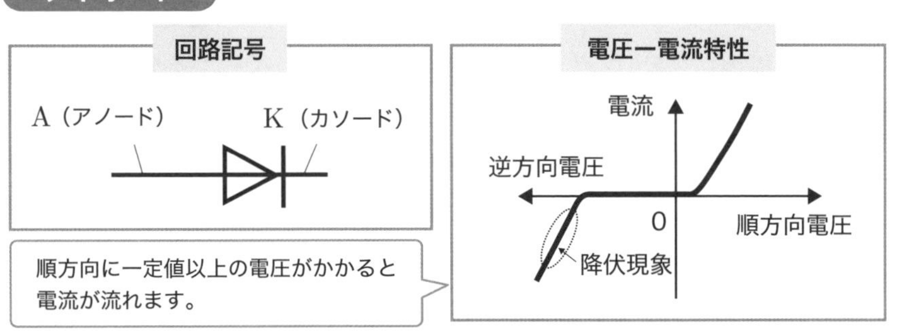

順方向に一定値以上の電圧がかかると電流が流れます。

ワンポイント　ダイオードは順方向にのみ流れる

ダイオードは逆方向に電圧をかけても電流は流れません。アノードからカソード方向にのみ流れるのですが、この方向を順方向といいます。

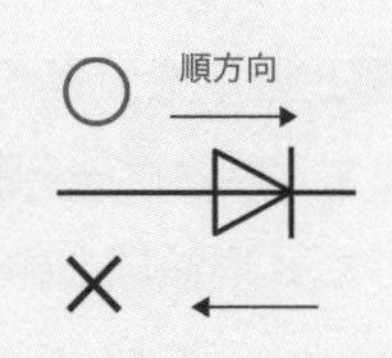

電子回路　ランク B　難易度 A

25 トランジスタのしくみ

半導体の性質を利用し、電流に関するスイッチの役割や電流を増幅できる素子をいいます

トランジスタとは、半導体の性質を利用して電流の流れを調整したり、出力電流を増幅させることのできる素子のことです。構造の違いによって、バイポーラトランジスタと**電界効果トランジスタ**の２種類があります。

●バイポーラトランジスタ

N形半導体とＰ形半導体を交互に３つ接合した製品をいいます。半導体の組み合わせの違いにより、**ＰＮＰ形**と**ＮＰＮ形**があります。いずれも入力電流で出力電流を制御することから、**電流制御素子**と呼ばれています。

右ページの図はＮＰＮ形のトランジスタです。電圧V_{BB}がありますが、B－E間に電子が流れやすい状態を作り出すという重要な役割があります。そこに電圧V_{CC}があることで、C－E間に電流が流れます。ベース電流とコレクタ電流の間の関係性は、**直流電流増幅率**として定義されています。

試験で最も重要である、エミッタにV_{BB}とV_{CC}が繋がる**エミッタ共通接続（エミッタ接地）**を説明しましたが、コレクタ接地やベース接地もあります。

●電界効果トランジスタ

電界効果トランジスタは、電圧で出力電流を制御することから**電圧制御素子**と呼ばれ、電子または正孔のどちらか一方しか扱わないことから**ユニポーラトランジスタ**とも呼ばれることがあります。

内部構造の違いにより、**接合形**と**絶縁ゲート形（ＭＯＳ形）**があり、それぞれｎチャネル形とｐチャネル形があります。動作原理がわかりやすいよう動作時の様子（ｎチャネル形）を右ページの表に記載しました。**接合形は電圧 V_{GS} を大きくすることで空乏層が広がる**ため、電流を流れにくくできます。**絶縁ゲート形は電圧 V_{GS} を加えることでゲートに電子を引き寄せ**、ｐ形にｎ形領域を作り、電流の通路を作ります。これを**エンハンスメント形**といい、電圧V_{GS}を加えて電流の通路を狭める**デプレッション形**もあります。

バイポーラトランジスタの基本回路（NPN形・エミッタ接地）

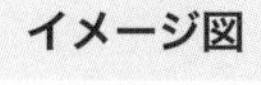

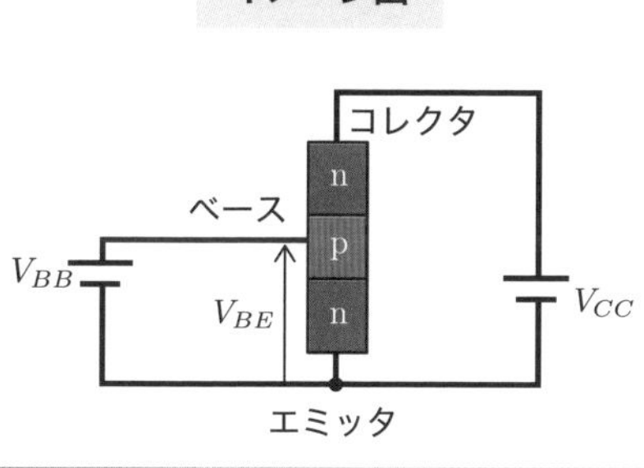

直流電流増幅率 h_{FE}

$$h_{FE} = \frac{\text{コレクタ電流}}{\text{ベース電流}} = \frac{I_C}{I_B}$$

トランジスタを動かすためには
B－E間電圧（V_{BB}）
C－E間電圧（V_{CC}）
という2つの電圧が必要であるのがポイントです。

回路図

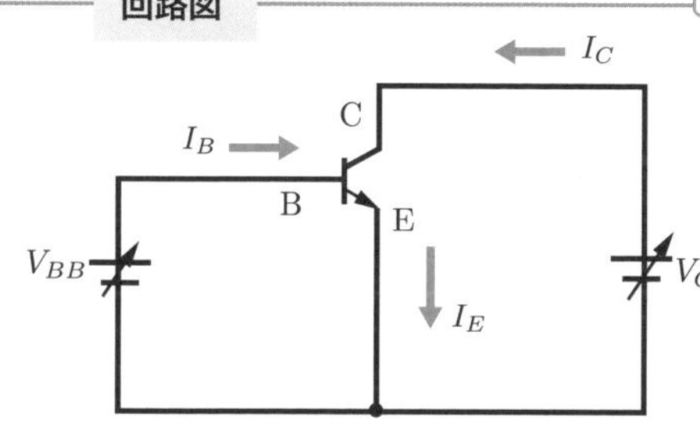

B－E間電圧：V_{BB}
C－E間電圧：V_{CC}
エミッタ電流：I_E[A]
ベース電流　：I_B[A]
コレクタ電流：I_C[A]

電界効果トランジスタの種類としくみ

	nチャネル形	pチャネル形	ゲート電圧V_{GS}を加えたときの状態（nチャネル形）
接合形	G D S p n / G D S	G D S n p / G D S	I_D D G p形 V_{GS} n形 S V_{DS} 白の範囲は電流が流れにくい空乏層
絶縁ゲート形	金属 G SiO_2 D S n p n B / G D B S	金属 G SiO_2 D S p n p B / G D B S	電流 I_D D n形 p形 G V_{GS} V_{DS} n形 S

26 電気計器の種類

電気計器は動作原理の違いによっておおよそ7つの種類に分類できます

電気計器は動作原理によって、さまざまな種類があります。試験では動作原理を問う問題も出題されるため、まとめて覚えておきましょう。

なお、カッコ内は使用回路です。

● 可動コイル形(直流)

永久磁石の作る平等磁界の中に可動コイルを置き、可動コイルに電流が流れると回転します。ばねの力と釣り合ったところで止まるしくみです。

● 可動鉄片形(交流[誤差を含むが直流可])

コイルに電流が流れると、コイル内部に磁界が発生し、固定鉄片も可動鉄片も磁化します。鉄片の反発力により指針が振れるしくみです。

● 電流力計形(直流・交流)

固定コイルと可動コイルに電流が流れる際に発生する反発力を利用するものです。電流の大きさによって、針の振れ幅が変わるしくみです。

● 静電形(直流・交流)

電極板に電圧を加えることで電極板には電荷が溜まります。板間に生じる静電力に応じて針が振れるしくみです。

● 熱電形(直流・交流)

熱電対の片方を回路中の熱線で加熱することで、可動コイルに電流が流れて針が振れるしくみです。

● 誘導形(交流)

円板導体に磁界を加えることで円板を回転させ、針が振れるしくみです。

● 整流形(交流)

可動コイル形計器と整流器（ダイオード）を組み合わせたものです。

ちなみに、**使用回路については、「電」という漢字を含む形の計器は「使用回路が直流・交流」といった覚え方もあります。**

電気計器の種類

記号（ や ）も試験に出るので要注意！

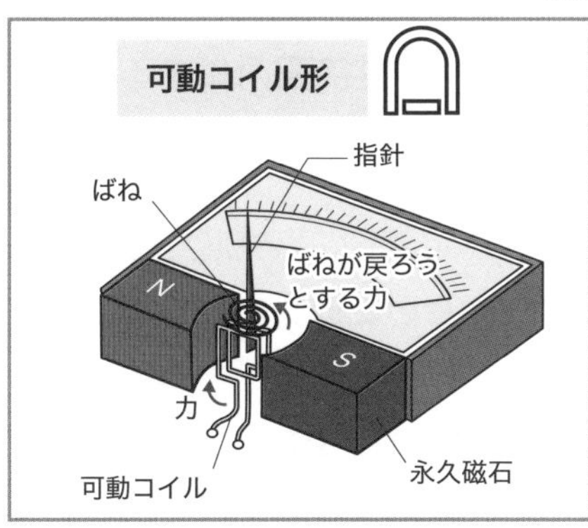

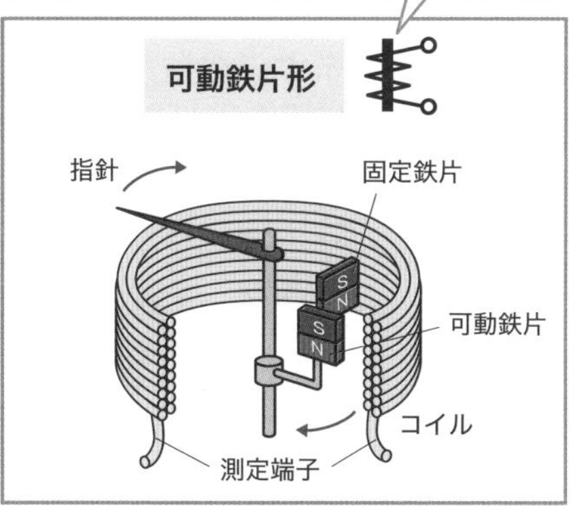

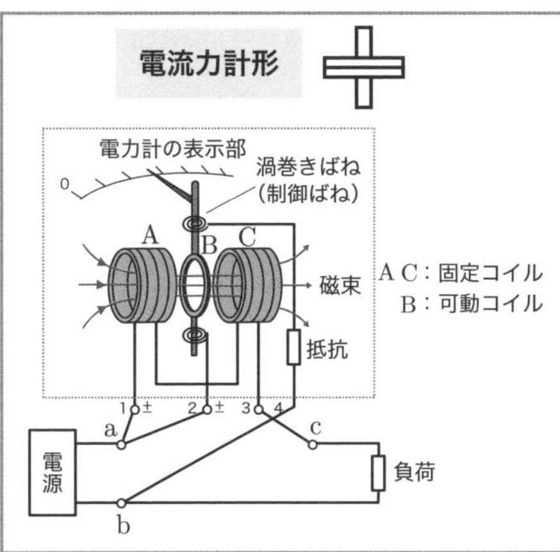

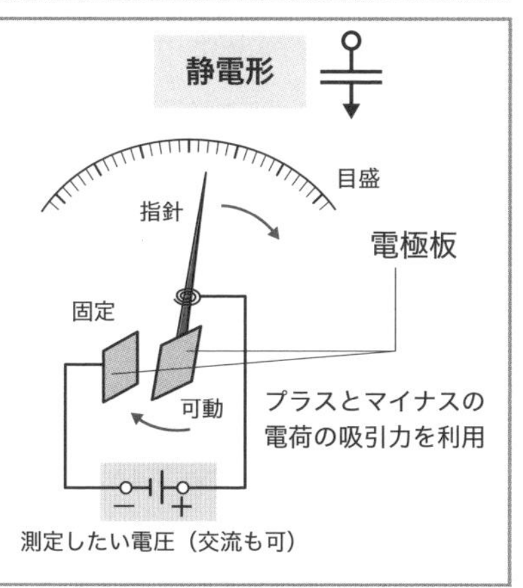

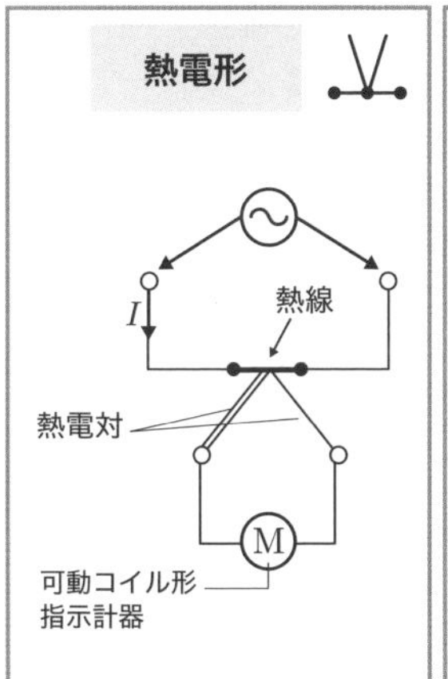

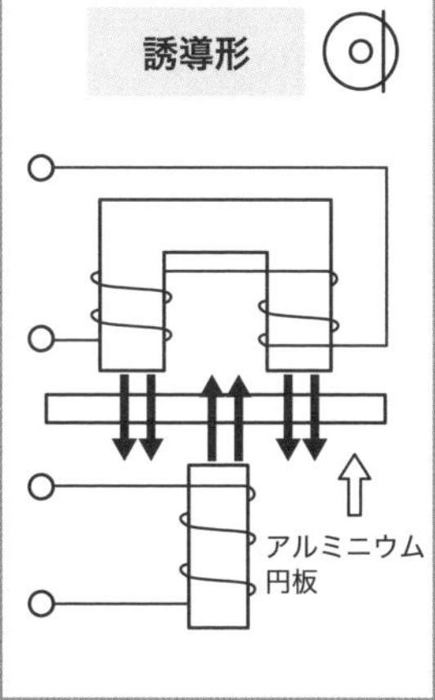

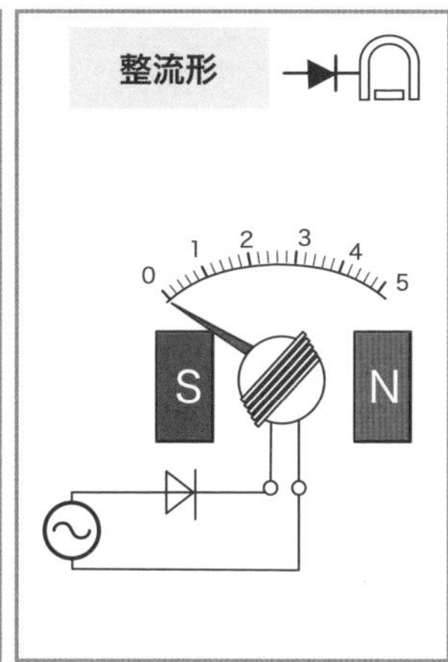

計器の誤差と補正とは

計器の示す値には誤差が含まれます。許容範囲内にするため補正や校正を行います

電気計器の誤差には経年劣化による誤差、測定環境による誤差、測定者による誤差などがあります。誤差を計算するために必要となるのが**測定値**と**真値**です。

計測分野では**誤差**をε（イプシロン）、**測定値**をM、**真値**をTで表します。これは、英語で誤差はerrorであり、εは英語のeに由来するという関係があります。Mはmeasure（測定）、Tはtrue（真実）の頭文字をそれぞれ取っています。

誤差については、**補正**が重要です。補正は、測定環境による誤差や測定者による誤差を除去することを意味します。補正を行い、計器の指示値が真の値に限りなく近い値を示すようにすることを**校正**といいます。

校正は基準となる標準器によって行いますが、より正確な標準器を求めていくと、国家標準に行き着きます。**国家標準にまでたどり着けることを「トレーサビリティが取れている」と表現します。**

電気計器の階級と許容差の関係

電気計器には**階級**という考え方があります。電気計器には少なからず誤差が含まれているため、**許容される誤差（許容差）**が階級ごとに定められています。

計器の階級は、最大目盛に対する最大誤差を百分率[%]で表したものです。例えば、最大目盛100mA、階級1.0級の電流計の場合、許容差は$100 \times 0.01 = 1$mAとなります。

階級には右ページの表に示した通り、0.2級、0.5級、1.0級、1.5級、2.5級があります。**試験では、階級は与えられますが、基本的に許容差の値が与えられません。階級の値と許容差の値は同じであると覚えておきましょう。**

誤差率と補正率

$$誤差率\ \varepsilon = \frac{(測定値\ M - 真値\ T)}{真値\ T} \times 100[\%]$$

$$補正率\ \alpha = \frac{(真値\ T - 測定値\ M)}{測定値\ M} \times 100[\%]$$

電気計器の許容差

許容差 [%]	階級	用途
±0.2	0.2	副標準器用
±0.5	0.5	精密測定用
±1.0	1.0	普通測定用
±1.5	1.5	工業用の普通測定用
±2.5	2.5	精度の重点をおかないもの

問題にチャレンジ

問題 最大目盛100mA、階級 1.0(JIS) の単一レンジの電流計がある。40mAを測定するとき、電流計に許容される誤差[mA]の大きさの最大値は0.4mAである。〇か×か。

解説 誤差はあくまで最大目盛に対するものであるため、最大目盛100mA、階級 1.0 級の許容差は$100 \times 0.01 = 1$mAが正解です。この問題は平成 20 年の過去問ですが、問題には必要のない言葉も含まれているため、まどわされないようにしましょう。

答え：×

ランク C　難易度 C

倍率器と分流器

倍率器や分流器は計器に接続する抵抗をいいます。電圧計や電流計の測定範囲を広げる役割があります

倍率器は、電圧計に直列接続した抵抗をいいます。倍率器があるおかげで、電圧計の測定範囲を超えた電圧を測定することができます。もし、倍率器を設置せず、電圧計に測定範囲を超えた大きな電圧をかけてしまうと、電圧計が壊れてしまいます。

右ページの回路図に示したように、倍率器を直列に接続すると、**回路全体の電圧は電圧計の内部抵抗と倍率器に分圧されるので、電圧計にかかる電圧が減ります**。電圧計が指示する値から逆算することで全体にかかる電圧を求めることができるわけです。

倍率器によって、電圧計の測定上限の何倍の電圧が測定できるかを示す指標を**倍率器の倍率**といいます。mが記号として使用されます。

分流器は電流計に並列に接続する

分流器は、電流計に並列接続した抵抗をいいます。分流器があるおかげで電流計の測定範囲を超えた電流を測定できます。倍率器と同様、分流器を設置せずに電流計に大きな電流を流すと故障や災害の原因となります。

右ページの回路図に示したように、**分流器を並列に接続すると、電流が電流計の内部抵抗と分流器に分流されることから電流計に流れる電流は減ります**。電流計の指示値から逆算することで、回路全体に流れる電流を求められるのがポイントです。

分流器によって、電流計の測定上限の何倍の電流が測定できるかを示す指標を**分流器の倍率**といいます。mが記号として使用されます。

試験では、倍率を求める問題だけでなく、倍率器や分流器の抵抗を求める問題も出題されます。使う式は同じですので、式の展開ができるようになることが得点のポイントです。

倍率器のしくみ

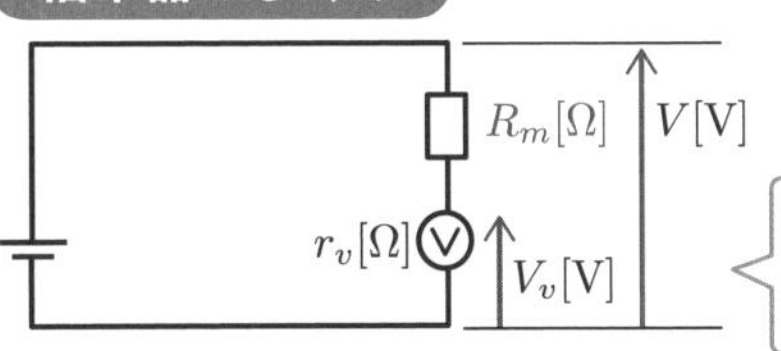

R_m：倍率器の抵抗 [Ω]

r_v：電圧計の内部抵抗 [Ω]

電圧計のみだと $V_v[\mathrm{V}]$ しか測定できませんが、倍率器のおかげで $V[\mathrm{V}]$ まで測定できます。

倍率mを求める式

$$m = \frac{R_m}{r_v} + 1$$

倍率器の抵抗Rmを求める式

$$R_m = r_v(m-1)$$

式の導出

$$m = \frac{V}{V_v} = \frac{V}{\frac{r_v}{R_m + r_v}V}$$

$$m = \frac{R_m + r_v}{r_v} = \frac{R_m}{r_v} + \frac{r_v}{r_v}$$

$$m = \frac{R_m}{r_v} + 1$$

式の導出

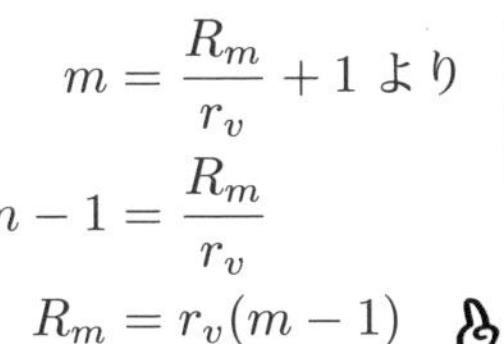

$$m = \frac{R_m}{r_v} + 1 \text{ より}$$

$$m - 1 = \frac{R_m}{r_v}$$

$$R_m = r_v(m-1)$$

ここでは、公式の暗記より式の導出を理解しましょう。

分流器のしくみ

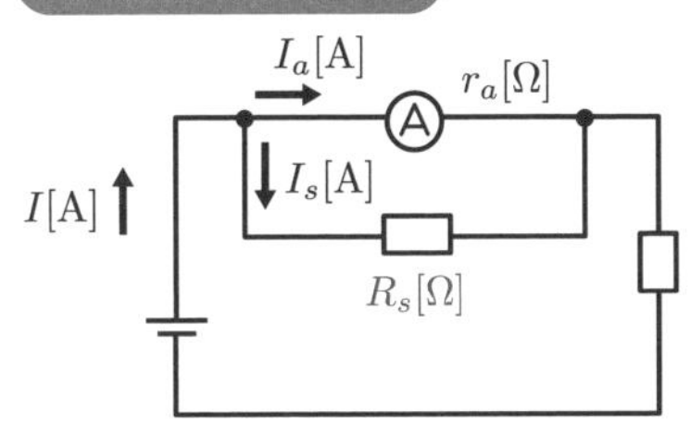

R_s：分流器の抵抗 [Ω]

r_a：電流計の内部抵抗 [Ω]

電流計のみだと $I_a[\mathrm{A}]$ しか測定できませんが、分流器のおかげで $I[\mathrm{A}]$ まで測定ができます。

倍率mを求める式

$$m = \frac{r_a}{R_s} + 1$$

分流器の抵抗Rsを求める式

$$R_s = \frac{r_a}{m-1}$$

式の導出

$$m = \frac{I}{I_a} = \frac{I}{\frac{R_s}{r_a + R_s}I}$$

$$m = \frac{r_a + R_s}{R_s} = \frac{r_a}{R_s} + \mathrm{I}$$

式の導出

$$m = \frac{r_a}{R_s} + 1$$

$$m - 1 = \frac{r_a}{R_s}$$

$$R_s = \frac{r_a}{m-1}$$

計測　ランク C　難易度 C

オシロスコープ

オシロスコープは電圧や電流の波形を表示し、大きさなどを測定して状態を把握できる装置です

オシロスコープとは、電圧や電流の波形を表示することができる装置をいいます。製品としては、ブラウン管オシロスコープやデジタルオシロスコープがあります。試験では、**ブラウン管のオシロスコープ**に関する問題が出題されます。

ブラウン管オシロスコープのしくみ

ブラウン管オシロスコープの内部（真空のブラウン管）では、電子銃から電子（電子ビーム）を連続的に照射します。

電子は**垂直偏向板**と**水平偏向板**の間を通る間に両板から**ローレンツ力**を受けることで軌道が変わります。電子はブラウン管の内側に塗られた蛍光塗料にぶつかることで、蛍光面（スクリーン）に軌跡が表示されるというのがブラウン管オシロスコープのしくみです。

右ページの左上の図では、水平偏向板にのこぎり波電圧を入力していますが、水平偏向板と垂直偏向板の両方に**交流波電圧**を入れた場合、少し変わった図形が表示されます。この図形を**リサージュ図形**といいます。

リサージュ図形を観測することのメリット

リサージュ図形は蛍光面に表示される形から、２つの交流波の**位相差**と**周波数差**を知ることができます。代表的なリサージュ図形として、右ページの右下の３つがあります。

大きさが同じで周波数比が１：１、位相差が0°の場合、リサージュ図形は**斜めの直線**になることがわかっています。

もし、位相差が90°の場合には**円形**になります。周波数比が１：２で位相差が0°の場合、リサージュ図形は**８の形**になります。

ブラウン管オシロスコープのしくみ

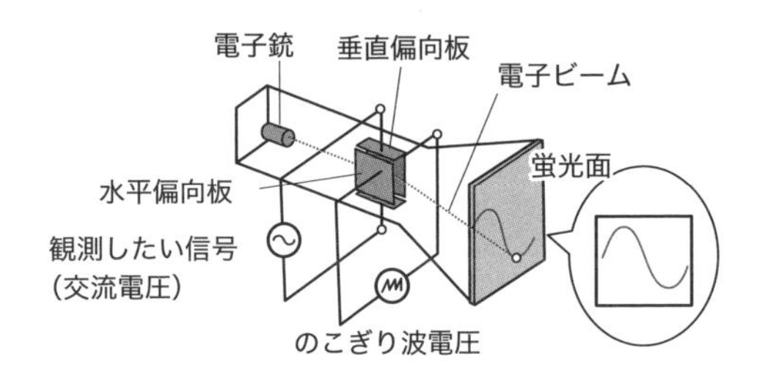

垂直偏向板に入力する信号によって蛍光面に映る波の形が変化します。

垂直偏向板の役割

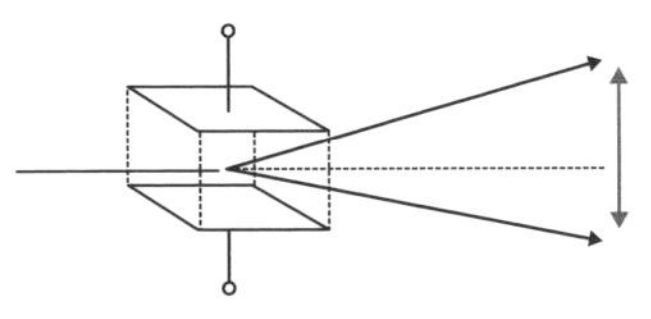

水平偏向板の役割

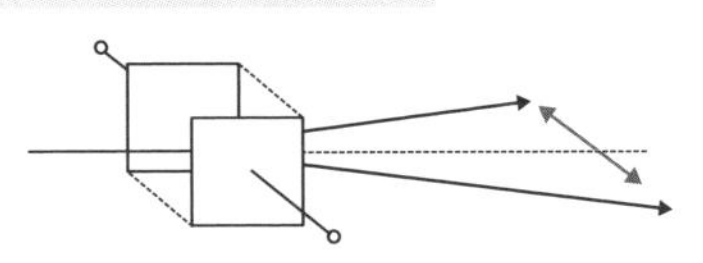

垂直偏向板は電子運動の垂直方向、水平偏向板は電子運動の横方向に影響を与えます。

リサージュ図形の種類

周波数比、位相差、波の形はセットで覚えておきましょう。

周波数比 （垂直：水平）	1：1の場合	1：1の場合	1：2の場合
位相差	0°	90°	0°
リサージュ図形 垂直軸波形 水平軸波形			

計測分野の例題

図のような回路において、電圧計を用いて端子ab間の電圧を測定したい。そのとき、電圧計の内部抵抗Rが無限大でないことによって生じる測定誤差を2％以内とするためには、内部抵抗R[kΩ]の最小値をいくらにすればよいか。　【平成９年・問10】

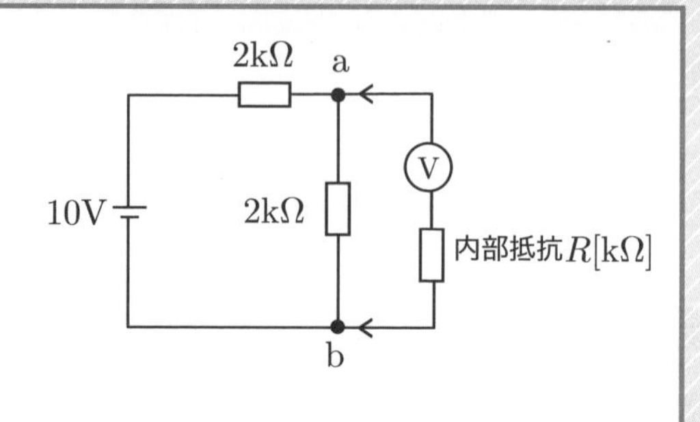

解答

理想的な電圧計を考えた場合、真値をV_Tとすると

$$V_T = \frac{2}{2+2} \times 10 = 5\text{V}$$

電圧計の内部抵抗がR[kΩ]のときの測定値をV_M

$$V_M = \frac{\frac{2R}{2+R}}{2+\frac{2R}{2+R}} \times 10 = \frac{5R}{1+R}[\text{V}]$$

誤差の公式は

$$\varepsilon = \frac{M-T}{T} \times 100[\%] \quad (M：測定値 \quad T：真値)$$

電圧計の測定値V_Mは真値V_Tより小さくなるので、誤差εは

$$-2 \leqq \frac{\frac{5R}{1+R}-5}{5} \times 100[\%]$$

$$R \geqq 49\,\text{k}\Omega$$

よって、内部抵抗の最小値は49 kΩとなります。

正解　49 [kΩ]

内部抵抗3kΩ、最大目盛1Vの電圧計を利用して最大100Vまで測定できるようにするために必要な倍率器の抵抗R_m[kΩ]はいくらか。

【平成11年・問4】

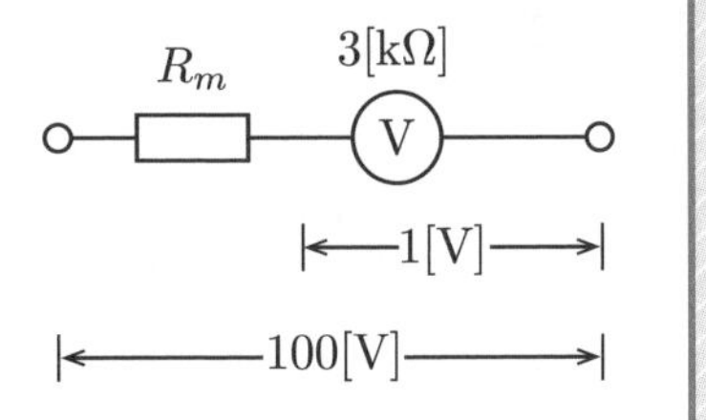

解答

倍率器（抵抗R_m）を用いて、端子間で100Vを測定できるようにする必要があります。分圧の法則から式を立てて倍率器の抵抗R_mを求めます。

電圧計にかかる電圧をV_v[V]、電圧計の内部抵抗をr_v[Ω]とすると、

$$V_v = \frac{r_v}{R_m + r_v}V$$

$V_v = 1$、$r_v = 3 \times 10^3$、$V = 100$ より

$$1 = \frac{3 \times 10^3}{R_m + 3 \times 10^3} \times 100$$

$$R_m + 3 \times 10^3 = 300 \times 10^3$$

$$R_m = 297 \times 10^3 = 297\text{k}\Omega$$

よって、答えは297kΩとなります。

正解 297 [kΩ]

内部抵抗$r_a = 2\Omega$、最大目盛$I_m = 10\text{mA}$の可動コイル形電流計を用いて、最大150mAと最大1Aの直流電流を測定できる多重範囲の電流計を作りたい。そこで、図のような二つの－端子を有する多重範囲の電流計を考えた。抵抗R_1[Ω]、R_2[Ω]の値を求めよ。

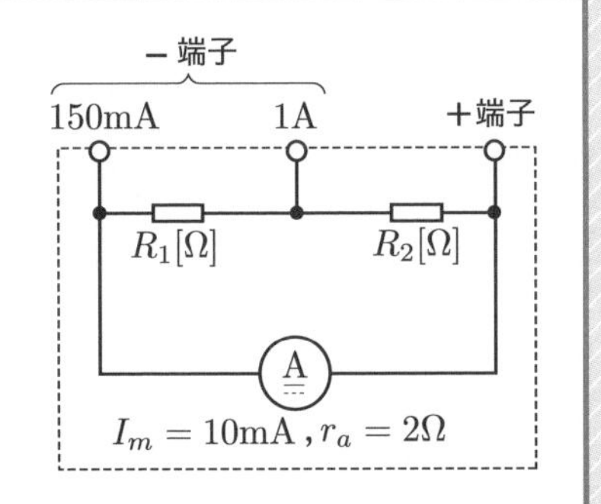

【平成19年・問16改】

解答

150mA測定できる電流計と1A測定できる電流計をそれぞれ考えます。

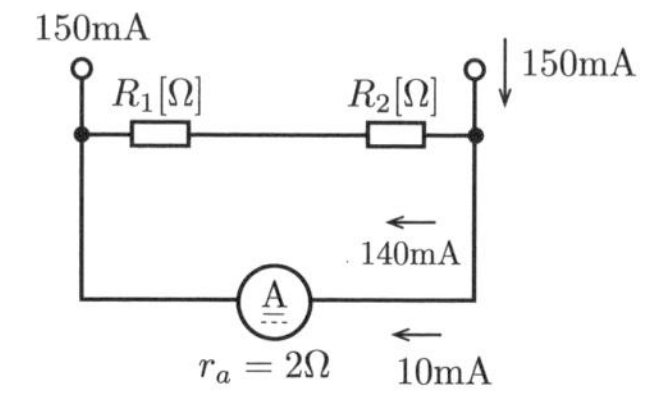

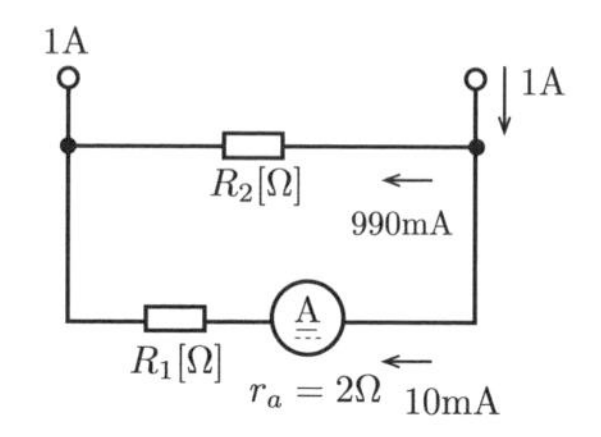

●最大150mAの電流を測定できる電流計を考える場合

最大150mAの電流を測定できる電流計を考える場合、並列回路にかかる電圧は同じであることから、次式が成り立ちます。

$$140 \times 10^{-3} \times (R_1 + R_2) = 10 \times 10^{-3} \times r_a$$
$$14(R_1 + R_2) = 2 \cdots ①式$$

●最大1Aの電流を測定できる電流計を考える場合

最大1Aの電流を測定できる電流計を考える場合、上と同様に、②式を立てることができます。

$$990 \times 10^{-3} \times R_2 = 10 \times 10^{-3} \times (R_1 + r_a)$$
$$99R_2 = (R_1 + 2) \cdots ②式$$

①式と②式の連立方程式を立てて、R_1とR_2を求めます。

$$14(R_1 + R_2) = 2 \cdots ①式$$
$$99R_2 = (R_1 + 2) \cdots ②式$$

連立方程式を解くと、答えは
$R_1 = 0.12\Omega$、$R_2 = 0.021\Omega$となります。

正解 $R_1 = 0.12[\Omega]$
$R_2 = 0.021[\Omega]$

第3章

電力科目

電力科目は試験範囲が広範囲（発電分野、変電分野、送電分野）であり、さらに覚えなければならない知識と用語がたくさんあるのが特徴です。本章では特に重要な分野である水力、火力、原子力、送電、配電の５分野に絞り込んで解説を行います。

電力科目をチェック

試験範囲は「発電所や変電所、送電線路、配電線路の設計・運転・運用」「電気材料」で構成されています

電力科目の問題数は17問（A問題14問、B問題3問）で、試験範囲は発電、変電、送電、配電の4分野となります。各分野からある程度決まった割合の問題数が出題されます。**全体としては文章問題が6割、計算問題が4割程度ですので、両方をバランスよく学習しておくことが求められます。**

まず、水力発電では、水力発電所の種類や水車の構造や動作などに関する知識を問う文章問題と水力発電所の出力や効率を求める計算問題が出題されます。火力発電では、ボイラやタービンに関する知識に加えて、熱サイクルといった熱力学に関する知識を問う文章問題と汽力発電所の燃料燃焼、出力、効率に関する計算問題が出題されます。また、**原子力発電では、沸騰水型軽水炉と加圧水型軽水炉の違いなどの知識を問う問題と核分裂に関する計算問題が出題されます。その他の発電からは、太陽光発電や風力発電、地熱発電、燃料電池、バイオマス発電に関する基本的な知識を問う問題が出題されます。**

変電では、変電所の設備に関する知識を問う文章問題と力率改善を行う調相設備や負荷分担に関する計算問題が出題されます。

送電では、送電線の結線方式や接地方式、送電線路を構成する設備、送電線で発生する障害とその対策に関する知識を問う文章問題と送電線の電圧降下や短絡電流、電力を求める計算問題が出題され、法規科目でも登場するたるみや実長、支線の張力を求める計算問題もあります。

攻略法としては、全分野の基礎知識を押さえた後、送電・配電・変電（力率計算）に力を入れましょう。**電力科目のA問題の約5割（17問中9～10問程度）は「変電」「送電」「配電」**です。さらに配点の高いB問題の計算問題でも出題されるため、**これら3分野が苦手な場合、合格点を切る可能性が出てきます。**

電力科目の試験範囲

水力発電 （2問程度／ 17 問）	変電 （3～4問程度／ 17 問）
火力発電 （3～4問程度／ 17 問）	送電 （3～4問程度／ 17 問）
原子力発電 （1問程度／ 17 問）	配電 （3～4問程度／ 17 問）
その他の発電 （1問程度／ 17 問）	

変電、送電、配電分野の試験問題は半端な知識では太刀打ちできません！「1週間や1ヶ月単位の集中学習」といった工夫をするとよいでしょう。

POINT

- その他の発電分野は、問題がパターン化しているので要点を押さえる
- 原子力発電分野は勉強範囲が狭く、基本問題しか出題されないので狙い目
- 変電、送電、配電分野は試験範囲が広く、難しい問題も多い
- A 問題の点数配分では変電、送電、配電が５割を占める
- １問 10 点もある B 問題で送配電分野は１～２問出題される
- 計算問題はパターン化しており、実は点が取りやすい

文章問題攻略には、専門用語を確実に覚えることがとても効果的です。専門用語を覚えるほど合格に近付いているのは間違いありません。計算問題の対策は、理論科目の学習がある程度進んでから行うとよいでしょう。

ワンポイント 計算問題を攻略して点数を稼ごう

電力科目は他の科目と比べて素直な計算問題が出るので、工夫をすれば点数が伸びやすい科目です。

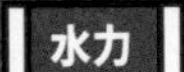

02 ランク B 難易度 C

水力発電所の種類

水力発電所は運用の違いや落差の作り方によって多くの種類があります

水力発電は水の落差を利用して水車を回し、発電機を駆動させて電気を作る発電方式です。水の落差を得る方法の違いから、**水路式発電**、**ダム式発電**、**ダム水路式発電**の３種類に分けることができます。

● 水路式発電

河川の上流に取水ダムを設けて水を取り入れ、こう配の比較的ゆるやかな水路で発電所に導き、河川との間に落差を得て発電する方式です。

● ダム式発電

河川の幅の狭い地盤の堅固な場所を選んで河川を横断して高いダムを築造し、ダムの上流側と下流側との間に落差を得て発電する方式です。

● ダム水路式発電

ダム水路式発電は水路式とダム式とを組み合わせて、水路とダムの両方によって落差を得て発電する方式です。

設備の役割

発電方式に登場する設備は、重要な役割を果たします。特に下記の設備が重要なので必ず覚えておきましょう。

設備	役割
沈砂池	水の流れる速度を下げることで土砂の沈殿を行う設備です。 発電所内に土砂を持ち込んでしまうことを防ぎます
導水路 水圧管 圧力導水路	水を運ぶための流路の役割を果たします。導水路・水圧管・圧力導水路がどこの設備かを右の図で確認しておきましょう
サージタンク	負荷遮断時などに生じる配管内の水圧変動を吸収する設備です

水力発電所の種類

水路式発電所

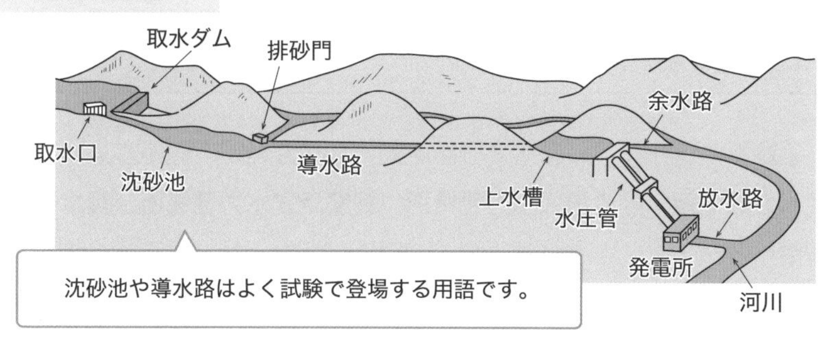

沈砂池や導水路はよく試験で登場する用語です。

ダム式発電所

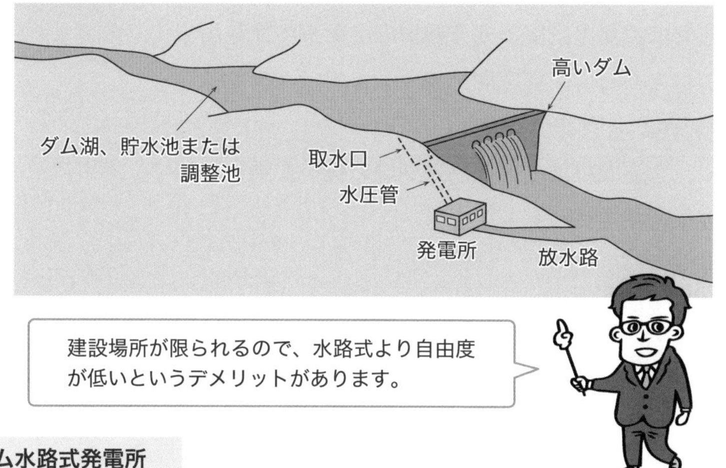

建設場所が限られるので、水路式より自由度が低いというデメリットがあります。

ダム水路式発電所

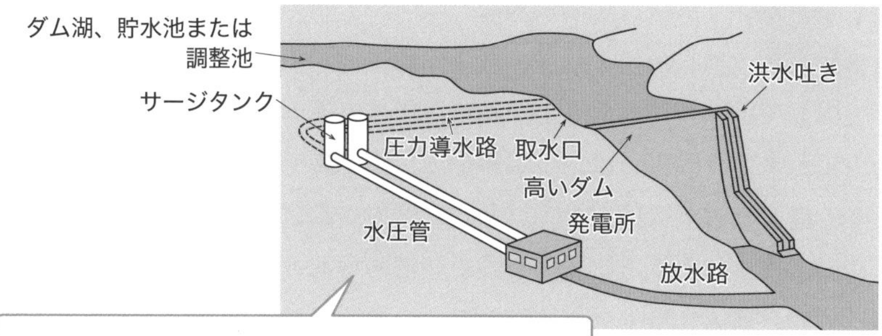

「圧力導水路→サージタンク→水圧管」が重要です。

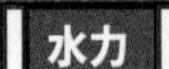

ランク B　難易度 C

運用の違いによる水力発電所の種類

運用別に「自流式」「貯水池式」「調整池式」「揚水発電方式」に分類することもできます

先ほどは水の落差の違いによる分類を説明しましたが、運用の違いにより、**自流式水力発電所、貯水池式水力発電所、調整池式水力発電所、揚水発電所**の４種類に分類することもできます。

● 自流式水力発電所

調整池などを持たず、自然流下する河川流量に応じて発電する発電所です。

● 貯水池式水力発電所

季節的に流量の調整できる容量の池を持つ発電所です。雨のよく降る時期などに水を蓄えて、渇水期に放流します。

● 調整池式水力発電所

１日～１週間程度の比較的短期間の負荷変動に応じて、河川流量を調整できる容量の池を持つ発電所です。

● 揚水発電所

上部貯水池に水を汲み上げておき、電気の需要が高い時間帯などに発電する発電所です。

水の力で水車を回して電気を作るという点において、揚水発電は他の水力発電所と同じですが、**「発電のために使う水を汲み上げる（揚水する）ことができる」**という点が決定的に異なります。

揚水発電所では右図のように、電気の使用量が少ない時間帯では余った電気を利用して下部調整池から上部調整池に水を汲み上げます。一方で、電気の使用量が多い時間帯では、下部調整池に水を流下させて発電を行います。

また、揚水発電所は運用上、一週間の負荷変動に対応する週間調整式の発電所や渇水期に対応する年間調整式の発電所もあります。週間、年間となるに従って貯水池の容量も大きくなります。

揚水発電のしくみ

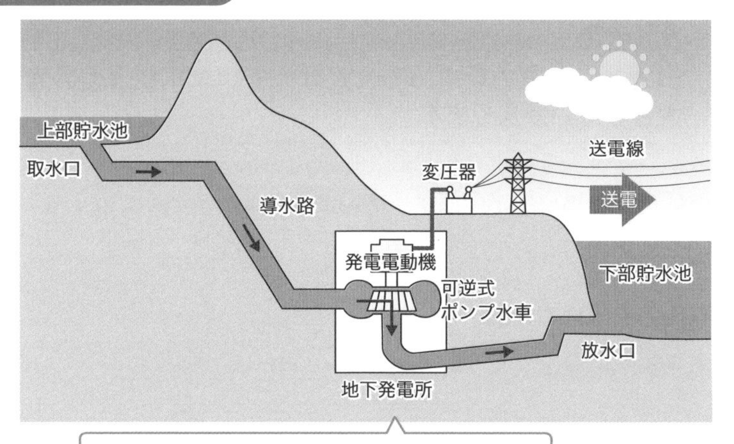

電気の使用量が多い時間帯に電気を作ります。

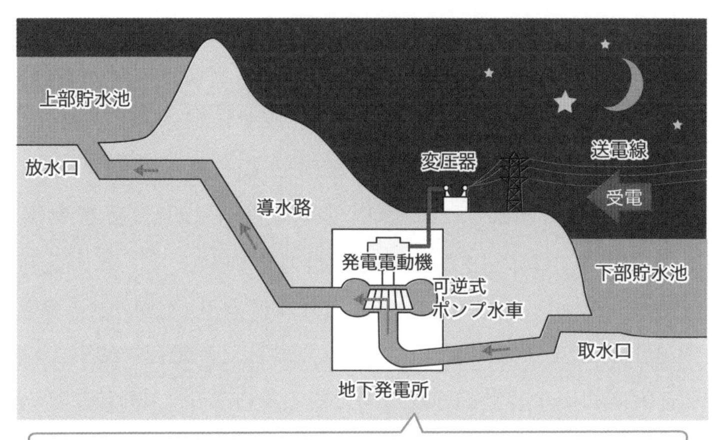

電気の使用量が少ない夜間は、使い終えた水を汲み上げておきます。

ワンポイント 貯水池式と調整池式の違いは？

貯水池式と調整池式は混同しやすいので注意しましょう。
「貯水池式は水を多く貯めてある」「調整池式は数日の調整程度の水しか貯めていない」と認識しておくと、間違いが減ります。

水力　ランク A　難易度 C

水力発電所と揚水発電所に関する公式

出力と必要電力を求める公式は似ていますが落差の考え方に大きな違いがあります

水力発電所の出力は**水の流量**と**水の落差**の積で求めることができます。この出力を**理論出力**といいます。

理論出力を求める公式

$P = 9.8Qh$[kW]　　Q：流量 [m^3/s]　　h：水の落差 [m]

水の落差は右の図に示した通り、総落差がH_a[m]であるとき、**この水の位置エネルギーは理論上、9.8QH_a[kJ]**となります。しかし、実際には水路の摩擦などのエネルギー損失があり、この損失に相当する落差分を損失落差H_g[m]といいます。総落差から損失落差を差し引いた落差が**有効落差H**[m]と定義されており、水力発電所の出力を計算する際に使用します。

また、実際の発電所の出力では水車効率と発電機効率を考慮しなければなりません。理論出力に水車効率をかけた出力を**水車出力**、さらに発電機効率をかけた出力を**発電機出力**といいます。水の流量Q[m^3/s]、水の有効落差H[m]としたとき、**水車出力は$P = 9.8QH\eta_W$**、**発電機出力は$P = 9.8QH\eta_W\eta_G$**となります。「$\eta_W\eta_G$」は合成（総合）効率といいます。

揚水発電所の揚水時に必要な電力は流量をQ[m^3/s]、揚程をH[m]としたとき、**9.8QHをポンプ効率と電動機効率で割る**ことで求めることができます。

揚水ポンプの電動機入力を求める公式

$P = \dfrac{9.8QH}{\eta_p\eta_m}$[kW]　　Q：流量 [m^3/s]　　H：全揚程 [m]

ここで注意が必要なのは、**H：全揚程**[m] です。**全揚程とは総落差＋損失落差**となります。水を総落差分持ち上げたい場合、損失落差分も加えた電力が必要になるということです。

水力発電所出力の公式

理論出力	$P = 9.8QH[\mathrm{kW}]$
水車出力	$P = 9.8QH \times \eta_W[\mathrm{kW}]$
発電機出力	$P = 9.8QH \times \eta_W \eta_G[\mathrm{kW}]$

$\times \eta_W$

$\times \eta_G$

Q ：流量 $[\mathrm{m}^3/\mathrm{s}]$
η_W：水車効率
H ：有効落差 $[\mathrm{m}]$
η_G：発電機効率

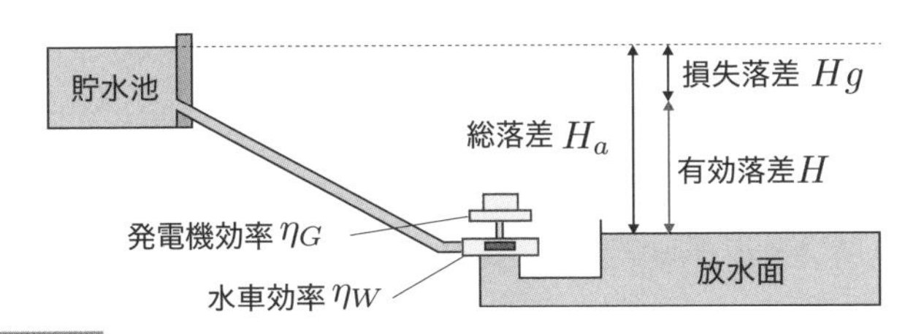

POINT

・理論出力に水車効率をかけると水車出力となる
・理論出力に水車効率と発電機効率をかけると発電機出力となる

揚水時に必要な電力の公式

揚水ポンプの電動機入力	$P = \dfrac{9.8QH}{\eta_p \eta_m}[\mathrm{kW}]$
必要な電力量	$W = \dfrac{9.8QH}{\eta_p \eta_m} \times t[\mathrm{kW \cdot h}]$

H ：全揚程 $[\mathrm{m}]$
η_p：ポンプ効率
η_m：電動機効率
t ：時間 $[\mathrm{h}]$

流量 $Q[\mathrm{m}^3/\mathrm{s}]$ の水を $H[\mathrm{m}]$ の高さに持ち上げるのに要する電力は $9.8QH$ ですが、電動機と水車の損失分を考慮して電気を供給する必要があります。

ワンポイント 総落差と有効落差を理解しよう

試験では問題文中に総落差や損失落差(損失水頭)などの用語が登場するため、問題によっては、有効落差と全揚程は計算で求めます。そのため、発電時は「総落差－損失落差」、揚水時は「総落差＋損失落差」と覚えておくとよいでしょう。

ダムの種類

水力発電によるダムは大きく分けてコンクリートダムとフィルタイプダムがあります

ダムは主要構造部の使用材料により、コンクリートダムとフィルタイプダムに分類されます。設計上の条件（ダムの高さ、地盤の強度等）やコストなどにより、どのダムにするかが決まります。コンクリートダムには**重力ダム**、**アーチダム**、**中空ダム（バットレスダムなど）**、フィルタイプダムには**アースダム**と**ロックフィルダム**があります。

コンクリートダムとフィルタイプダム

●重力ダム

コンクリートの重量により、貯水の水圧などの荷重を支えるしくみのダムです。多量のコンクリートと強固な基礎岩盤が必要になります。**国内において、最も多く用いられているダム**でもあります。

●アーチダム

ダムに加わる力を**アーチ状の壁により両岸の岸壁に逃がすしくみのダム**です。ダムの高さに対して、横方向の長さが短い場合に適します。

●バットレスダム

応力があまり加わらない部分を中空としてコンクリート量を削減し、バットレスと呼ばれる控え壁を設けた構造のダムです。内部点検が容易という利点があります。高さが中規模程度（50～100 m）のダムに適しています。

●アースダム

土砂や砂利など土砂材料を積み上げて、中心部に粘土の心壁を設けたダムです。高さが50 m程度のダムに採用されています。

●ロックフィルダム

岩を積み上げて、内部に粘土製の遮水壁を設けたダムです。建設地点での岩石が利用できるので安価であり、大型のダムで多く採用されています。

ダムの種類の全体像

コンクリートダム

重力ダム

アーチダム

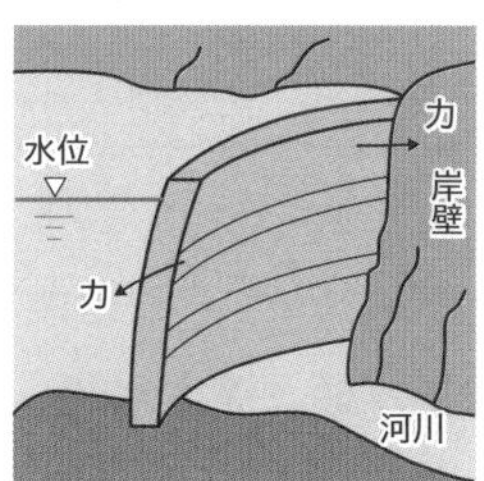

バットレスダム（中空ダム）

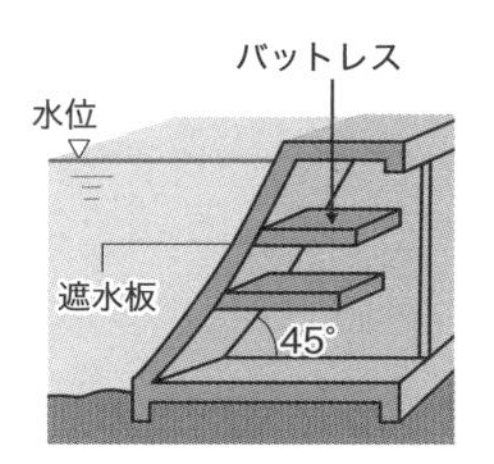

フィルタイプダム

アースダム

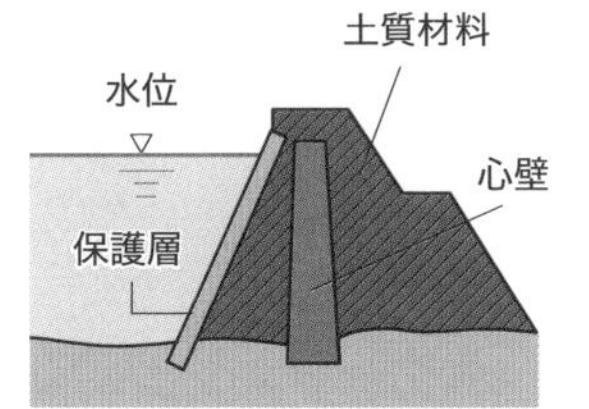

ロックフィルダム

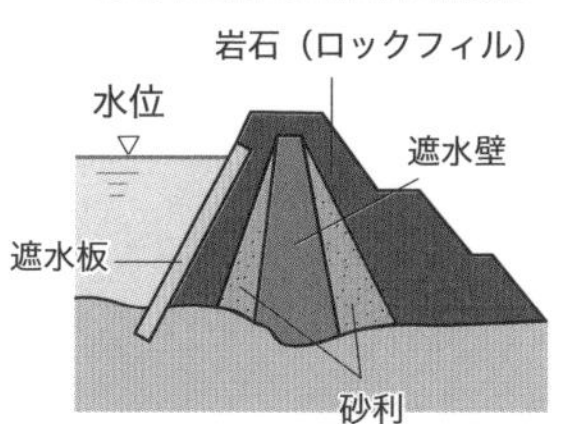

細かい用語を覚える必要はありませんが、それぞれのダムがどのような形状と特徴があるかを把握しておきましょう。

問題にチャレンジ

問題 アースダムは基礎の地質が岩などで強固な場合にのみ採用される。○か×か。

解説 アースダムは最も古くから採用されているダムであり、粘土や土を使って安価に作ることができます。コンクリートダムとは違い、基礎部分が広いため、地盤が強固である必要はありません。　答え：×

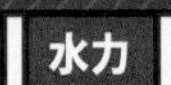

水力　ランク B　難易度 B

ベルヌーイの定理とは

水の持つ「位置」「運動」「圧力」エネルギーの和は一定であることを表します

水頭の考え方

ベルヌーイの定理では、位置エネルギー、運動エネルギー、圧力エネルギーをmgで割り算して、単位を[J]から[m]とした水頭という表し方で表現することがあります。それぞれを**位置水頭、速度水頭、圧力水頭**といいます。

●位置エネルギー

$$mgh[\mathrm{J}] \quad \Rightarrow \quad \text{位置水頭 } h[\mathrm{m}]$$

●運動エネルギー

$$\frac{1}{2}mv^2[\mathrm{J}] \quad \Rightarrow \quad \text{速度水頭 } \frac{v^2}{2g}[\mathrm{m}]$$

●圧力エネルギー

$$m\frac{P}{p}[\mathrm{J}] \quad \Rightarrow \quad \text{圧力水頭 } \frac{P}{pg}[\mathrm{m}]$$

ベルヌーイの定理とは、どの位置にある水であっても位置エネルギー、運動エネルギー、圧力エネルギーの総和は一定であることをまとめた定理のことです。ベルヌーイの定理を用いることで、ある高さの配管内に流れる水の圧力や流速を求めることができます。

右の図はある水槽と配管を示した図で、A点からD点まで水が流れているとします。A点の水は位置エネルギーが最も大きく、運動エネルギーと圧力エネルギーは最も小さいです。

B点→C点と水が流れ落ちるにつれて、位置エネルギーが小さくなりますが、その分、運動エネルギーが大きくなります。

D点では管路が細く、C点より速度が上がるため、運動エネルギーが大きくなり、圧力エネルギーが小さくなります。

ベルヌーイの定理

$$\underset{\text{位置エネルギー}}{mgh} + \underset{\text{運動エネルギー}}{\frac{1}{2}mv^2} + \underset{\text{圧力エネルギー}}{m\frac{P}{p}} = \text{一定}$$

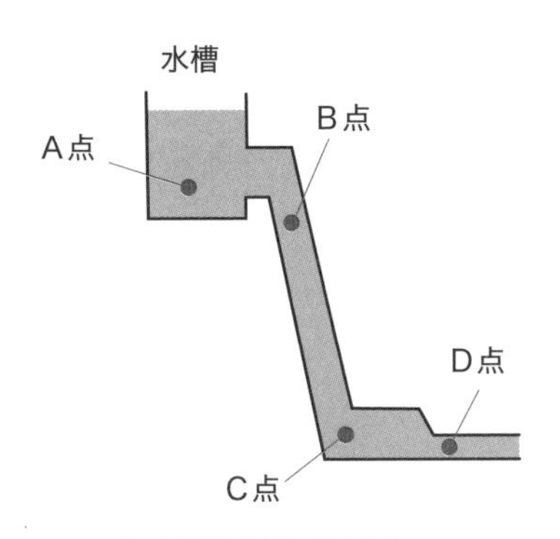

h ：高さ [m]

v ：流速 [m/s]

P ：圧力 [Pa]

m ：質量 [kg]

p ：単位体積の水の質量 [kg/m^3]

g ：重力加速度 9.8[m/s^2]

各点のエネルギーの式

A 点のエネルギー式　$mgh_1 + \frac{1}{2}mv_1^2 + m\frac{P_1}{p}$

‖

B 点のエネルギー式　$mgh_2 + \frac{1}{2}mv_2^2 + m\frac{P_2}{p}$

‖

C 点のエネルギー式　$mgh_3 + \frac{1}{2}mv_3^2 + m\frac{P_3}{p}$

‖

D 点のエネルギー式　$mgh_4 + \frac{1}{2}mv_4^2 + m\frac{P_4}{p}$

まずはそれぞれのエネルギーの式を覚えるようにしましょう！

どの位置の水であっても、位置エネルギー、運動エネルギー、圧力エネルギーの総和は等しくなります。

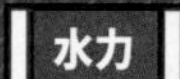

07 ランク A 難易度 C

水車の種類

水車は、衝動水車と反動水車に大きく分けることができます

水車は水の持つエネルギーを機械的エネルギーに変えることができる設備です。大きく分けて、衝動水車と反動水車の２つに分類することができます。**衝動水車は水の速度を利用してランナを回転させる構造の水車です。**代表的な衝動水車に**ペルトン水車**があります。また、**ターゴインパルス水車**はペルトン水車に構造が似ているのですが、ランナへの流水の角度が工夫されているため、２～３倍の速度で回転できます。

反動水車は水の持つ圧力をランナに作用させて回転させる水車です。フランシス水車、プロペラ水車、斜流水車があります。ちなみに、衝動水車と反動水車の両方の特性を持つ**クロスフロー水車**という水車もあります。ターゴインパルス水車とクロスフロー水車は設備改良による設備の簡素化が進み、**小規模水力発電**として採用されることが増えました。

各水車の特徴

●ペルトン水車、ターゴインパルス水車

ペルトン水車は、ノズルから放出した水が**バケット**に当たることで、回転する水車です。ターゴインパルス水車は、ランナに水が流入することで回転する水車です。両者とも水量調整は**ニードル弁**で行いますが、ペルトン水車は負荷急変時に**デフレクタ**が先に動作し、水がバケットに当たらないようにして水圧管の圧力上昇を防ぐことができます。**ジェットブレーキ**は水車を停止させる際にバケットの背面に水を当ててランナの回転力を落とすものです。

●フランシス水車、プロペラ水車、斜流水車

フランシス水車は水がランナの外周から流入して**ランナ内で向きを変えて流出する水車**、プロペラ水車は**ランナを通過する水の方向が軸方向である水車**、斜流水車は**流水が軸に斜方向に通過する水車**です。

水車の種類

衝動水車

ペルトン水車

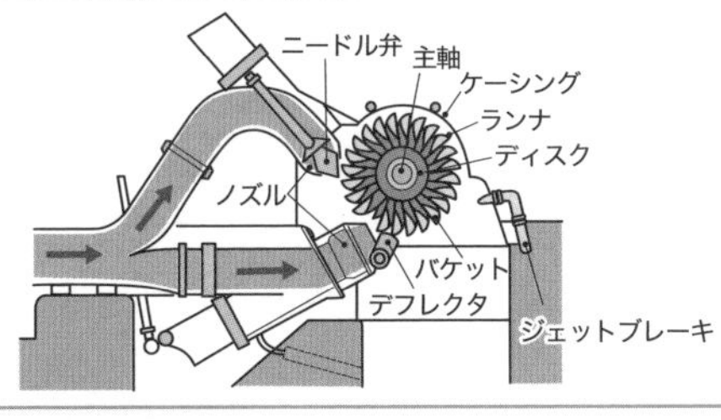

ターゴインパルス水車

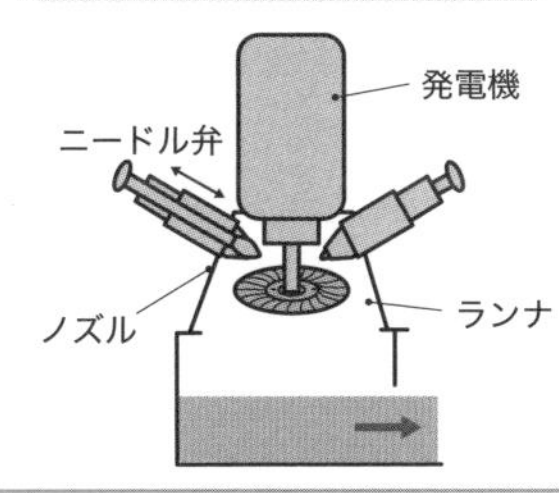

反動水車

フランシス水車

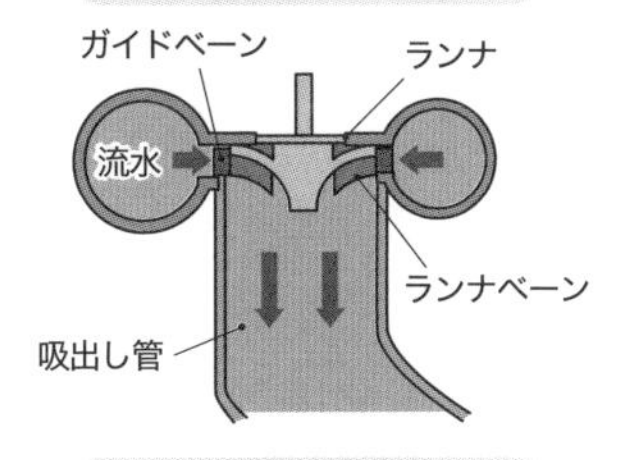

プロペラ水車

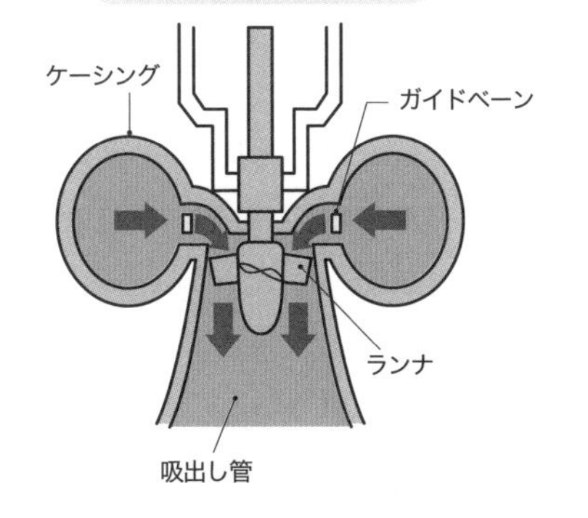

斜流水車

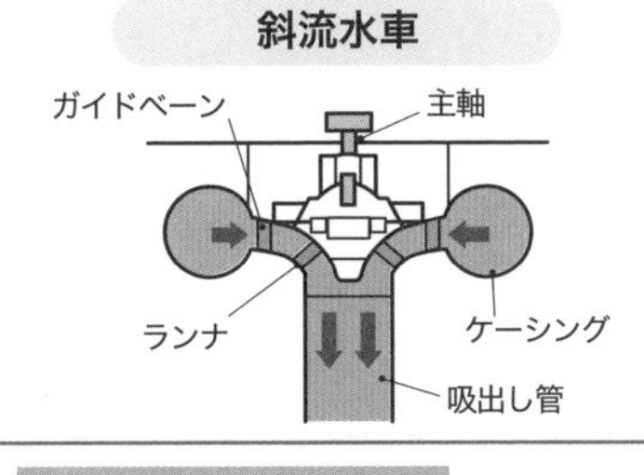

クロスフロー水車

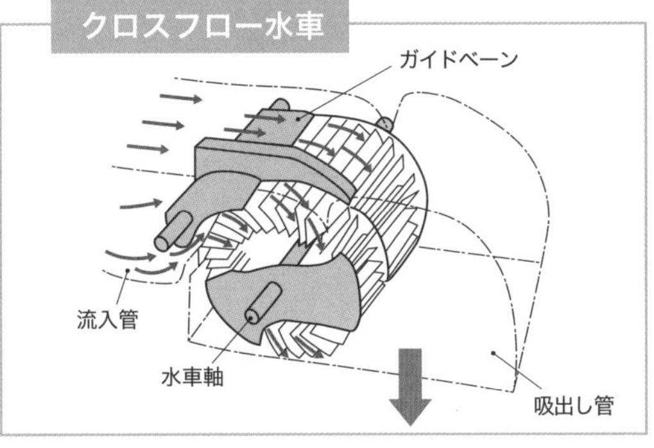

クロスフロー水車は、流量に応じて$\frac{2}{3}$ガイドベーンや$\frac{1}{3}$ガイドベーンを閉める運用が可能です。部分負荷での効率が他より高いのが特徴です。

水力　ランク B　難易度 B

水力発電の回転速度に関する公式

水車の性能を示す比速度、調速機の特性を示す速度調定率があります

比速度とは、水車の形と運転状態を相似に保ち、その大きさを変えて、単位落差（1m）で単位出力（1kW）を発生させたとき、その水車の回転速度のことをいいます。比速度は、有効落差H[m]、定格出力P[kW]※、水車の回転速度nとすると、次の式で表されます。

比速度を求める公式

$$n_s = n\frac{P^{\frac{1}{2}}}{H^{\frac{5}{4}}}$$

※衝動水車はノズル、反動水車はランナの1個当たりの出力です。

比速度が大きい水車ほど、水車を小型化することができるため、建設費用を低くできます。しかし、比速度が大きすぎると、次節で学ぶ**キャビテーション**が起こりやすく、効率の低下も招くので注意が必要です。

調速機と速度調定率

事故などによって水力発電所の発電機負荷が急に減少すると、水車の回転速度は急上昇します。それに伴い、発電機周波数も急上昇してしまいます。そこで、水車の回転速度を調整する**調速機（ガバナ）**が水車に流入する水の流量を少なくして回転数を下げるように調整します。このガバナによる周波数一定運転のことを**ガバナフリー運転**といいます。

ガバナの特性を表す値として、**速度調定率**があります。速度調定率は変化前後の回転速度N_1、N_2と定格回転速度N_n、変化前後の出力P_1、P_2と定格出力P_nとすると、右に示す複雑な式で表すことができます。**三種では速度調定率の式は問題文で与えられ、暗記する必要はありませんが、式の意味を理解しておきましょう。**

水車の比速度

$$n_s = n\frac{P^{\frac{1}{2}}}{H^{\frac{5}{4}}}$$

$$n_s = n\frac{\sqrt{P}}{H\sqrt[4]{H}}$$

n：回転速度 $[\mathrm{min}^{-1}]$

P：定格出力 [kW]

H：有効水頭 [m]

比速度の式は使いやすさと覚えやすさを考えて変形しておく人も多いです。

比速度の違いによる水車の大きさ（水車出力は一定）

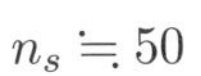

$n_s \fallingdotseq 50$

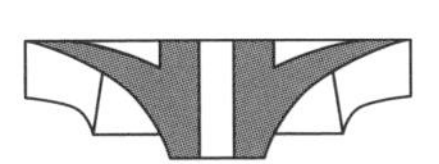

$n_s \fallingdotseq 200$

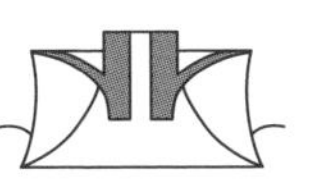

$n_s \fallingdotseq 100$

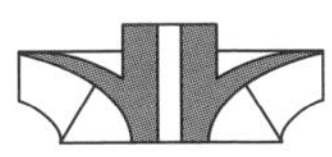

$n_s \fallingdotseq 300$

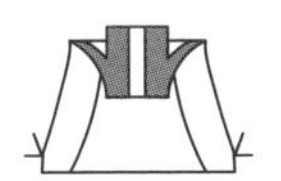

水車出力が一定であるとき、比速度が大きいほど水車は小さくてすみます。

速度調定率

$$R = \frac{\dfrac{N_2 - N_1}{N_n}}{\dfrac{P_1 - P_2}{P_n}} \times 100[\%]$$

速度調定率は、定格値と変化量を比較するものと覚えておくとよいです。

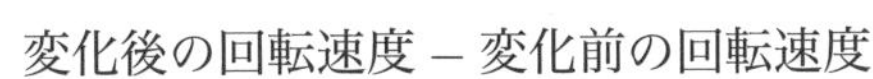

$$速度調定率 = \frac{\dfrac{変化後の回転速度 - 変化前の回転速度}{定格速度}}{\dfrac{変化前の出力 - 変化後の出力}{定格出力}} \times 100[\%]$$

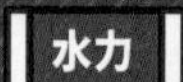

水力　ランク A　難易度 B

水車のキャビテーションの原因と対策

キャビテーションによりポンプの効率が低下するのに加え、破損の可能性もあるため注意が必要です

圧力が低下した点において、水が水蒸気となり、生じた気泡が潰れて衝撃波と騒音が発生する現象を**キャビテーション**といいます。キャビテーションが起こると、**水車の効率と出力が低下してしまう**だけでなく、**ランナ等の流水に接する部分が壊食**（気泡の崩壊時に発生する衝撃波による部材表面の破壊・摩耗のこと）してしまいます。

キャビテーションの４つの原因

●吸出し管の吸出し高さが高すぎる

キャビテーションにはキャビテーション係数があり、吸出し管の高さが高いほど、キャビテーションが起こりやすい値となります。

●ランナやバケットの表面仕上げが悪い

ランナやバケットの表面が粗いと、流体との接触面積が広く取れずに飽和蒸気圧以下となり、キャビテーションが起こりやすくなります。

●水に接する部分の形状が適切でない

水に接する部分の形状が不適切である場合においても、流体との接触面積が広く取れずにキャビテーションが起こりやすくなります。

●ランナの比速度が高すぎる

ランナの回転速度を高くしすぎると、ランナ部分の流速が高くなり、圧力が低下することからキャビテーションが起こりやすくなります。

キャビテーションの防止対策

防止対策としては上記の原因の改善に加えて、キャビテーションに耐える材料を用いるといった対策、**吸出し管上部に空気を注入して低圧部の発生を抑える対策**、**定格負荷での運転をする対策**などがあります。

キャビテーションのイメージ（ホースを通る水）

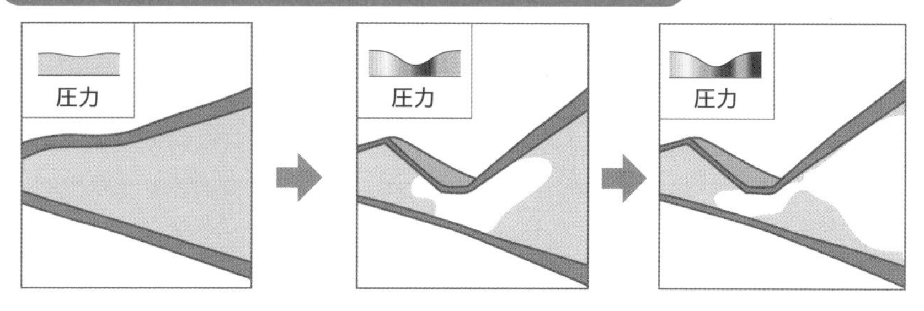

上の図の圧力表示は、青色になるほど圧力が低いことを示しています。ホースをつぶすと、つぶれた部分の流速は速くなり、圧力が低下します。白い部分は水蒸気とともに生じた気泡です。

キャビテーションによる壊食のイメージ

キャビテーションが生じると設備が故障する可能性があるので注意しましょう。

問題にチャレンジ

問題 キャビテーションはランナの回転速度が低いほど、起こりやすい。○か×か。

解説 ランナの回転速度が高いほど、流体の速度が上がり、圧力が低下するのでキャビテーションは起こりやすくなります。 答え：×

水力発電分野の例題

水力発電所において、有効落差100m、水車効率92%、発電機効率94%、定格出力2500kWの水車発電機が80%負荷で運転している。このときの流量[m^3/s]の値はいくらか。

【平成21年・問1】

解答

発電機出力P[kW]は、流量をQ[m^3/s]、有効落差をH[m]、水車効率をη_W、発電機効率をη_Gとすると

$$P = 9.8QH\eta_W\eta_G$$

で表されます。発電機は80%負荷で運転していることから

$$2500 \times 0.8 = 9.8 \times Q \times 100 \times 0.92 \times 0.94$$

$$Q \fallingdotseq 2.36\mathrm{m}^3/s$$

正解　2.36 [m^3/s]

図の水管内を水が充満して流れている。点Aでは管の内径2.5mで、これより30m低い位置にある点Bでは内径2.0mである。点Aでは流速4.0m/sで圧力25kPaと計測されている。このときの点Bにおける流速v[m/s]と圧力p[kPa]の値はいくらになるか。なお、圧力は水面との圧力差とし、水の密度は1.0×10^3kg/m^3とする。

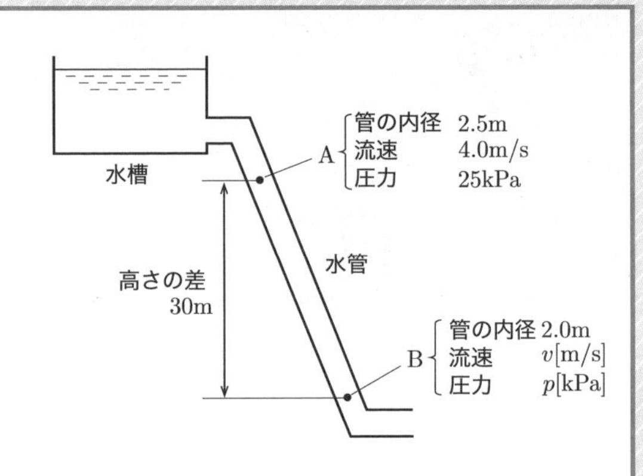

【平成18年・問12】

解答

点Bの流速と圧力のどちらかの値がわかれば、ベルヌーイの定理を用いて、もう一方の値を求めることができます。

まず、点Bの流速から求めてみます。

点Aの流速をv_a[m/s]、点Bの流速をv_b[m/s]とすると、連続の式（質量保存則のことで、非圧縮性の水の場合は体積保存の式と表現されることもある）より「$A_a v_a = A_b v_b$」が成立することを利用します。

点Aの断面積をA_a[m^2]とすると

$$A_a = \left(\frac{2.5}{2}\right)^2 \times \pi$$

点Bの断面積をA_b[m^2]とすると

$$A_b = \left(\frac{2.0}{2}\right)^2 \times \pi$$

であるから、$A_a v_a = A_b v_b$の式を展開して点Bの流速v_bを求めます。

$$v_b = \frac{A_a}{A_b} v_a = \frac{\left(\frac{2.5}{2}\right)^2 \times \pi}{\left(\frac{2.0}{2}\right)^2 \times \pi} \times 4.0 \fallingdotseq 6.3\,\mathrm{m/s}$$

次に、ベルヌーイの定理の左辺を点A、右辺を点Bとして式を立て、点Bの流速と圧力P_2を求めます。

$$mgh_1 + \frac{1}{2}mv_1^2 + m\frac{p_1}{\rho} = mgh_2 + \frac{1}{2}mv_2^2 + m\frac{p_2}{\rho}$$
$$h_1 + \frac{v_1^2}{2g} + \frac{p_1}{\rho g} = h_2 + \frac{v_2^2}{2g} + \frac{p_2}{\rho g}$$

水の密度は 1000 [kg/m^3]であるから

$$30 + \frac{4.0^2}{2 \times 9.8} + \frac{25 \times 10^3}{1000 \times 9.8} = 0 + \frac{6.3^2}{2 \times 9.8} + \frac{p_2}{1000 \times 9.8}$$
$$P_2 = p_2 \fallingdotseq 307200\mathrm{Pa} = 307\mathrm{kPa}$$

正解　流速　6.3 [m/s]
　　　　圧力　307 [kPa]

ランク B　難易度 C

10

火力発電所の種類と各設備の役割とは

火力発電所は汽力、ガスタービン、コンバインドサイクル発電所、内燃力発電所に分類されます

石炭や石油などの熱エネルギーを利用して発電する発電所を火力発電所といいます。**火力発電所を代表するのが汽力発電所です。熱エネルギーで高温・高圧の蒸気を作り、蒸気タービンを回転させて発電します。**汽力発電所には１ページの系統図に表せないほど多くの設備がありますので、重要な設備を整理しました。確実に理解しておきましょう。汽力発電所以外にはガスタービン発電所やコンバインドサイクル発電所、内燃力発電所があります。

火力発電所の設備

●ボイラ

水を加熱して蒸気を作る設備のことです。ボイラの種類には自然循環ボイラ、強制循環ボイラ、貫流ボイラなどがあります。

●過熱器

ドラムなどで発生した**飽和蒸気**をさらに加熱し、**過熱蒸気**を作り出す設備です。

●再熱器

高圧タービンで**仕事をした蒸気**を再度、加熱する設備です。

●節炭器と空気予熱器

ボイラの排気する煙を熱源として、節炭器は**ボイラの給水**を、空気予熱器は**ボイラの燃焼用空気**を加熱する設備です。

●復水器

タービンで仕事をした蒸気を海水を用いて冷却して水に戻す設備です。

●給水加熱器

蒸気を熱源として、**ボイラの給水**を加熱する設備です。給水加熱器には高圧給水加熱器と低圧給水加熱器があります。

汽力発電の概略図

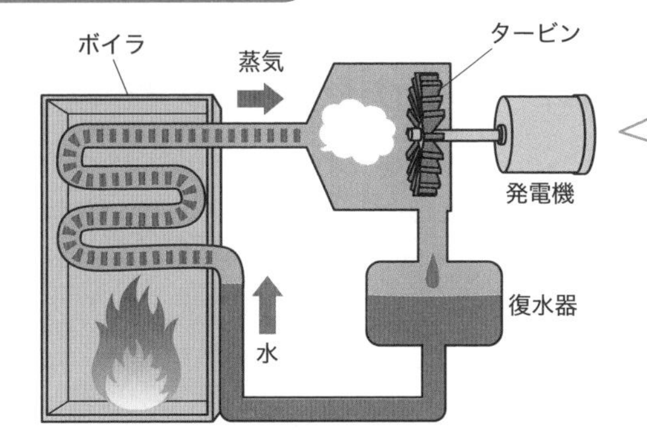

ボイラーで作った蒸気を使ってタービンを回し、発電機を駆動させて電気を作ります。タービンで仕事を終えた蒸気は、復水器にて水に戻されます。

汽力発電所の概略系統図

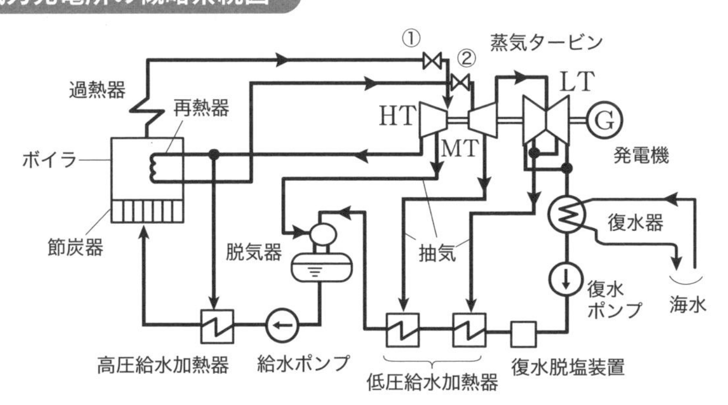

HT：高圧タービン(T)　MT：中圧 T　LT：低圧T

①主蒸気止め弁　② インタセプト弁

概略系統図の穴埋め問題や各設備の役割を問う問題が出題されます！

ワンポイント　熱源と加熱対象は整理しておこう

節炭器と空気予熱器は、排気する煙を利用するという点では同じですが、温める対象が異なります。節炭器はボイラの給水を温める役割を持ちますが、給水加熱器も同じ役割であるため混乱しやすいです。

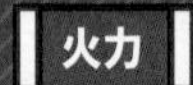

汽力発電の熱サイクル

汽力発電の熱サイクルは「ランキンサイクル」が基本にあります

熱サイクルとは、水がボイラにて加熱され、蒸気となってタービンで仕事をしたのち、復水器で水に戻るサイクルのことです。蒸気を使った汽力発電の熱サイクルを**ランキンサイクル**と呼んでいます。

ランキンサイクルとは

ランキンサイクルは「**断熱圧縮**」「**等圧受熱**」「**断熱膨張**」「**等圧放熱**」の４つの過程で成立しています。

● **断熱圧縮（①→②）**

断熱圧縮過程では給水ポンプで水の圧力が増加し、温度もわずかに上昇しますが、体積は変化せず熱の出入りもありません。

● **等圧受熱（②→③）**

等圧受熱過程では加圧などは行われず、水が熱を受けて蒸気になります。

● **断熱膨張（③→④）**

断熱膨張過程では熱の出入りはなく、蒸気はタービンで仕事をして膨張します。

● **等圧放熱（④→①）**

等圧放熱過程では加圧などは行われず、蒸気は復水器で放熱されます。

エントロピーとは

エントロピーとは、「断熱過程での移動した熱量とその時の物体の絶対温度の比」や「物体や熱の混雑具合を示す指標」とも定義されていますが、電験三種の範囲を超えるため、深く学ぶ必要はありません。外部との熱のやり取りがない状況において、熱を受け取る側はエントロピーが増大するといった認識を持つだけで十分です。

ランキンサイクル

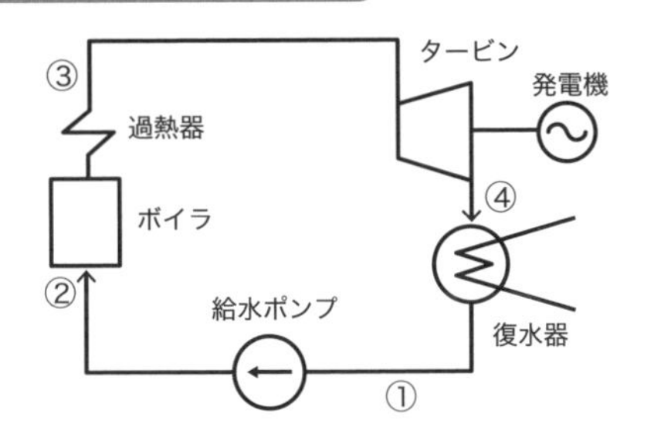

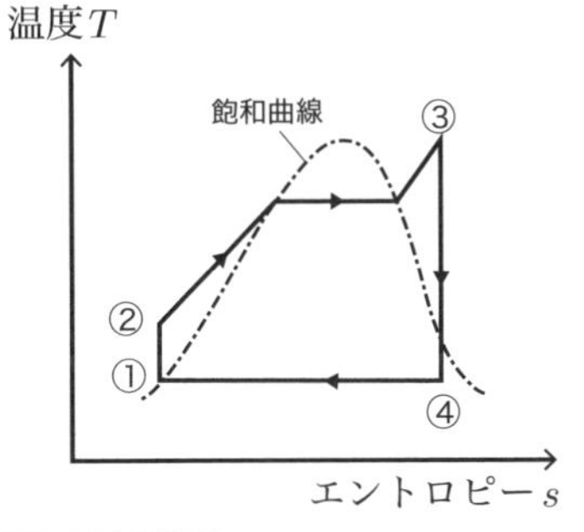

①→② （断熱圧縮）	給水ポンプで水をボイラへ送り込む過程
②→③ （等圧受熱）	ボイラで水が飽和蒸気となり 過熱器で過熱蒸気となる過程
③→④ （断熱膨張）	蒸気がタービンで仕事をする過程
④→① （等圧放熱）	タービンで仕事をした蒸気が 復水器で冷却されて水に戻る過程

飽和蒸気だと、まだ微細な水分を含んでいます。

水滴がタービンに持ち込まれると、タービンの羽根に水滴による傷が付いてしまいます。この現象を侵食（エロージョン）といいます。

エントロピーに関する公式

$$\Delta s = \frac{\Delta Q}{T}$$

Δs：エントロピーの増加量
ΔQ：与えた熱量 [J]
T：絶対温度 [K]

公式を覚える必要はないですが、ランキンサイクルを学ぶうえで考え方は押さえておきましょう。

ワンポイント　ランキンサイクルは重要ポイントから押さえる

ランキンサイクルは各過程の名称が問われる問題もあれば、各過程の内容を問われる問題もあります。専門書を読むと難しい専門用語がたくさん並んでおり、理解に時間がかかるうえに記憶しづらいです。まずは本ページの内容を押さえましょう。

ランク B　難易度 B

汽力発電のその他のランキンサイクル

汽力発電には、再生サイクル、再熱サイクル、再熱再生サイクルもあります

汽力発電の熱サイクルはランキンサイクルが基本ですが、ランキンサイクルを改良してより効率を高めた熱サイクルがあります。それが**再生サイクル**、**再熱サイクル**、**再熱再生サイクル**です。

●再生サイクル

再生サイクルは、タービン内の蒸気の一部を抽出し、ボイラ給水の加熱を行う熱サイクルです。蒸気タービンの中間段から蒸気を一部抽出することを**抽気**といいます。復水器で捨てる熱量を減少させ、熱効率を向上させることができます。再生サイクルによる熱効率向上効果は、抽出する蒸気の圧力、温度が高いほど大きくなります。

●再熱サイクル

高圧タービンで膨張した湿り蒸気を再加熱して低圧タービンに送ることで、熱効率向上とタービンの摩擦損失防止を図ったのが再熱サイクルです。湿り蒸気を加熱するために**再熱器**を追加しているのが特徴です。ランキンサイクルの熱効率はタービン入口の蒸気圧力を高めることで向上できますが、それに伴い、**タービンの低圧部の蒸気の湿り度などが問題**となります。そこで、高圧タービンで仕事をした蒸気を再加熱することで改善を図ったのが再熱サイクルとなります。

●再熱再生サイクル

再熱再生サイクルは、再生サイクルによる熱力学的改良と再熱サイクルによるタービンの摩擦損失減少という両者の長所を兼ね備えたサイクルをいいます。熱効率が最も高く、事業用汽力発電所などの大容量プラントでは、ほとんどこのサイクルが用いられています。右の系統図では低圧タービンから１ラインで抽気をしていますが、実際には低圧給水加熱器を複数設置して熱回収を図る汽力発電所もあります。

熱サイクルの種類

再生サイクル

タービン
発電機
過熱器
ボイラ
給水ポンプ
復水器
給水加熱器
給水加熱器

再熱サイクル

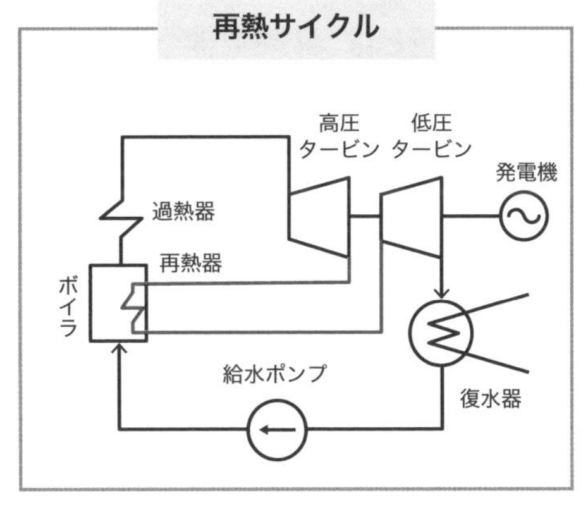

再熱再生サイクル

高圧タービン
低圧タービン
発電機
過熱器
再熱器
ボイラ
復水器
給水加熱器
給水ポンプ
給水加熱器

再生サイクルは「タービンから給水加熱器までのライン」、再熱サイクルは「高圧タービンから低圧タービンへのライン」がポイントです。再熱再生サイクルはこれら2つを組み合わせたものです。

問題にチャレンジ

問題 再熱サイクルはタービンからの抽気により給水を加熱することで熱効率を向上させた熱サイクルである。○か×か。

解説 タービンからの抽気により給水を加熱することで熱効率を向上させた熱サイクルは再生サイクルです。

答え：×

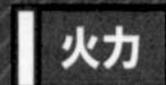

ランク C　難易度 B

13 燃料の燃焼

燃焼とは、発熱を伴う急激な酸素との結合反応をいいます

火力発電で使用される燃料には、固体燃料である石炭、液体燃料である重油や石油、気体燃料であるＬＮＧ（液体天然ガス）などがあります。燃料を完全燃焼させたときに発生する熱量（**総発熱量**）は次の式で求められます。

燃料の完全燃焼時に成り立つ式

総発熱量 [kJ] ＝ 燃料消費量 [kg] × 燃料発熱量 [kJ/kg]

重油の燃焼

重油の燃焼を例に化学反応式を考えてみます。**重油の燃焼に関する計算をする際は単純化するため、主成分である炭素と水素だけで考えることが多い**です。炭素と水素の燃焼をわかりやすく右の表にまとめています。**間違えやすいのは、酸素と水素は原子が２つくっついて１個と考える点です。**酸素や水素は原子が２つ結合することで電荷的に中性となって存在できます。これを分子といいます。

理論空気量の計算

試験では右のように、ある量の燃料を燃やすために必要な**理論空気量**を計算で求めますが、**計算時にはmol［モル］の知識が必要です。**1molとはある原子を6.02×10^{23}個集めたときの質量を表す単位のことをいい、炭素1molの質量は12gと定義されています（酸素は16g、水素は1g）。

また、**原子または分子の個数を mol で表したものをモル数**といいます。例えば、炭素が24gあった場合、原子量 12 で割り算をすると、2molとなります。ただし、水素や酸素については２つの原子が結合した状態で存在しているので、注意が必要です。水素が８gある場合、水素の原子量は１ですが$1 \times 2 = 2$gで考えるため、水素のモル数は4molとなります。

炭素および水素の燃焼

	炭素		酸素		二酸化炭素
分子モデル	C		O O		O C O
化学反応式	C	+	O_2	⟶	CO_2
原子量・分子量	12		16×2		44

炭素12gの燃焼には酸素32gが必要であり、二酸化炭素が44g発生することを意味しています。

	水素		酸素		水
分子モデル	H H		O O		H O H
化学反応式	$2H_2$	+	O_2	⟶	$2H_2O$
原子量・分子量	2×(1×2)		16×2		36

化学式と原子量・分子量を覚えておきましょう！

理論空気量の求め方（水素を燃焼させる場合）

水素 $8\mathrm{g}$ を燃焼させる場合、水素のモル数は

$$\frac{\text{水素の質量}}{\text{水素の分子量}} = \frac{8}{2} = 4\mathrm{mol}$$

そのため、燃焼に必要となる酸素のモル数は

$$4\mathrm{mol} \times \frac{1}{2} = 2\mathrm{mol}$$

$1\mathrm{mol}$ の気体の標準状態での体積は $22.4 \times 10^{-3}\mathrm{m}^3$ ですので、酸素の体積は

$$2\mathrm{mol} \times 22.4 \times 10^{-3} = 44.8 \times 10^{-3}\mathrm{m}^3$$

となります。

空気の酸素濃度を 21% とすると

$$\text{理論空気量} = \frac{44.8 \times 10^{-3}}{0.21} \fallingdotseq 213.33 \times 10^{-3}\mathrm{m}^3$$

となります。

化学反応式

$$\boxed{2}H_2 + O_2 \rightarrow 2H_2O$$

化学式は、水素分子2molを燃焼させるためには1molの酸素が必要であることを意味しています。

14

発電所の効率

発電所の効率には、発電端熱効率や送電端熱効率、ボイラーやタービン、発電機などの機器効率があります

発電所全体の効率を表すものに**発電端熱効率**と**送電端熱効率**があります。また、汽力発電所の各部の効率については、**ボイラ効率、タービン効率、タービン室効率、発電機効率**があります。

● 発電端熱効率

使用した燃料に対して、どれくらいの電力量を発電所内で発生させることができたかを表す割合です。

● 送電端熱効率

使用した燃料に対して、どれくらいの電力量を送電系統に送電できるかを表す割合です。**発生電力量から所内電力（発電した電気の一部を発電所内で使用する分）を引いて算出します。**

● ボイラ効率

ボイラで燃焼させた燃料の熱量のうち、蒸気を発生させる熱量として、どの程度使用できたかを表す割合です。

● タービン効率

タービンに供給した蒸気のエネルギーのうち、軸を回転させる機械的エネルギーとして、どの程度出力できたかを表す割合です。

● タービン室効率

タービンに供給した蒸気のエネルギーのうち、タービンだけでなく復水器も含めたタービン室全体で軸を回転させる機械的エネルギーにどの程度出力できたかを表す割合です。

● 発電機効率

タービンから伝わった機械的エネルギーのうち、どの程度発電できたかを表す割合です。

発電所の効率まとめ

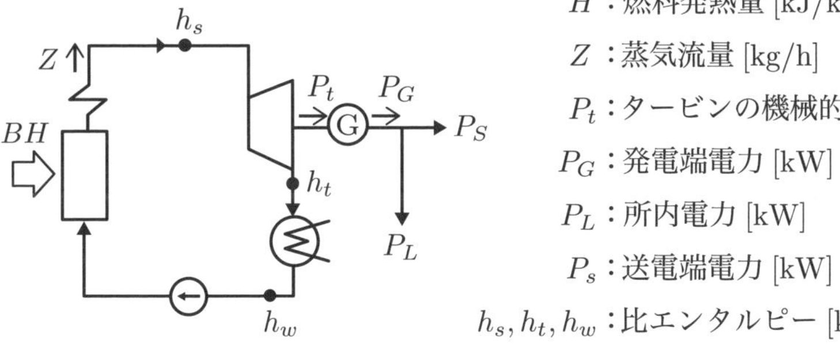

B ：燃料消費量 [kg/h]

H ：燃料発熱量 [kJ/kg]

Z ：蒸気流量 [kg/h]

P_t ：タービンの機械的出力 [kW]

P_G ：発電端電力 [kW]

P_L ：所内電力 [kW]

P_s ：送電端電力 [kW]

h_s, h_t, h_w ：比エンタルピー [kJ/kg]

エンタルピーとは、圧力一定の条件下で物体の持つエネルギーのことをいい､比エンタルピーとは、物体 1kg 当たりのエンタルピーのことをいいます。

発電端熱効率 η_P

$$\eta_P = \frac{3600P_G}{BH} \times 100[\%]$$

送電端熱効率 η_S

$$\eta_S = \frac{3600(P_G - P_L)}{BH} \times 100[\%]$$

ボイラ効率 η_B

$$\eta_B = \frac{Z(h_s - h_w)}{BH} \times 100[\%]$$

発電機効率 η_G

$$\eta_G = \frac{P_G}{P_t} \times 100[\%]$$

発生電力量の単位は kW = kJ/s です。分母の BH は 1 時間の発熱量で、秒と時間の単位を合わせるため、3600 が必要になります。

タービン効率 η_t

$$\eta_t = \frac{3600P_t}{Z(h_s - h_t)} \times 100[\%]$$

タービン室効率 η_T

$$\eta_T = \frac{3600P_t}{Z(h_s - h_w)} \times 100[\%]$$

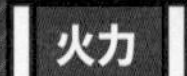

火力発電所の環境対策

火力発電所を運営するには大気や水質汚染に対する環境汚染対策が必要です

火力発電所から出る大気汚染物質には、**硫黄酸化物**、**窒素酸化物**、**煤塵**(ばいじん)、水質汚染物質には設備からの排水や復水器からの温排水などがあります。

火力発電所での環境汚染防止対策

● 硫黄酸化物(SO_x)の発生抑制対策

硫黄酸化物の発生防止対策としては、**排煙脱硫装置**を導入したり、**良質燃料**を採用することがあげられます。**排煙脱硫装置には乾式法である活性炭吸着法、湿式法である石灰石こう法がよく使用されます。**

● 窒素酸化物(NO_x)の発生抑制対策

発生防止対策としては、良質燃料や低NO_Xバーナを採用するほか、**二段燃焼法**、**ガス再循環法**の採用、**排煙脱硝装置**の設置などがあります。

二段燃焼法は、燃焼用空気を二段階に分けることで火炎温度を抑制し、窒素酸化物の発生を抑制します。

ガス再循環法は、燃焼用空気に再循環ガスを混ぜて酸素濃度を下げて窒素酸化物の発生を抑制します。

排煙脱硝装置は乾式法と湿式法がありますが、乾式法であるアンモニア還元触媒法が多く採用されています。排ガスをアンモニアと反応させることで無害な窒素と水に分解することができます。

● 煤塵の対策

燃料ガス中に含まれる煤塵は**電気集じん機**が多く採用されていて、99%以上回収することができます。

● 排水および温排水の対策

機器などの油や洗浄水は適切に分離処理を行い、復水器からの温排水は6～7℃程度の上昇に抑えるような運用で対策を講じています。

硫黄酸化物の発生抑制対策

対策		説明
良質燃料		ＬＮＧや低硫黄の原・重油を使用する
排煙脱硫装置	乾式	活性炭吸着法 （活性炭によって、硫黄酸化物を捕獲する）
	湿式	石灰石こう法 （石灰スラリー溶液によって、石こうとして回収する）

最近は、硫黄酸化物の発生抑制対策＝排煙脱硫装置だけでなく、乾式と湿式という種類とその説明内容までが問われます。

窒素酸化物の発生抑制対策

対策	説明
良質燃料	ＬＮＧや低窒素の原・重油を使用する
二段燃焼法	燃焼用空気を二段階に分けて NO_X 低減を図る
ガス再循環法	燃焼用空気の酸素濃度を低くする
排煙脱硝装置（乾式）	アンモニア還元触媒法 （アンモニアと反応させて窒素と水に分解する）

排煙脱硝装置は吸着液を用いる湿式もありますが、プロセスが複雑であり、乾式ほど高効率で低コストでの実現が難しいです。環境対策の分野は覚えることが多いですが、ポイントを整理しておくと取りこぼしがなくなります。

問題にチャレンジ

問題 ガス再循環法は、燃焼用空気に排ガスの一部を再循環、混合して燃焼温度を上げて、窒素酸化物の生成を抑制する。〇か×か。

解説 ガス再循環法は、燃焼用空気に排ガスの一部を再循環、混合して、酸素濃度を低くして徐々に燃焼させ、NOx を低減させる方法です。

答え：×

16

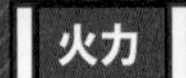

ランク B　難易度 B

ガスタービン発電とは

高温高圧のガスを利用してタービンを回転させて発電するものをいいます

ガスタービン発電は、圧縮加熱した空気と燃焼ガスの混合体によって、タービンを回転させる発電方式です。ガスタービン発電には開放サイクル式と密閉サイクル式の２種類がありますが、密閉サイクル式は出題頻度が低いため、**開放サイクル式**の説明をします。

ガスタービン発電（開放サイクル式）のしくみ

開放サイクル式のガスタービン発電では、まず**空気圧縮機**にて空気を吸引し、圧縮します。圧縮された空気は**燃焼器**にて燃料を噴射し、高温高圧の燃焼ガスとなり、高温高圧ガスによりタービンを回転させることで発電します。タービンで仕事をした排気ガスは大気に放出されます。

ガスタービン発電の特徴

ガスタービン発電は汽力発電所と比べると、設備が簡単で短い期間での建設が可能でコストも抑えることができる特徴があります。また、大量の冷却水が必要なく、高度な水位管理や水質管理も必要ないので起動と停止を短時間で行うことができます。そのため、**ピーク負荷用発電機や非常電源用発電機に適しています。**

一方、始動時に大量の空気が必要、出力が**外気温の影響**を受けやすいといったデメリットがあります。排気ガスの放出、騒音が大きい、効率が劣るなどといった環境の面でも課題があります。ガスタービン発電の高効率化を進めるためには**耐熱材料の開発**、それに伴う**窒素酸化物の低減技術**が必要になります。

こうした背景があり、後に学ぶガスタービン発電と汽力発電を組み合わせたコンバインドサイクル発電が考案されました。

ガスタービン発電（開放サイクル式）の動作原理

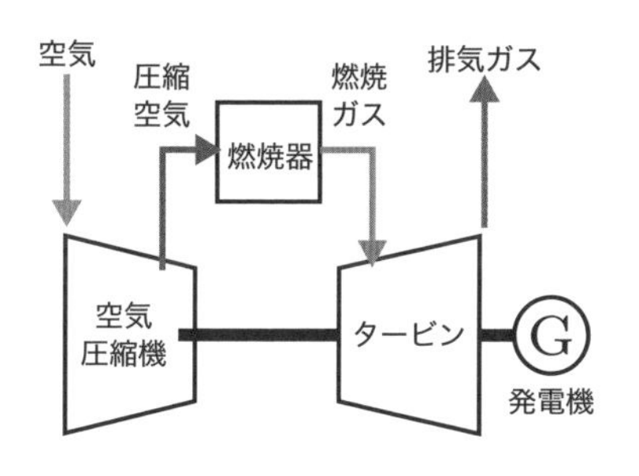

工程	内容
①給気	空気圧縮機による空気の吸引
②圧縮	空気圧縮機による空気の圧縮
③燃焼	燃焼器による空気と燃料の燃焼
④発電	燃焼ガスによってタービンを駆動
⑤排気	仕事をした燃焼ガスの大気放出

POINT

- ガスタービンのサイクルは、給気→圧縮→燃焼→発電（膨張）→排気である
- 外気の温度が上がると密度が低下した空気を吸引することになり、出力が下がる

汽力発電と比較したメリット・デメリット

メリット	デメリット
・設備が簡単 ・安価 ・運転操作が簡単 ・大量の冷却水が不要 ・始動・停止時間が短い	・大量の空気が必要 ・外気温の影響を受けやすい ・騒音が出る ・熱効率が劣る ・窒素酸化物が発生する

試験でよく問われるので、覚えやすいように表にまとめておきましょう。

問題にチャレンジ

問題 ガスタービン発電の出力増大や熱効率向上を図るためには高効率化が重要である。高効率化の方法には、ガスタービン入口のガス温度を高くすることや空気圧縮機の出口と入口の圧力比を増加させることなどがある。○か×か。

解説 温度や圧力は高いほど、大きなエネルギーを持ちます。高温度化・高圧力化に耐えられる材料や冷却技術が重要になります。　答え：○

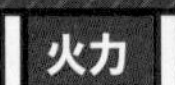

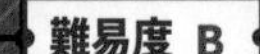

17 コンバインドサイクル発電とは

ガスタービンと蒸気タービンを組み合わせた発電方式をコンバインドサイクル発電といいます

コンバインドサイクル発電とは、ガスタービンの排熱を汽力発電所の蒸気サイクルに利用して効率向上を図った発電形式をいいます。

前に述べた開放サイクル式ガスタービン発電は排熱ガスの温度が500℃程度もあり、熱効率が20～30%と熱効率が低いのがデメリットでした。そこで、排気ガスを熱源とする**排熱回収ボイラ**を設けて、そこで作り出した蒸気で蒸気タービンを駆動させて発電できるようにしたのが**排熱回収式コンバインドサイクル発電**です。他にもさまざまな発電方式がありますが、最も多く出題されるのがこの排熱回収式です。

また、コンバインドサイクル発電には**一軸形**と**多軸形**があります。右ページ上段の図が一軸形を示しており、ガスタービンと蒸気タービンを一軸で結合して1台の発電機を駆動させます。これらを複数軸組み合わせて発電ユニットを組むため、**部分負荷時に軸単位での停止が可能**です。多軸形はガスタービン数台に対して蒸気タービン1台を用いるため、**蒸気タービンを大容量化できる**といった特徴があります。

コンバインドサイクル発電の特徴

コンバインドサイクル発電は通常の汽力発電所と比較すると、ガスタービンがあるため、**復水器の冷却水量が少なくてすみ、始動や停止にかかる時間が短いといった運用面でのメリット**があります。その上、**効率が高く、部分負荷運転時の効率低下も少ないといった効率面でも優れた特徴**があります。

一方で、**ガスタービンを組み込んだことで多量の燃焼用空気が必要となり、出力が外気温の影響を受けやすくなる**といったデメリットがあります。また、窒素酸化物の含有率が高くなる、騒音が出るといった環境に対する欠点があるため、適切な対策が必要となります。

コンバインドサイクルの原理

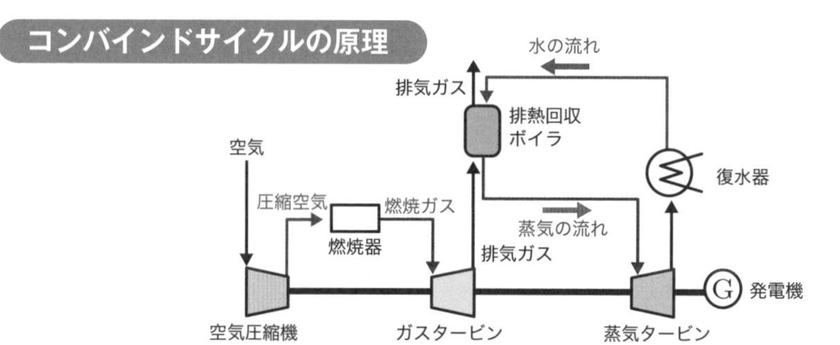

工程	内容
給気・圧縮	空気圧縮機による空気の吸引と圧縮
燃焼	燃焼器による空気と燃料の燃焼
発電	燃焼ガスによってガスタービンを駆動
排熱回収・蒸気生成	排熱回収ボイラにて排ガスの熱を回収し、復水器の水を蒸気に
発電	作り出した蒸気で蒸気タービンを駆動

多軸形のコンバインドサイクル発電

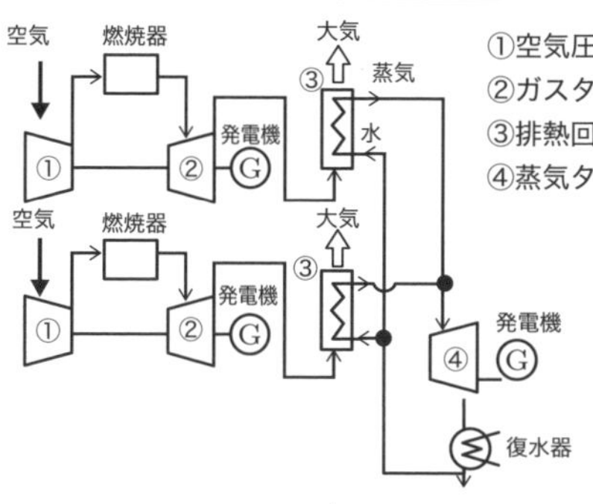

①空気圧縮機
②ガスタービン
③排熱回収ボイラ
④蒸気タービン

多軸形は定格出力時の熱効率が高いので、ベース電源として運用されることが多いです。

問題にチャレンジ

問題 排熱回収方式のコンバインドサイクル発電所が定格出力運転している。ガスタービン発電効率がη_G、ガスタービンの排気熱量に対する蒸気タービン発電効率がη_Sであるとき、全体効率は$\eta_G+\eta_S$である。○か×か。

解説 ガスタービンへの入力を1としたとき、ガスタービンの発電出力は$1\times\eta_G$となり、ガスタービンの排気は$1\times(1-\eta_G)$です。この排気が蒸気タービンの入力となるので$(1-\eta_G)\times\eta_S$で表されます。よって、全体効率は$\eta_G+(1-\eta_G)\eta_S$となります。

答え：×

火力発電分野の例題

汽力発電設備があり、発電機出力が18MW、タービン出力が20MW、使用蒸気量が80t/h、蒸気タービン入口における蒸気の比エンタルピーが3550kJ/kg、復水器入口における蒸気の比エンタルピ―が2450kJ/kgで運転しているとき、発電機効率[%]はいくらになるか。

【平成13年・問11】

解答

発電機効率η_Gは下記の式で表すことができます。

$$\eta_G = \frac{発電機出力}{タービン出力} \times 100[\%]$$

発電機出力およびタービン出力の値を代入すると

$$\eta_G = \frac{18 \times 10^6}{20 \times 10^6} \times 100 = 90\%$$

よって、答えは90%となります。　　正解　90[%]

定格出力300MWの石炭火力発電所にて、定格出力で30日間連続運転したときの送電端電力量[MW・h]の値はいくらか。ただし、所内率は5%とする。

【平成24年・問15】

解答

発電端電力量は送電端電力量＋所内電力量です。
そのため、送電端電力量を求める式は

$$\begin{aligned}送電端電力量 &= 発電端電力量 - 所内電力量 \\ &= (300 \times 24 \times 30) - (300 \times 24 \times 30) \times 0.05 \\ &= 205200\text{MW} \cdot \text{h}\end{aligned}$$

よって、答えは205200MW・hとなります。　　正解　205200[MW・h]

重油専焼火力発電所が出力1000MWで運転しており、発電端効率が41%、重油発熱量が44000kJ/kgであるとき、次の (a) 及び (b) に答えよ。
ただし、重油の化学成分（重量比）は炭素85%、水素15%、炭素の原子量は 12、酸素の原子量は 16 とする。
(a) 重油消費量[t/h]の値を求めよ。
(b) 1日に発生する二酸化炭素の重量[t]の値を求めよ。

【平成 17 年・問 15】

解答

(a) 重油消費量をB[kg/h]、重油発熱量をH[kJ/kg]、発電端熱効率をη_P[%]とすると、発電機出力P_G[kW]は、

$$P_G = B \times H \times \frac{1}{3600} \times \frac{\eta_P}{100}$$

上式をB[kg]の式に変形すると、

$$B = P_G \times \frac{1}{H} \times 3600 \times \frac{100}{\eta_P} = 1000 \times 10^3 \times \frac{1}{44000} \times 3600 \times \frac{100}{41}$$
$$\fallingdotseq 200000\text{kg/h} = 200\text{t/h}$$

(b) 1 日の重油消費量 [t] は、200[t/h] × 24[h] = 4800[t]

1 日の炭素使用量 [t] は、$4800[\text{t}] \times \frac{85[\%]}{100} = 4080\text{t}$

$C + O_2 \rightarrow CO_2$より、

$12 + 16 \times 2 = 44$

1 日に発生する二酸化炭素の重量W[t]は

$12 : 44 = 4080 : W$

$$W = \frac{44 \times 4080}{12} = 14960\text{t}$$

よって、答えは14960tとなります。

正解 (a) 200[t/h]
(b) 14960[t]

18

ランク C　難易度 C

核分裂と原子炉設備

核分裂とは原子核の分裂現象です。核分裂の維持には原子炉と原子炉の関連設備が必要です

核分裂とは、中性子を吸収した原子核が複数の原子核に分裂する現象のことをいいます。**低速の中性子（熱中性子）**が原子核に衝突すると、原子核は２つ以上の原子核に分裂するとともに**高速中性子**と**熱エネルギー**を放出します。高速の中性子では原子核に衝突しても吸収されにくいため、核分裂を起こすためには燃料を減速材で満たすことが重要です。

核分裂で発生する熱エネルギー

核分裂前と核分裂後において、原子核の質量を比較すると、核分裂後の方が必ず小さくなります。これを**質量欠損**といい、**質量欠損分が核分裂で生じる熱エネルギーとなります。**

原子炉を構成する設備

●原子炉

核分裂の連鎖反応を維持し、原子炉内の冷却材を加熱する設備です。

●燃料棒

燃料棒は**濃度約３％の低濃縮ウラン**（天然のウラン235濃度は**約0.7％**）を焼き固めてペレット状にし、棒状の管に封入したものをいいます。

●制御棒

制御棒は、原子炉内の中性子を吸収して核分裂を抑制する設備をいいます。

●冷却材と減速材

冷却材は原子炉の冷却と核分裂エネルギーを取り出す役割、減速材は高速中性子を減速させて低速の熱中性子にする役割を果たします。

●遮蔽材

遮蔽材はコンクリートや鉛、鉄などの放射線を遮蔽する役割を果たします。

質量とエネルギーの式

$$E = mC^2 [\mathrm{J}]$$

m：質量欠損 [kg]

C：光速 [m/s]

熱中性子

熱エネルギーを発生

核分裂生成物

ウラン 235

高速中性子

熱エネルギーは核分裂エネルギーといわれることもあります。放出された2～3個の高速中性子が次の核分裂の元になります。

原子炉を構成する設備

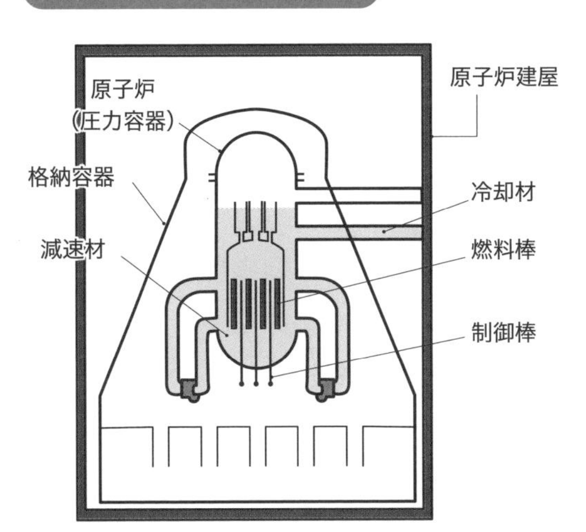

原子炉建屋や格納容器、圧力容器は遮蔽材です。軽水炉型の原子炉では、減速材に軽水（脱塩処理をした普通の水）を使用します。

ワンポイント 燃料集合体とは

原子力発電では１本の燃料棒をそのまま使用することはありません。燃料棒は専用の容器に数百本収納してから使用します。この燃料棒の塊を燃料集合体と呼びます。

19

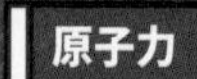

原子力　ランク C　難易度 C

原子力発電とは

原子力発電は核分裂現象を利用した発電形式であり、原子炉は軽水炉型が多く採用されています

原子力発電はウランなどの燃料を原子炉という容器の中で核分裂させ、その際に発生する熱量を利用して蒸気を作り、タービンを回す発電方式のことです。ここでは発電用原子炉の主流であり、試験でよく出題される**軽水炉**を説明します。**軽水炉には沸騰水型原子炉（BWR）と加圧水型原子炉（PWR）の2種類があります。**

沸騰水型原子炉と加圧水型原子炉

●沸騰水型原子炉（BWR）

沸騰水型原子炉は、原子炉内で作り出した放射性を帯びた蒸気を直接タービンに送る方式です。出力調整は**制御棒の抜き差し**と**再循環ポンプの流量調整**にて行います。再循環ポンプは、原子炉内の水を循環させる役割を担います。

●加圧水型原子炉（PWR）

加圧水型原子炉は**加圧器**を設けることで、原子炉内の冷却材が沸騰しないようにし、**蒸気発生器**にて熱交換をして蒸気を作り出す方式です。出力調整は**制御棒の抜き差し**と**冷却材中のホウ素濃度の調整**にて行います。原子炉内の冷却材側と蒸気発生器の加温される側が混ざることがないことから冷却材側は一次側、加温される側は二次側と呼ばれています。

大型の汽力発電所と原子力発電所のタービンの違い

原子力発電で発生する蒸気は大型の火力発電所と比較して、蒸気条件が低温低圧と悪いです。そのため、同じ出力を得るためには汽力発電の約2倍の蒸気量が必要となります。**タービンへの蒸気流入量が多いほど、大きな羽根にしなくてはならず、さらに湿分による浸食を防ぐため、回転数を低く抑える必要もあります。**

沸騰水型原子炉（BWR）の系統図

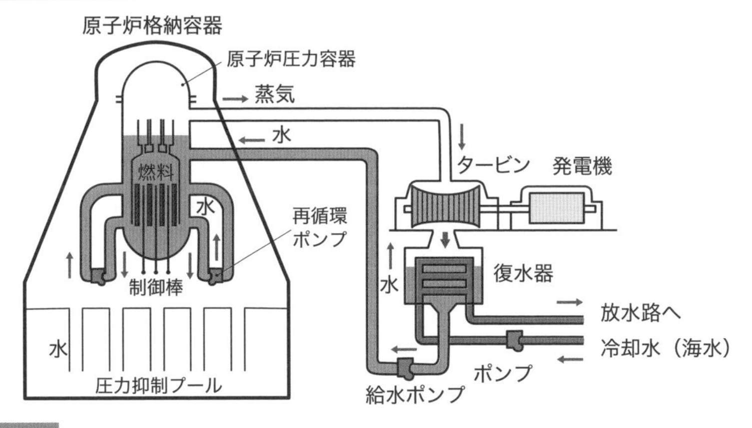

POINT

・再循環ポンプの流量を上昇させると、原子炉の出力は上昇する
→この理由としては、ポンプ流量の増加で燃料周辺の蒸気泡の量が減少し、燃料周辺の中性子が水による減速が行われやすくなり、より核分裂が発生するためです。

加圧水型原子炉（PWR）の系統図

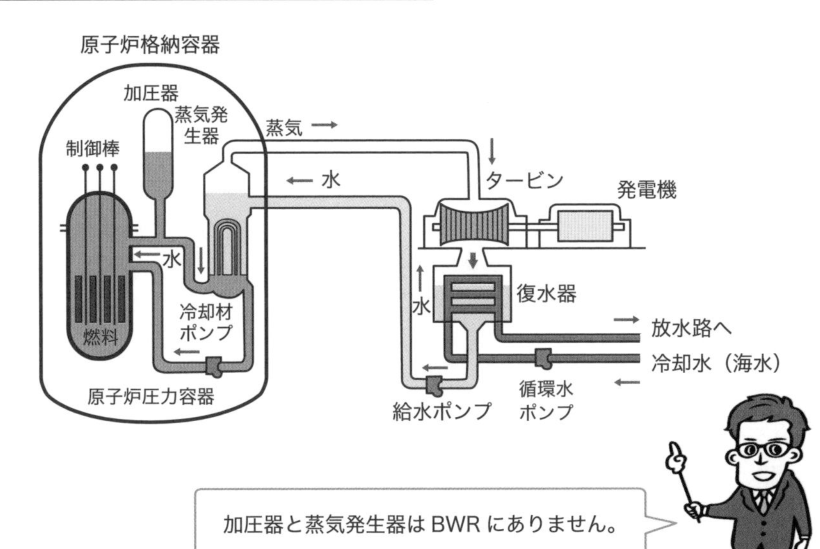

加圧器と蒸気発生器はBWRにありません。

原子力発電分野の例題

$1\,\mathrm{g}$のウラン 235 が核分裂し、$0.09\,\%$の質量欠損が生じたとき、発生するエネルギーを石炭に換算した値[kg]はいくらか。
ただし、石炭の発熱量を$25,000\,\mathrm{kJ/kg}$とし、光速を$300,000\,\mathrm{km/s}$とする。

解答

核分裂エネルギーをE[J]、質量欠損をm[kg]、光速をcとすると

$$E = mc^2$$
$$E = 1 \times 10^{-3} \times \frac{0.09}{100} \times (3 \times 10^8)^2 = 8.1 \times 10^{10}[\mathrm{J}] = 8.1 \times 10^7\,\mathrm{kJ}$$

石炭に換算した値をB[kg]とすると

$$25000 \times B = 8.1 \times 10^7$$
$$B = \frac{8.1 \times 10^7}{25000} = 3240\,\mathrm{kg}$$

よって、答えは3240 kgとなります。　　正解　3240 [kg]

M[g]のウラン 235 を核分裂させたときに発生するエネルギーの$30\,\%$を電力量として取り出すことができる原子力発電所があるとする。この電力量をすべて使用して、揚水式発電所で揚水できた水量は$90000\,\mathrm{m}^3$であった。このときのMの値[g]を求めよ。原子力発電所から揚水式発電所への送電で生じる損失は無視できるものとする。なお、計算には必要に応じて次の数値を用いること。
核分裂時のウラン 235 の質量欠損 $0.09\,\%$
ウランの原子番号 92
真空中の光の速度 $3.0 \times 10^8\,\mathrm{m/s}$
揚水式発電所の揚程 $240\,\mathrm{m}$
揚水時の電動機とポンプの総合効率は $84\,\%$

【平成 29 年・問 4 改】

解答

核分裂で発生するエネルギーを求める。質量欠損0.09％のM[g]のウラン 235 が核分裂して発生するエネルギーをEとすると$E = mc^2$より

$$E = M \times 10^{-3} \times \frac{0.09}{100} \times (3 \times 10^8)^2 = 8.1M \times 10^{10}\,\mathrm{J} = 0.81M \times 10^8\,\mathrm{kJ}$$

電力量をW[kWh]とすると、30% を電気量として取り出し、また、1 kWh = 3600 kJであるので

$$W = \frac{0.81M \times 10^8}{3600} \times 0.3 = 6750M[\mathrm{kWh}]\cdots①式$$

次に、揚水に使用したエネルギー（電力）を求める。

揚水量を$Q_P[\mathrm{m^3/s}]$、有効揚程をH[m]、ポンプ効率をη_P[%]、電動機効率をη_M[%]、電動機入力をP_P[kW]とすると

$$P_P = \frac{9.8Q_PH}{\eta_P\eta_M}[\mathrm{kWs}]\cdots②式$$

$$P_P = \frac{9.8Q_PH}{\eta_P\eta_M} \times \frac{1}{3600}[\mathrm{kWh}]\cdots②式$$

で表されます。

①式＝②式より

$$P_P = 6750M \times 3600 \text{ であるから}$$

$$6750M \times 3600 = \frac{9.8 \times 90000 \times 240}{0.84}$$

$$M \fallingdotseq 10.370$$

よって、答えは10.4 gとなります。

正解　10.4 [g]

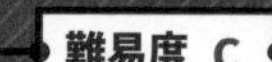

ランク A

変電所の役割と変電設備

変電所は電気の大きさや周波数の調整、事故発生時の電流遮断といった役割を担います

変電所とは、構外（変電所の外）から送られてくる電気の**電圧**や**周波数**を変えて他の変電所や工場などに送り出す施設をいいます。変電所は一般に、高圧側の電圧によって**500 kV変電所**や**超高圧変電所**と呼ばれ、変圧段階によって**一次変電所**や**二次変電所**と呼ばれます。

変電所を構成する設備

● 変圧器

変圧器は、電圧の大きさを変えることができる設備をいいます。

● 遮断器

遮(しゃ)断器は定格電流だけでなく、**事故時の短絡電流**も遮断可能な設備です。昔は油遮断器や空気遮断器がよく採用されていましたが、**現在は絶縁性能の高いガス遮断器を高電圧系統、真空遮断器を低電圧系統に採用することが多いです。**両者は空気遮断器よりも開閉時の騒音が小さく、かつ小型であるといったメリットがあり、油遮断器のような火災の心配もありません。6 kV以下の系統では、磁気遮断器が採用されることもあります。

● 断路器

断路器は、電流が流れていない無負荷状態に開閉を行う設備です。基本的に電流を遮断することができません。

● ガス絶縁開閉装置

ガス絶縁開閉装置は、**絶縁性と消弧能力の高い六フッ化硫黄ガス**（SF_6）を密閉した金属容器に母線や遮断器、断路器、避雷器、計器用変成器などを収納した装置をいいます。コンパクトなので場所を取りません。

● その他

他に避雷器、保護継電器、調相設備がありますが、後ほど解説します。

変電の流れ

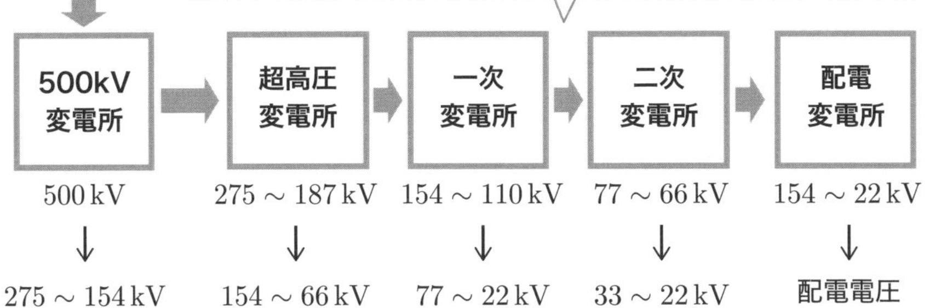

500kV変電所	超高圧変電所	一次変電所	二次変電所	配電変電所
500 kV	275 ～ 187 kV	154 ～ 110 kV	77 ～ 66 kV	154 ～ 22 kV
↓	↓	↓	↓	↓
275 ～ 154 kV	154 ～ 66 kV	77 ～ 22 kV	33 ～ 22 kV	配電電圧

遮断器の種類

機器名	役割
空気遮断器	圧縮空気をアークに吹き付けて消弧します
真空遮断器	遮断器内の真空空間でアークを消弧する
ガス遮断器	SF_6 ガスをアークに吹き付けて消弧する
油遮断器	絶縁油中でアークを消弧する
磁気遮断器	磁界を利用してアークを動かしてアークシュートと呼ばれる空間で消弧する

気体の絶縁が破壊されたときに生じる高熱と強い光を伴う電流がアークです。

ワンポイント　送電電圧が高いほど送電効率がよい理由

送電電圧は高ければ高いほど送電効率が高くなります。その理由は電流の大きさにあります。極端な例ですが、10,000 Wの電力を送る場合には10,000 V × 1 Aでも100 V × 100 Aでも構いません。しかし、電流が大きいとその分、送電線での損失が大きくなります。そのため、送電電圧は高い方が効率を高くできるのです。

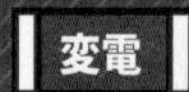

避雷器と絶縁協調

避雷器は系統を守る役割があり、系統の絶縁設計をするうえで欠かすことができない設備です

避雷器とは、雷や回路の開閉などで瞬間的に生じた過電圧を放電し、他の設備を保護する設備です。通常時、避雷器は電流を通しませんが、過電圧が発生した場合に動作して大地に電流を流します。避雷器は構造上、**直列ギャップ**を持つものと持たないものに分類することができます。

避雷器の特性

避雷器の材料として、**炭化ケイ素**や**酸化亜鉛**などがあります。**酸化亜鉛はある電圧値を超えたとき、急激に電流が流れる**といった優れた電圧電流特性を持っているため、避雷器の材料に適しています。

昔から使用してきたギャップ付避雷器のしくみとしては、過電圧が加わった際、ギャップ間で放電が発生して電流が流れるといったものです。

一方で、ギャップレス避雷器は酸化亜鉛を用いており、ギャップを設ける必要がありません。ギャップがないことで放電遅れがなく、汚損による特性変化もないため、保護性能が優れています。そのため、現在は主に発電所や変電所の避雷器として採用されています。

絶縁協調

絶縁協調とは、送電系統や変電所設備の絶縁強度を安全かつ経済的な絶縁設計にすることをいいます。すべての異常電圧に耐える絶縁強度を設備に持たせることは技術面でもコスト面でも困難です。そこで、**変圧器の衝撃絶縁強度を基準として、他の設備の絶縁強度を決めることにしました。**変圧器の衝撃絶縁強度のことをＢＩＬ（**基準衝撃絶縁強度**）と呼びます。絶縁破壊事故を最小限とするために、復旧容易な部分の絶縁強度を低くするといった工夫がされています。

避雷器の種類と構造の違い

直列ギャップ付避雷器

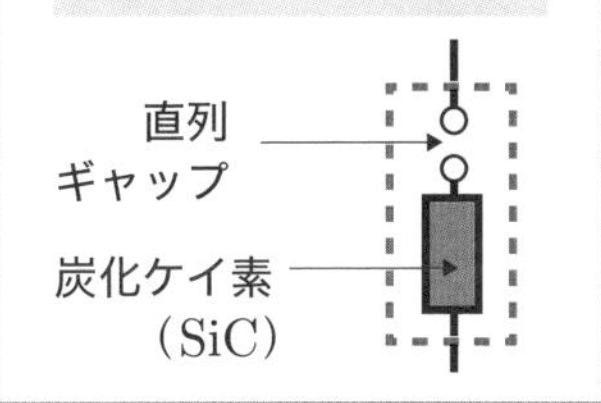

ギャップレス避雷器

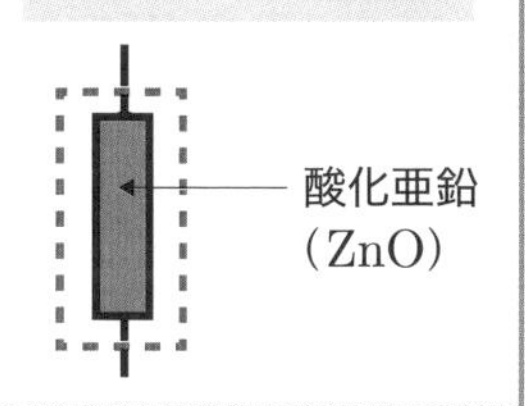

直列ギャップの有無が大きな違いです。

電圧―電流特性

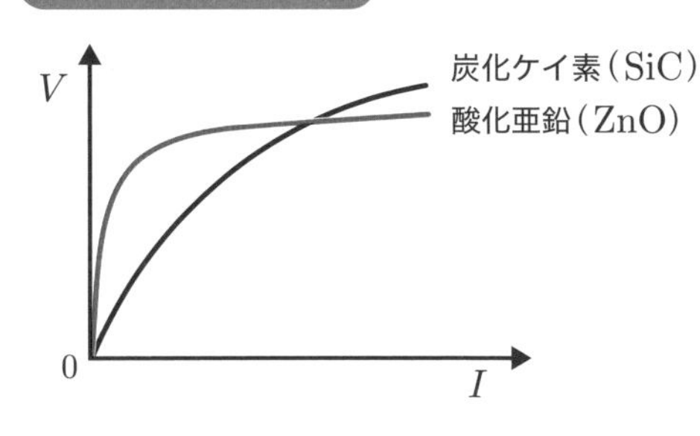

酸化亜鉛は炭化ケイ素よりも急に電流が流れることが読み取れます。

絶縁強度の比較例

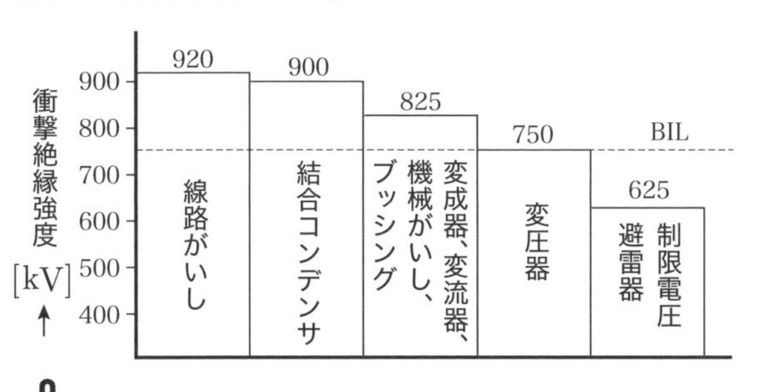

絶縁強度の数値を覚えるのではなく、ＢＩＬの言葉と絶縁協調の意味を理解しておくとよいでしょう。

ワンポイント　避雷器に関わる用語を覚えておこう

避雷器に関わる用語は試験でよく穴埋めで出題されます。避雷器が制限する電圧は制限電圧といい、放電後に流れる電流を続流といいます。また、雷によって発生する過電圧は雷サージ電圧、回路の開閉によって発生する過電圧のことを開閉サージと呼ぶことがあります。

保護継電器と保護協調

故障が発生した場合、速やかに検出して切り離しができるよう保護設備を設計しなければなりません

保護継電器とは、電源系統に設けた計器変成器（計器用変圧器と計器用変流器）によって検出した電流や電圧などから故障を検知し、遮断器などに制御信号を発する設備です。

●過電圧継電器、不足電圧継電器

過電圧継電器は電圧が設定値以上となった場合に動作します。不足電圧継電器は電圧の値が設定値以下となった場合に動作します。

●過電流継電器

過電流継電器は短絡電流を検出した場合に瞬時動作し、過負荷を検出した場合には一定時間経過後に動作するといった**限時特性**を持たせています。

●地絡過電流継電器、地絡方向継電器

地絡過電流継電器は零相変流器によって地絡電流（零相電流）を検出し、設定値以上となった場合に動作します。地絡方向継電器は零相電流に加えて**零相電圧**も検出し、電流の大きさと位相の関係で動作します。

●差動継電器、比率差動継電器

差動継電器は保護範囲に**流入する電流と流出する電流のベクトル差**で動作します。比率差動継電器は**流入する電流と流出する電流の比**で動作します。

●ブッフホルツ継電器

ブッフホルツ継電器は変圧器内部の故障を**機械的**に検出する継電器です。軽微な故障（ガス量で動作）と重大な故障（油流れで動作）を検出します。

保護協調とは

保護協調とは、故障が起こった際に故障範囲が最小となるように継電器の動作時間や動作する値などを調整することをいいます。**故障が発生した範囲の継電器が一番早く動作するようにします。**

過電流継電器の限時特性

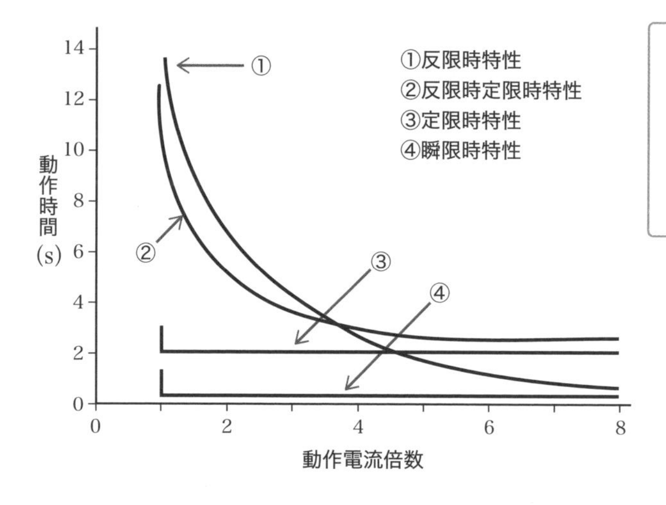

保護協調の考え方

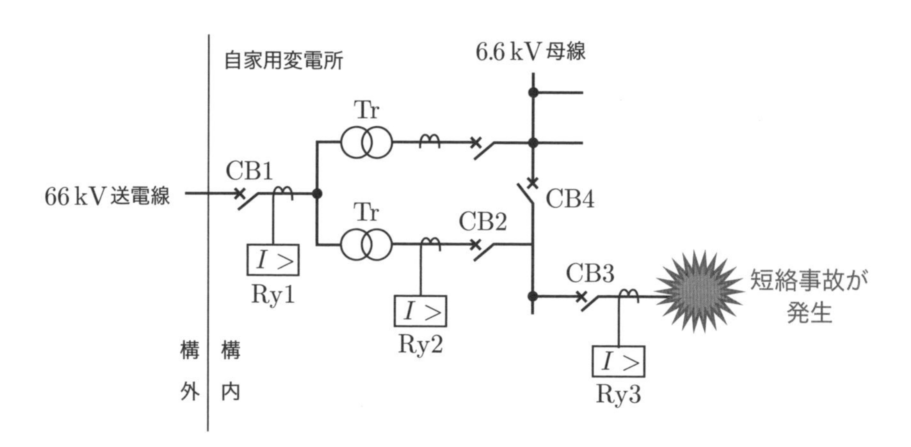

CB：遮断器　Tr：変圧器　Ry：保護継電器

故障箇所に近い Ry3 が一番早く動作するように設計します。もし、Ry1 が先に動作した場合は、広範囲に停電が発生してしまいます。

調相設備の種類

調相設備は力率改善と受電端電圧の維持を目的に設置されます

調相設備は無効電力を調整して力率を改善できる設備で、**分路リアクトル、電力用コンデンサ、静止形無効電力補償装置、同期調相機**などがあります。

調相設備の種類

●分路リアクトル

軽負荷時や長距離送電などの進み無効電力が大きい場合（容量性負荷が多い状態）に用いられる設備です。**系統の力率を遅らせることができます。**「系統の進み電力を補償する」というように表現されることがあります。

●電力用コンデンサ

遅れ無効電力が大きくなる重負荷時（誘導性負荷が多い状態）に用いられる設備です。**系統の力率を進めることができます。**「系統の遅れ電力を補償する」というように表現されることがあります。

●静止形無効電力補償装置

電力用コンデンサと分路リアクトルの並列回路に半導体スイッチ（サイリスタ）を接続した設備をいい、**系統の力率を遅らせることも進ませることもできるのが最大の特徴です。**力率調整は**高速**で行えます。

●同期調相機

同期調相機とは無負荷状態の同期電動機のことで、**界磁電流を調整することで力率を連続的に変えることができます。**界磁電流と電機子電流の関係を表したグラフを**V曲線**と呼んでいます。**界磁電流を増やすことで進み力率**となり、電力用コンデンサと同じ役割を果たします。一方で、**界磁電流を減らすと遅れ力率**となり、分路リアクトルと同じ役割を果たすことができます。同期調相機は回転機であるため、コストやメンテナンスの手間がかかるといったデメリットがあります。半導体の進化に伴い、導入数が減っています。

分路リアクトルの役割

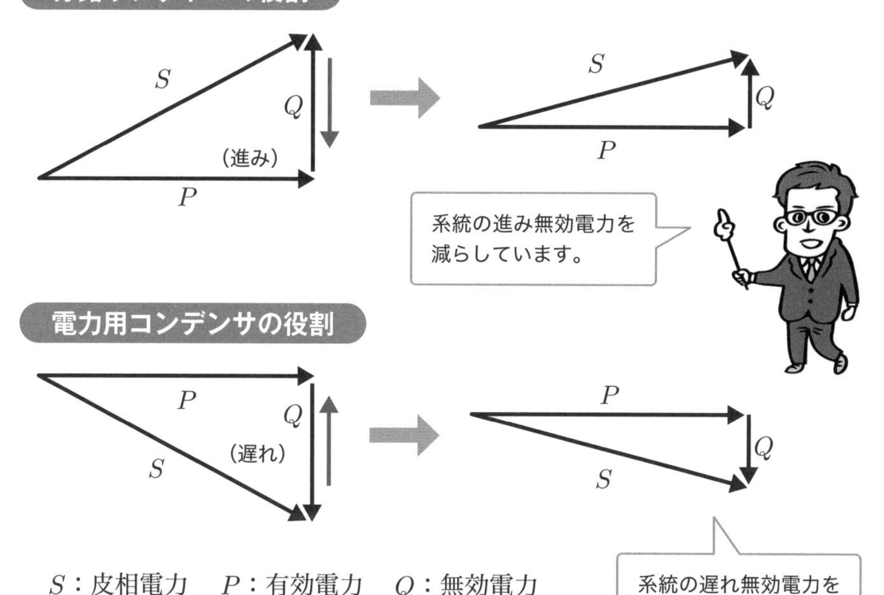

同期調相機のV曲線

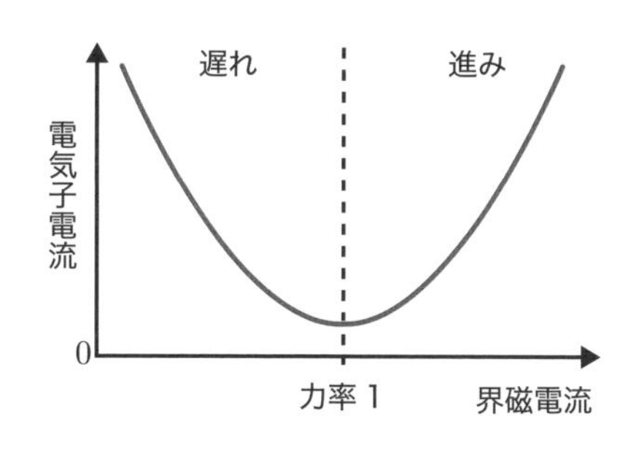

ややこしいので「界磁電流：増＝コンデンサと同じ役割」「界磁電流：減＝コイルと同じ役割」と覚えておくとよいでしょう。力率に関しては法規科目で詳しく解説します。

問題にチャレンジ

問題 重負荷時において、系統の遅れ電力を補償して力率改善を図りたい。同期調相機の界磁電流を減らすといった対応は○か×か。

解説 重負荷時に遅れ電力を補償するためには、同期調相機の界磁電流を増やす必要があります。

答え：×

24 変電 ランク B 難易度 A

パーセントインピーダンス（$\%Z$）

送電系統のインピーダンスを$\%Z$表記とすることで電力系統の計算がラクになります

パーセントインピーダンス（以下、$\%Z$）は、インピーダンス$Z[\Omega]$に定格電流I_nが流れたときの**電圧降下$Z \times I_n$ [V]**と**定格電圧E_n [V]**の比を百分率で表したものと定義されています。

変圧器の回路計算をする場合、インピーダンスは一次側もしくは二次側のどちらかを基準にして統一しなければ計算できません。**$\%Z$を使った回路計算では、その換算の手間がかかりません。**$\%Z$の考え方を取り入れると、送電系統の複雑な計算を簡単にできるので非常に便利です。

$\%Z$のほかに、パーセント抵抗（$\%R$）、パーセントリアクタンス（$\%X$）もありますが、インピーダンスの部分を抵抗およびリアクタンスに置き換えただけのものなので、難しく考えることはありません。

基準容量換算とは

基準容量換算は、$\%Z$の算出に用いた容量が異なる$\%Z$を足し合わせる際に必要となる計算手法です。ちなみに、基準容量とは任意に設定できる容量です。

$\%Z$の公式を変形すると

$$\%Z = \frac{P_n \times Z}{(E_n)^2} \times 100[\%]$$

となります。**$\%Z$は定格容量に比例すること**がわかります。よって、**基準容量をPとする場合、定格容量P_nと基準容量Pの比である$\frac{P}{P_n}$を$\%Z$に掛けることで、基準容量に換算した$\%Z'$を求めることができます。**

なお、$\%Z$の合成については直列接続、並列接続ともにすでに理論科目で学習した「抵抗の合成」と同じです。直列接続の回路であれば、単純に足し合わせるだけになります。

%Zを求める式

インピーダンスの電圧降下

$$\%Z = \frac{\boxed{Z \times I_n}}{\boxed{E_n}} \times 100\ [\%]$$

定格電圧

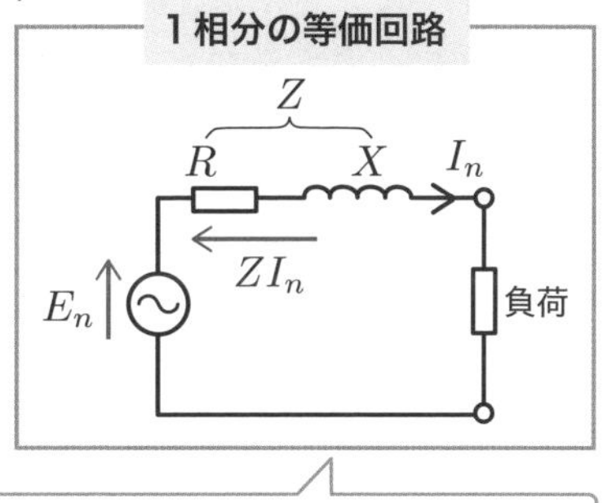

1相分の等価回路で考えるのがポイントです。

Z ：インピーダンス [Ω]

I_n ：定格電流 [A]

E_n：定格電圧 [V]（相電圧）

%Rと%Xの考え方

$$\%R = \frac{R \times I_n}{E_n} \times 100\ [\%] \qquad \%X = \frac{X \times I_n}{E_n} \times 100\ [\%]$$

$$\%R = \frac{P_n \times R}{(E_n)^2} \times 100\ [\%] \qquad \%X = \frac{P_n \times X}{(E_n)^2} \times 100\ [\%]$$

式を展開すると定格容量で表すこともできます。

$P_n(= E_n \times I_n)$：定格容量 [kW]

%Zの基準容量換算

$$\%Z' = \frac{P}{P_n} \times \%Z\ [\%]$$

$\%Z'$：換算後の %インピーダンス

$\%Z$ ：換算前の %インピーダンス

P ：基準とする容量 [V・A]

P_n ：定格容量 [V・A]

ワンポイント %Zの公式を展開できるようにしよう

%Zを求める式の分子と分母に定格電圧E_nを掛けて、展開します。

$$\%Z = \frac{Z \times I_n}{E_n} \times \frac{E_n}{E_n} \times 100 = \frac{P_n \times Z}{(E_n)^2} \times 100[\%]$$

「定格電圧E_nをかける」と覚えておけば、基本の公式を１つ覚えておくだけですみます。

変電分野の例題

図のように、定格電圧66 kVの電源から三相変圧器を介して二次側に遮断器が接続された系統がある。この三相変圧器は定格容量10 MV・A、変圧比66/6.6 kV、百分率インピーダンスが自己容量基準で7.5 %である。変圧器一次側から電源側をみた百分率インピーダンスを基準容量100 MV・Aで5 %とするとき次の各問に答えなさい。

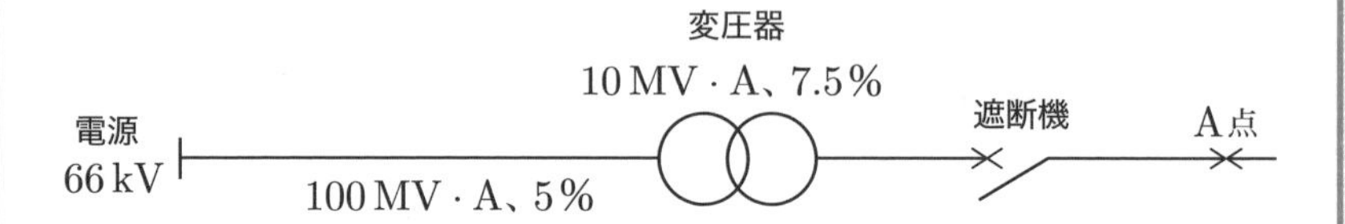

(a) 変圧器二次側から電源側をみた百分率インピーダンス[%]はいくらになるか。

(b) 図のA点で三相短絡事故が発生したとき、事故電流を遮断できる遮断器の定格遮断電流[kA]の最小値はいくらか。ただし、変圧器二次側からA点までのインピーダンスは無視するものとする。

【平成16年・問16】

解答

(a) 変圧器一次側から電源側をみた百分率インピーダンス5％（基準容量100 MV・A）を基準容量10 MV・Aに変更すると

$$5 \times \frac{10}{100} = 0.5\,\%$$

したがって、変圧器二次側から電源側をみた百分率インピーダンス$\%Z$[%]は

$\%\,Z = 0.5 + 7.5 = 8.0\,\%$

(b) 定格電流をI_n[A]とすると、短絡電流I_sは

$$I_s = \frac{100}{\%Z} \times I_n$$

基準容量をP_n[VA]とすると、定格電流I_nは

$$I_n = \frac{P_n}{\sqrt{3}V_n}$$

であるので、I_sの式に代入すると

$$I_s = \frac{100}{\%\,Z} \times \frac{P_n}{\sqrt{3}V_n} = \frac{100}{8} \times \frac{10 \times 10^6}{\sqrt{3} \times 6600} \fallingdotseq 10935 \cdots = 10.9\,\mathrm{kA}$$

よって、定格遮断電流は10.9 kAより大きい値のうち最小のものとなります。

正解　(a)　8.0 [%]
(b) 10.9 [kA]

1 電験三種の基礎知識
2 理論科目
3 電力科目
4 機械科目
5 法規科目

ランク B　難易度 C

25 送電系統の概要

発電所から変電所まで、変電所から変電所までの電線路を送電線路といいます

発電機で作った電気は電線路を通って、需要家（電気を消費する人や工場など）に届けられます。**発電所から変電所までの電線路を送電線路**といい、**変電所から需要家までの電線路を配電線路**といいます。さらに、電線路の施設方式には**架空線式（架空送電線路）**と**地中線式（地中送電線路）**がありますが、それぞれメリット・デメリットがあるため、状況に応じて使い分ける必要があります。多くの場合、架空送電線路が使用されています。

架空送電線路

架空送電線路は送電線、がいし、鉄塔などの支持物、架空地線などで構成される送電線路です。**地中送電線路に比べて、施工が簡単、安価、故障の発見が容易かつ事故復旧も比較的に簡単といった特徴があります。**一方で、空中に施設するため、電線のたるみ、風、雷などの影響を受ける、鳥獣などが原因の故障トラブルがあるといったデメリットもあります。さらに、送電電圧が高い場合、送電線の周囲の空気の絶縁を破壊して放電してしまう**コロナ放電**も考慮しなければなりません。通信線などに悪影響を与えます。

地中送電線路

地中送電線路には敷設方式の違いにより、直接埋設式、管路式、暗きょ式の3つがあります。電線路を地中に収めておけるため、**人通りが多い地域**や**景観を損ないたくない地域**に採用されます。

ただし、コストがかかる、地中に電線があるために故障個所の特定と復旧が難しいといったデメリットがあります。また、地中配電線路で使用する電線にケーブルを使用するため、**フェランチ効果**（「送電線路に起こる異常電圧」172ページ参照）や誘導損が生じるといった問題もあります。

送電線路と配電線路

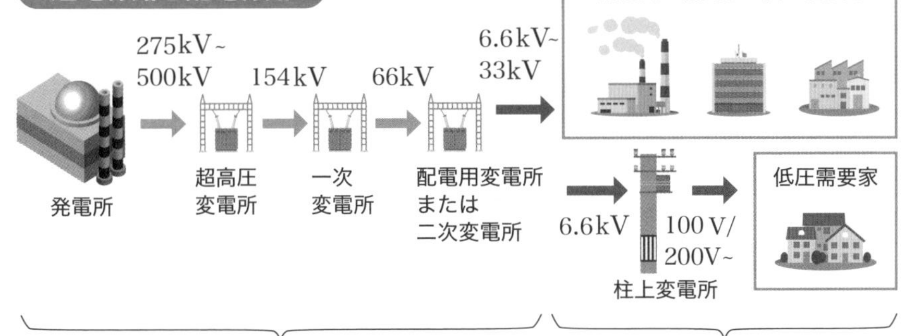

電線路の種類

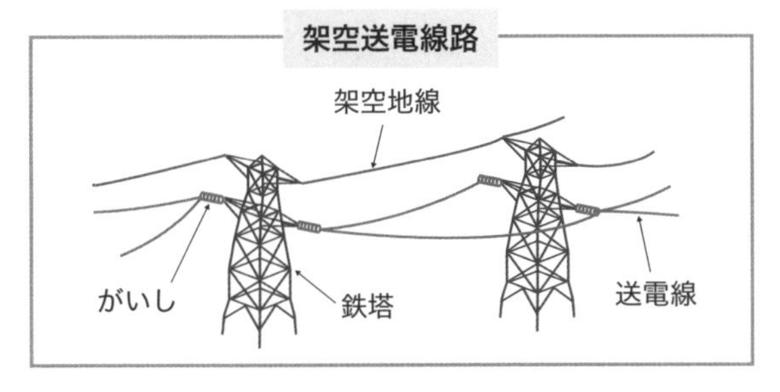

架空地線は送電線への落雷や誘導雷を防ぎます。がいしは電線から鉄塔に電流が流れることを防ぐ絶縁の役割を果たします。

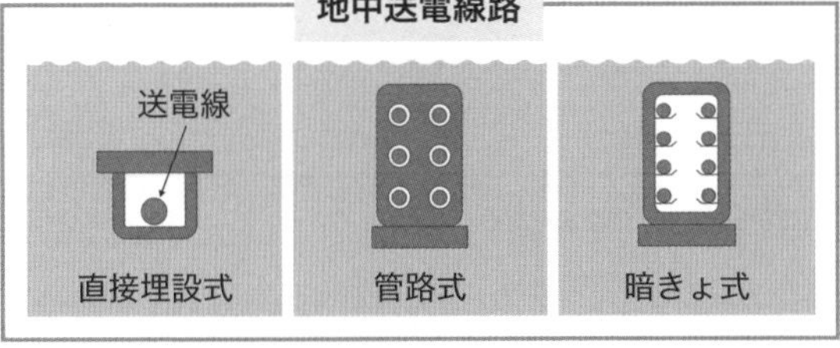

直接埋設式は「布設は簡単で安価、点検が困難」、暗きょ式はその反対、管路式は中間と覚えておきましょう。

ワンポイント 交流の電気を送電する理由は？

電気には交流と直流がありますが、送配電ではほとんどが交流です。その理由は、変圧器によって電圧の大きさを変えることができるメリットがあるからです。また、交流は電流値が零点を通過するため、事故電流や負荷電流を遮断するのが容易です。

送電　ランク B　難易度 B

架空送電線のたるみと振動障害

架空送電線の施工は電線のたるみや風や雪を考慮しなくてはいけません

架空送電線は電柱などの支持物の間に張るため、電線自体の重さなどによる**電線のたるみ**や**風や雪による障害**が発生するといった問題があります。

電線のたるみ

架空送電線は電線自体の重さに加えて、周囲の温度によっても伸び縮みするため、たるみの設計が非常に重要です。電線を張る力が弱いと、気温の高い夏の時期には電線が伸び、たるみが大きくなって建物や人に触れてしまうおそれがあります。

一方で、電線を強く張りすぎると、気温の低い冬の時期は電線が縮むため、電線が切れてしまうおそれがあります。これらを考慮して、電線の施工を行う必要があります。送電線のたるみを計算する式は右に示した通り、**電線の荷重**と**径間の２乗**に比例し、**水平張力**に反比例します。また、電線の長さは**たるみの２乗**に比例し、**径間**に反比例することがわかっています。

風や雪による障害

風や雪による障害として、**振動障害（電線振動）**があります。架空送電線が風を受けたとき、雪が付着した電線の背後にはうずが生じることがあり、**うずが原因で電線が上下に振動してしまいます。**この現象を**ギャロッピング**といい、疲労劣化による断線の原因となります。対策として、**アーマロッド**と呼ばれる送電線に巻き付ける補強材を採用することが多いです。

さらに、ギャロッピングの振動以上に大きい振動現象として、**スリートジャンプ**があります。これは、**電線に付着した氷雪が落下する際の反動で電線が振動してしまう現象**であり、電線同士が接触し短絡する停電トラブルの原因となっています。

送電線のたるみに関する公式

たるみ　$D = \dfrac{WS^2}{8T}$ [m]

電線の長さ　$L = S + \dfrac{8D^2}{3S}$ [m]

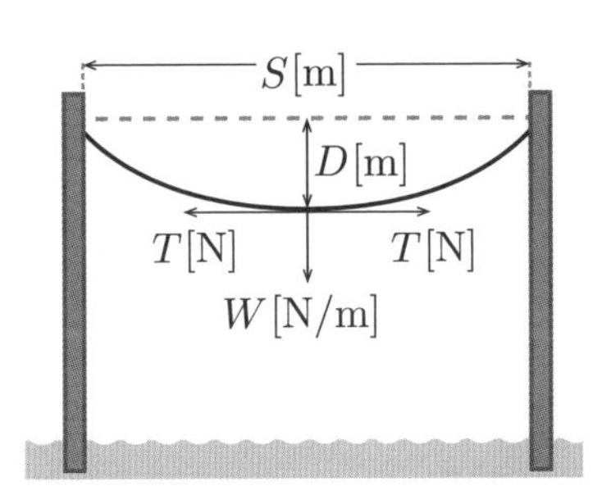

W: 電線 1m 当たりの荷重 [N/m]

S：径間 [m]

T：電線の水平張力 [N]

振動障害

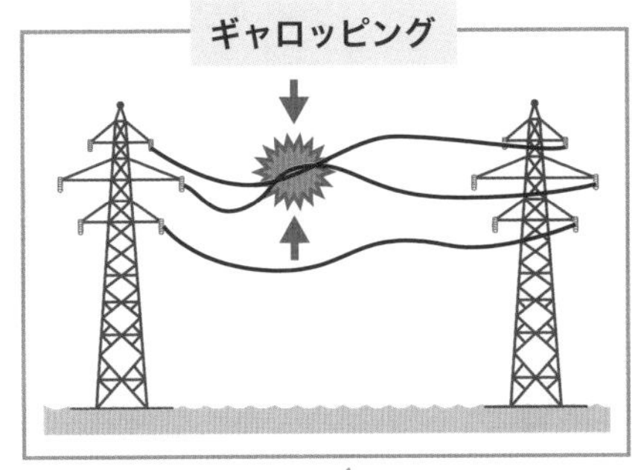

振動が激しいと、電線同士が接触してしまいます。

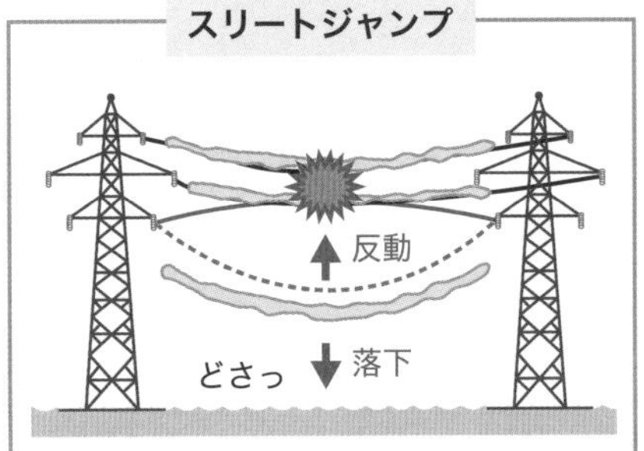

反動で電線が跳ね上がります。

問題にチャレンジ

問題　たるみは電線の荷重と径間に比例し、電線の水平張力に反比例する。○か×か。

解説　たるみは電線の荷重および径間の２乗に比例し、電線の水平張力に反比例します。

答え：×

27 送電 ランク A 難易度 B

送電線路に起こる異常電圧

架空送電線路には雷や風を原因として異常電圧障害が起こることがあります

送電線路に発生する異常電圧は**外部異常電圧**と**内部異常電圧**に分けることができます。外部異常電圧には**雷害（直撃雷、誘導雷、逆フラッシオーバー）**、内部異常電圧には**開閉異常電圧**、**アークによる異常電圧**などがあります。

雷害（直撃雷、誘導雷、逆フラッシオーバー）

直撃雷とは、電線に直接落ちる雷をいいます。送電線に数百万Vの過電圧が加わることになり、がいしや変電設備などの破損原因となります。

また、**誘導雷とは、雷雲の接近などが原因で電線に電荷が蓄積・拡散することで生じるサージ電圧**のことをいいます。

逆フラッシオーバーとは、鉄塔や架空地線に雷が落ちて、鉄塔から送電線に雷電流が流れ込んでしまう現象をいいます。似た用語にフラッシオーバーがありますが、送電線から鉄塔に流れ込む現象ですので注意しましょう。がいし付近に設置している**アークホーン**はがいし保護の効果があります。

開閉異常電圧、アークによる異常電圧

開閉異常電圧とは、**送電系統の開閉操作で生じる電圧**のことです。一方で、アークによる異常電圧とは、がいし表面にアークが繰り返し発生することで生じる異常電圧をいいます。

●フェランチ効果に注意

フェランチ効果とは、受電端電圧が送電端電圧より高くなる現象のことをいいます。フェランチ効果による電圧上昇分を考慮しなければ、送電側で規定の電圧を送り出していても、受電側の電圧が規定値を超えてしまうことが起こります。電圧に対して、電流の位相が遅れであるか、進みであるかがカギとなります。

フラッシオーバーと逆フラッシオーバー

フラッシオーバー

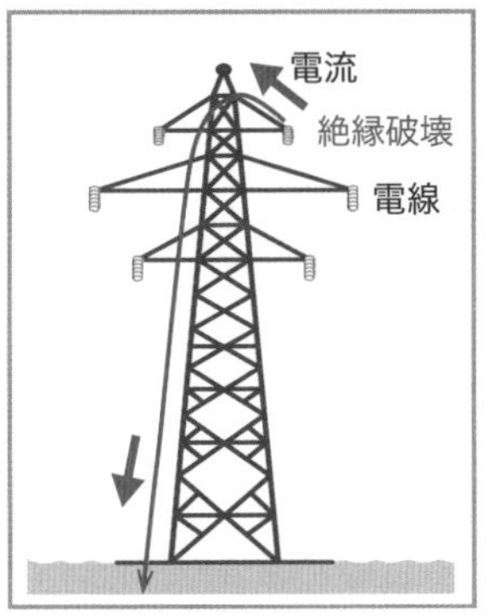

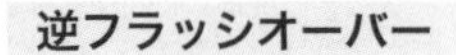

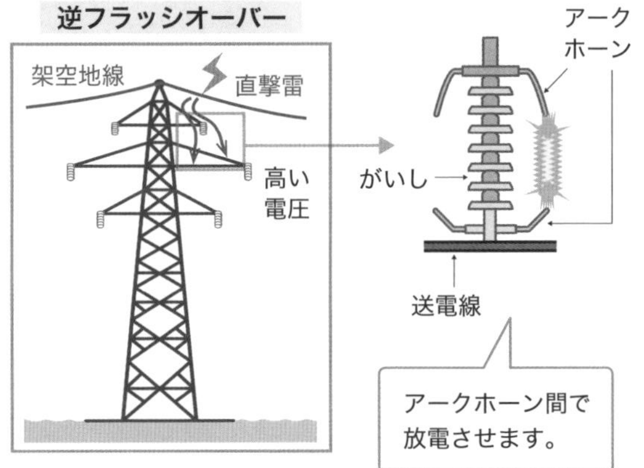

アークホーン間で放電させます。

フェランチ効果

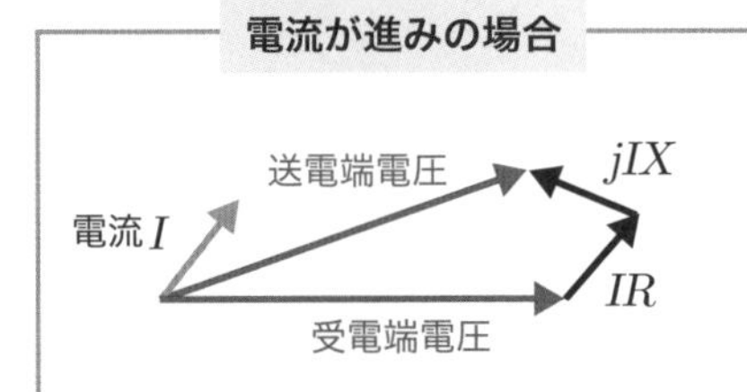

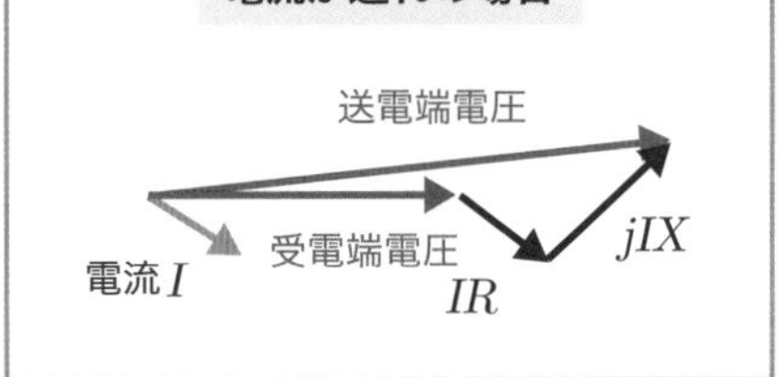

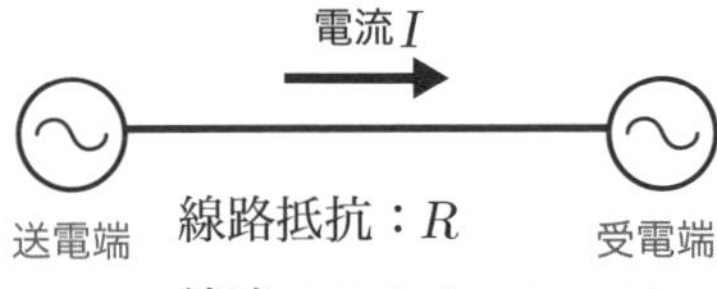

線路抵抗：R

線路リアクタンス：X

電流が進みの場合にのみフェランチ効果は発生します。電流は電圧に対して進みか遅れかが重要です！

問題にチャレンジ

問題 鉄塔塔脚の接地抵抗を高めることで、電力線への雷撃に伴う逆フラッシオーバーの発生を抑制することができる。○か×か。

解説 架空地線や鉄塔に雷が直撃することで、電力線（送電線）に電流が流れ込む現象が逆フラッシオーバーで、塔脚の抵抗は低いほど、起こりにくくなります。

答え：×

送電 ランク C 難易度 B

28

電柱の支線

支線には、電線の張力がかかる電柱などが傾いたり倒れることを防ぐ役割があります

支線は、電線の張力の向きと反対方向に張り、電柱などの支持物が傾いたり、倒れたりすることを防ぐ役割を果たします。

右の図のように電線の取付け高さと支線の取付け高さが等しく、支線の角度をθ°とした場合、電線の水平張力と支線の水平張力の関係には$P = T\sin\theta$という関係式が成り立ちます。ただし、試験問題に限らず、全てこの関係式が成り立つわけではありません。

支線の角度がわからない場合、電線と支線の取付高さが異なる場合、さらに**電線が２本以上ある場合**があるためです。

支線の角度がわからない場合

支線の角度が分からない場合には、$\sin\theta$を取付け高さと支線の根開きで表します。右上の図がわかりやすいですが、支持物が地面に垂直に立っている場合、$\sin\theta$は$\frac{l}{\sqrt{h^2+l^2}}$と表すことができます。

電線と支線の取付位置が異なる場合

電線の取付け高さと支線の取付け高さが異なる場合、**モーメント（力×距離）の釣り合い**から式を立てます。電線の高さと支線の高さを間違えやすいので、注意して計算しましょう。

電線と支線の取付位置が異なる、かつ電線が２本ある場合

電線が２本以上ある場合であっても、モーメントの釣り合いで計算する考え方に変わりはありません。**２本の電線の水平張力を足すと、支線の水平張力となります。**

電線と支線の張力の関係式

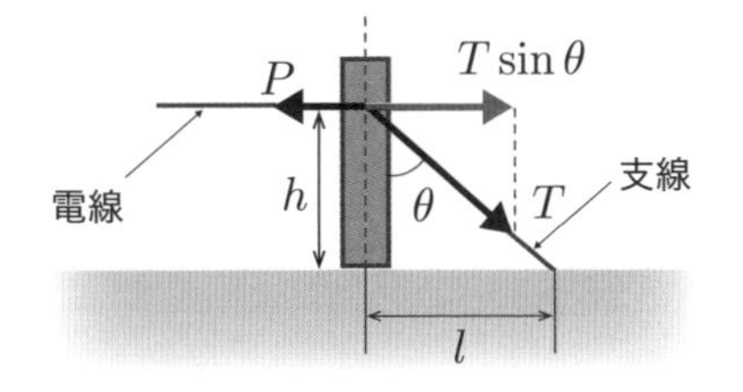

$$P = T\sin\theta \ [\mathrm{N}]$$

$$P = T\frac{l}{\sqrt{h^2 + l^2}} \ [\mathrm{N}]$$

h：取付け高さ [m]
l：支線の根開き [m]
$\sqrt{h^2 + l^2}$：支線の長さ [m]

P：電線の水平張力 [N]
T：支線の張力 [N]
θ：支線の角度 [°]

電線と支線の取付位置が異なる場合

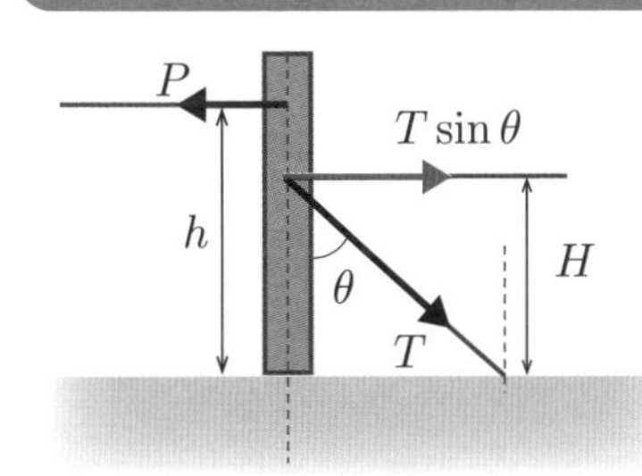

$$P \times h = T\sin\theta \times H \ [\mathrm{N}]$$

P：電線の水平張力 [N]
T：支線の張力 [N]
h：電線の取付け高さ [m]
H：支線の取付け高さ [m]

取付位置が異なり、電線が２本ある場合

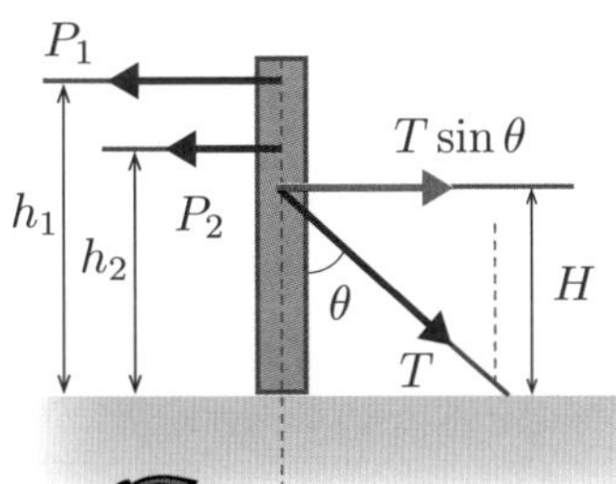

$$P_1h_1 + P_2h_2 = T\sin\theta \times H \ [\mathrm{N}]$$

P_1、P_2：電線の水平張力 [N]
h_1、h_2：電線の高さ [m]
T：支線の張力 [N]
H：支線の取付け高さ [m]
θ：支線の角度 [°]

電線と支線の取付け高さが違うのがポイントです。
支線の張力計算は法規科目でも出題されます。

送電分野の例題

両端の高さが同じで径間距離250 mの架空電線路があり、電線1 m当たりの重量は20.0 N/mで、風圧荷重は無いものとする。いま、水平引張荷重が40.0 kNの状態で架線されているとき、たるみD[m]はいくらになるか。

【平成 18 年・問 14】

解答

電線のたるみD[m]は、電線 1m 当たりの重量をW[N/m]、水平引張荷重をT[N]、径間距離をS[m]とすると

$$D = \frac{WS^2}{8T}$$

上式に値を代入すると

$$D = \frac{WS^2}{8T} = \frac{20 \times 250^2}{8 \times 40 \times 10^3} = 3.906 \cdots \fallingdotseq 3.91\,\mathrm{m}$$

よって、答えは3.91 mとなります。　　**正解**　3.91 [m]

図のような電柱と支線があるとき支線の張力T[kN]はいくらになるか。

【平成 16 年・問 11 改】

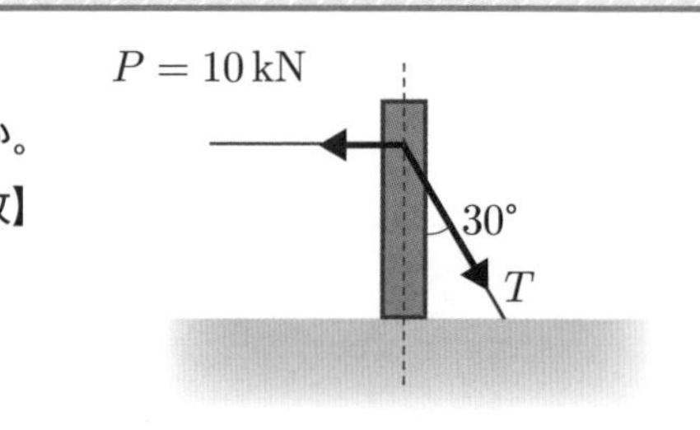

解答

支線の張力と電線の張力には

$$P = T\sin\theta$$

の関係があります。

したがって

$$T = \frac{P}{\sin\theta} = \frac{10}{\sin 30°} = 20\,\mathrm{kN}$$

よって、答えは20 kNとなります。　**正解**　20 [kN]

図のような電柱と支線があるとき支線の張力T[kN]はいくらになるか。

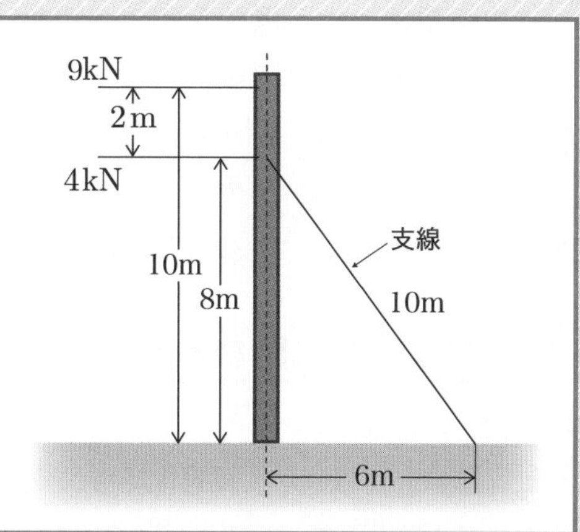

解答

電線が2本あるパターンですので

$$P_1h_1 + P_2h_2 = T\sin\theta \times H$$

の関係式が成り立ちます。値を代入すると

$$9 \times 10 + 4 \times 8 = T\sin\theta \times 8$$

$$T\sin\theta = 15.25$$

また、$\sin\theta = \dfrac{6}{10}$であるから

$$T = \frac{15.25}{\sin\theta} \fallingdotseq 25.4\,\mathrm{kN}$$

よって、答えは25.4 kNとなります。　**正解**　25.4 [kN]

ランク B　難易度 C

29

配電線路

配電線路は変電所から需要家につながる線路のことで送電線路で運ばれてきた電気を届けます

配電線路とは、配電変電所または二次変電所から需要家までの範囲をいいます。配電線路も架空線式と地中線式がありますが、送電線路と同様、架空線式が多く採用されています。

架空配電線路は、電柱などの支持物、柱上変圧器、がいし、低圧配電線、高圧配電線で構成されています。配電用変電所から高圧配電線を使って6.6kVの電気を運び、高圧需要家には高圧引込線で電気を送ります。低圧の需要家に対しては6.6kVの電気を**柱上変圧器**によって、100V/200Vに降圧してから低圧配電線および**低圧引込線**を通して電気を送ります。

架空配電線路に関わる設備

●電線、引込線

配電線や引込線には、**絶縁電線**を使用することが決められています。

●ケッチヒューズ、高圧カットアウト

ケッチヒューズとは**過電流保護の遮断装置**のことをいい、低圧引込線の電柱側に取り付けます。

高圧カットアウトとは**ヒューズを内蔵した開閉器**のことをいい、柱上変圧器の**一次側**（**高圧側**）に設置することになっています。

●避雷器

避雷器とは異常電圧から配電線路などを保護する設備です。柱上変圧器や柱上開閉器の近くに設置されます。

●自動電圧調整器（SVR）

自動電圧調整器（SVR）は、送電線の電圧降下を防止する設備です。高圧配電線の途中に設置されます。変圧器やタップ切替装置などで構成され、電圧降下に応じて自動で電圧調整を行います。

架空配電線路の構成

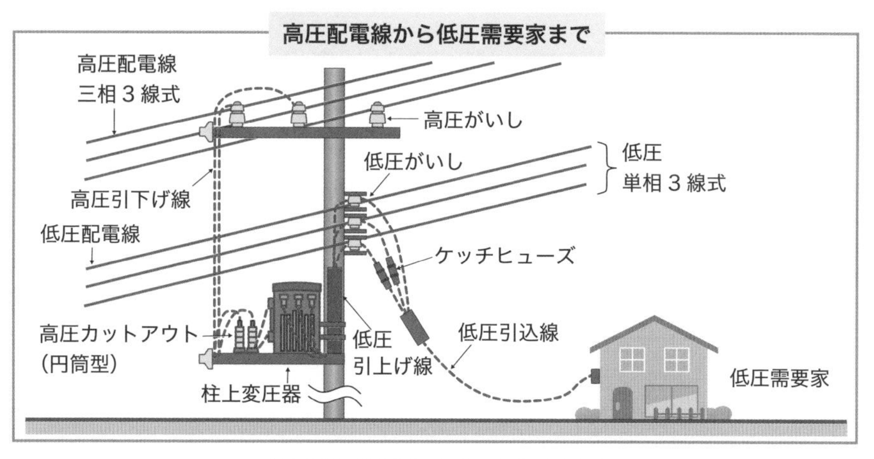
高圧配電線から低圧需要家まで
高圧配電線
三相３線式
高圧がいし
低圧がいし
低圧
単相３線式
高圧引下げ線
低圧配電線
ケッチヒューズ
高圧カットアウト
(円筒型)
低圧
引上げ線
低圧引込線
柱上変圧器
低圧需要家

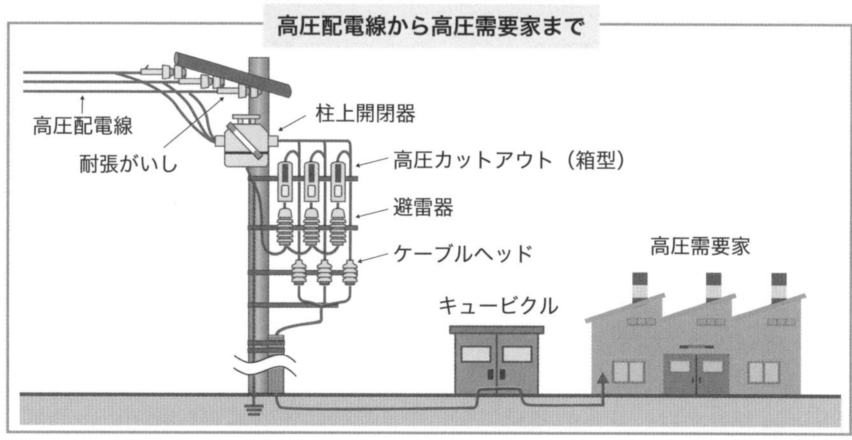
高圧配電線から高圧需要家まで
高圧配電線
柱上開閉器
耐張がいし
高圧カットアウト（箱型）
避雷器
ケーブルヘッド
高圧需要家
キュービクル

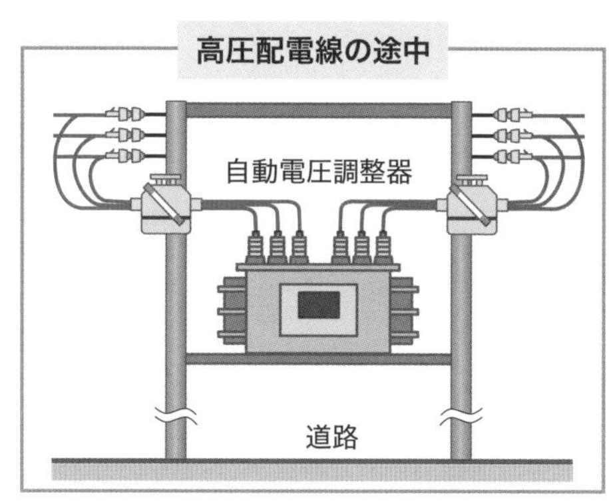
高圧配電線の途中
自動電圧調整器
道路

設備をイラストで確認しておくと役立ちます。

配電　ランク A　難易度 B

配電線路の電気方式

単相2線式、単相3線式、三相3線式、三相4線式の特徴を押さえましょう

配電線路は電気方式で分類すると、**単相２線式**、**単相３線式**、**三相３線式**、**三相４線式**の４種類に分けることができます。

単相２線式と単相３線式

単相２線式とは、２本の電線で単相交流を供給する電気方式をいいます。照明など100Vの小型家電のみを使用する場所に用いられます。単相３線式と比較して、電圧降下と電力損失が大きいというデメリットがあります。

単相３線式とは、３本の電線で単相交流を供給する電気方式をいい、100Vと200Vの電圧を得ることができます。100Vは照明やコンセント、200Vはエアコンなどで使用されています。

三相３線式と三相４線式

三相３線式とは、３本の電線で三相交流を供給する電気方式をいいます。通常、6.6kVの電圧ですが、電力需要の多い都市部などには22kVや33kVの電圧で送ることもあります。

三相４線式とは、４本の電線で三相交流を供給する電気方式をいいます。動力用電圧として415V、電灯用として240Vを供給することができます。

●線路の電圧降下

線路の電圧降下とは、送電線の抵抗Rと誘導性リアクタンスXによって生じる電圧降下をいいます。静電容量は長距離送電を除いて、影響が小さいので無視します。電圧降下の大きさは次の公式で求めることができます。

単相２線式送配電線路の電圧降下　$v = 2I(R\cos\theta + X\sin\theta)$（力率：$\cos\theta$）

三相送配電線路の電圧降下　$v = \sqrt{3}I(R\cos\theta + X\sin\theta)$（力率：$\cos\theta$）

配電線路の電気方式

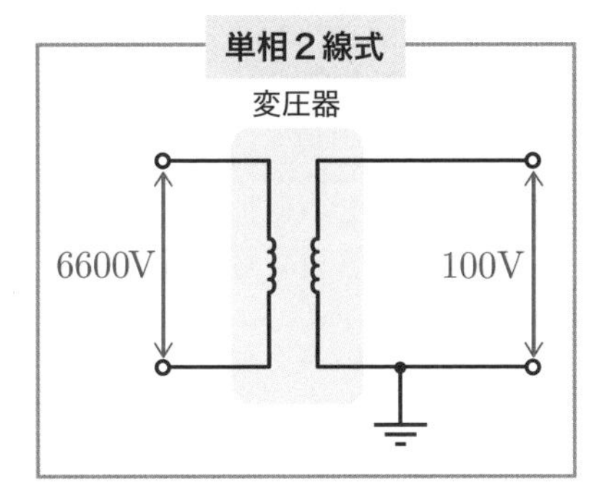

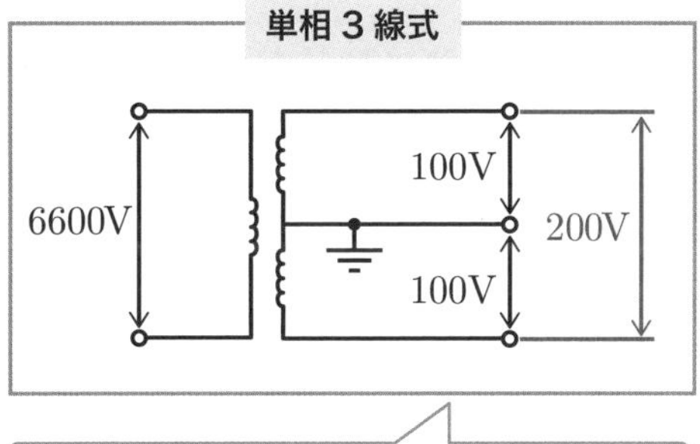

真ん中の線（中性線）を入れることで100Vと200Vを取り出すことができます。

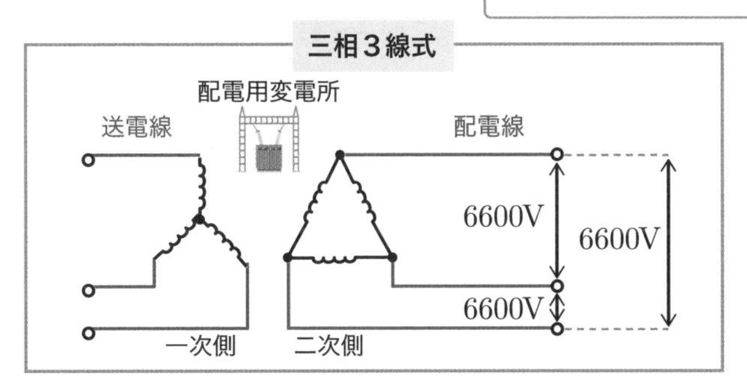

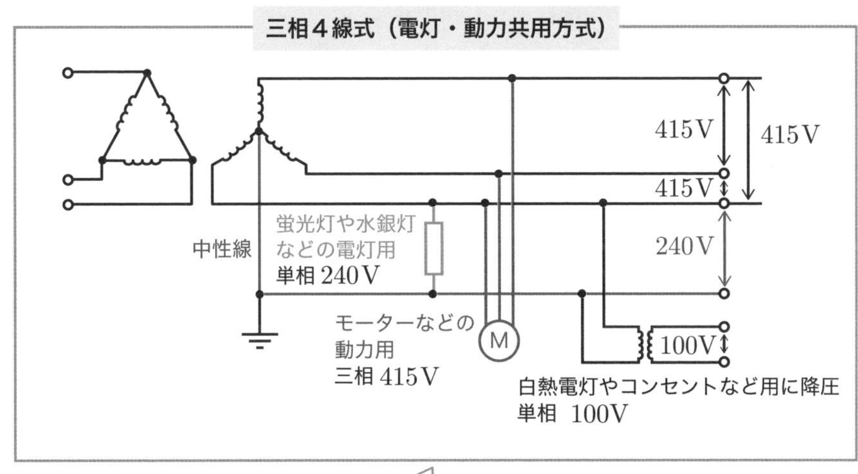

Y結線を用いることで線間電圧を415V、相電圧を240V、100Vとすることができます。

31 配電線路の種類

ランク B　難易度 B

配電線路は形状から5つの配電方式に分類できます

高圧配電線路では主に**樹枝状方式**と**ループ方式**が採用されています。場所や用途によって別の方式が採用されることもあります。

配電方式

●樹枝状方式

配電用変圧器ごとに幹線を引き出して、幹線から分岐線を木の枝のように出す方式です。簡単な構成なので費用が安く、需要増加への対応があるといった長所がありますが、他の方式よりも信頼度が低く、電力損失と電圧変動が大きいといった短所もあります。低圧配電線路で主に用いられます。

●ループ方式

配電線をループ状として開閉器を置くことで、2方向から電力供給できる方式です。開閉器は事故時には自動で閉とすることで、故障ルートを使用せずに健全なルートから送電することができます。

●低圧バンキング方式

同じ幹線に複数の変圧器を接続し、区分ヒューズを介して負荷を接続する方式です。変圧器ごとで停止ができるため、停電範囲を限定できるフリッカ（蛍光灯のちらつき）が少ないといった特徴がある一方で、カスケーディング（連鎖的な停電）を起こすといった短所もあります。

●スポットネットワーク方式、レギュラーネットワーク方式

スポットネットワーク方式は**複数の配電線から接続する方式**で、1回線が停電しても他回線から受電できるのが長所で、設備が複雑で建設費用が高いのが短所です。そのため、大規模な工場に採用されます。

一方で、レギュラーネットワーク方式は、**格子状の低圧配電線**から電気を供給する方式で、大都市の低圧需要家への供給に適しています。

配電構成による分類

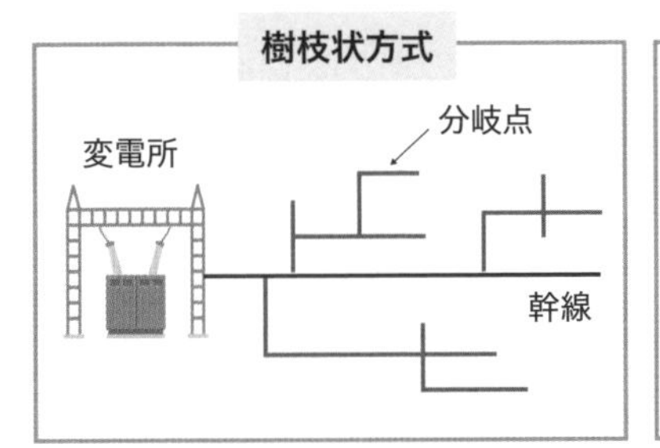

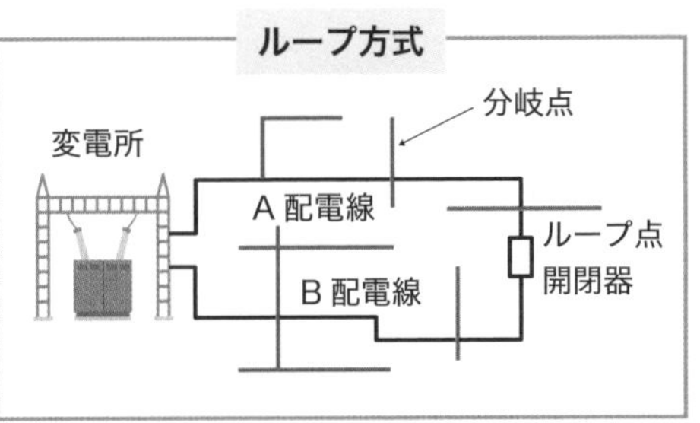

低圧バンキング方式

母線
高圧
カットアウト
ヒューズ
変圧器
区分
ヒューズ
それぞれの需要家へ

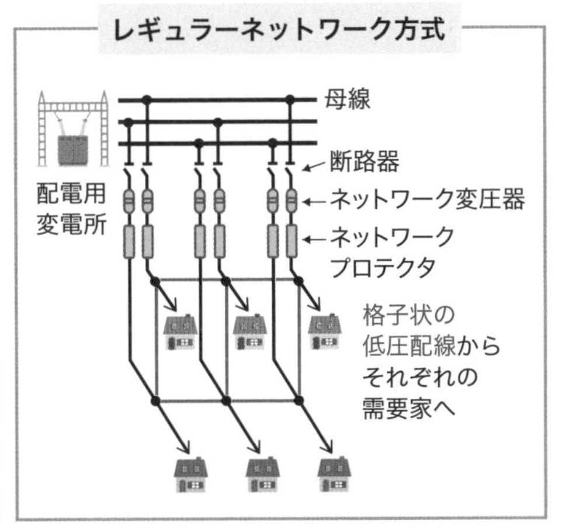

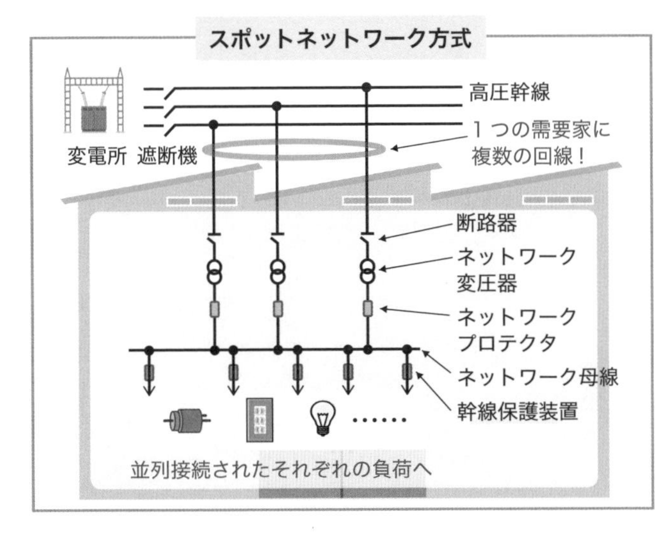

スポットネットワーク方式を構成する設備は試験で問われることが多いです！

配電分野の例題

図のような三相３線式配電線路で、各負荷に電力を供給する場合、全線路の電圧降下[V]の値はいくらになるか。ただし、電線の太さは全区間同一で抵抗は1 km当たり0.35 Ω、負荷の力率はいずれも100 %で線路のリアクタンスは無視するものとする。

【平成 16 年・問 14】

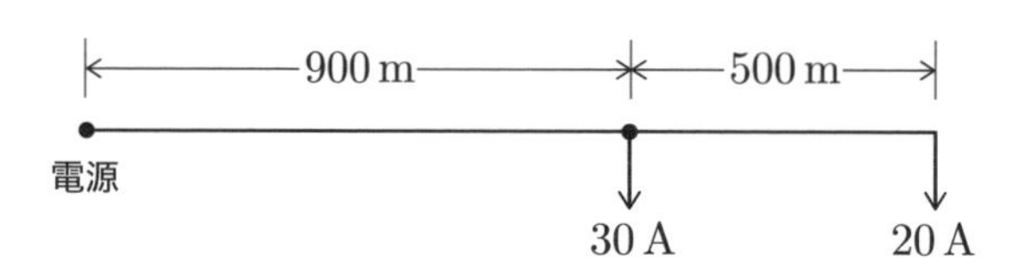

解答

500m 区間の電線の抵抗r_1、900m 区間の電線の抵抗r_2はそれぞれ

$$r_1 = 0.35 \times 0.5 = 0.175\,\Omega$$
$$r_2 = 0.35 \times 0.9 = 0.315\,\Omega$$

500m 区間の電線に流れる電流I_1、900m 区間の電線に流れる電流I_2はそれぞれ

$$I_1 = 20\,\mathrm{A}$$
$$I_2 = 20 + 30 = 50\,\mathrm{A}$$

線路の電圧降下vは$v = \sqrt{3}I(r\cos\theta + x\sin\theta)$で求めることができ、$\cos\theta = 1, \sin\theta = 0$より

$$v = \sqrt{3}(I_1 r_1 + I_2 r_2) = \sqrt{3}(20 \times 0.175 + 50 \times 0.315)$$
$$v \fallingdotseq 33.3\,\mathrm{V}$$

よって、答えは33.3 Vとなります。　　**正解**　33.3 [V]

図のような、A点及びB点に負荷を有する三相3線式高圧配電線がある。電源側S点の線間電圧を6600 Vとするとき、次の (a) と (b) に答えよ。ただし、配電線1線当たりの抵抗及びリアクタンスはそれぞれ0.3 Ω/kmとする。

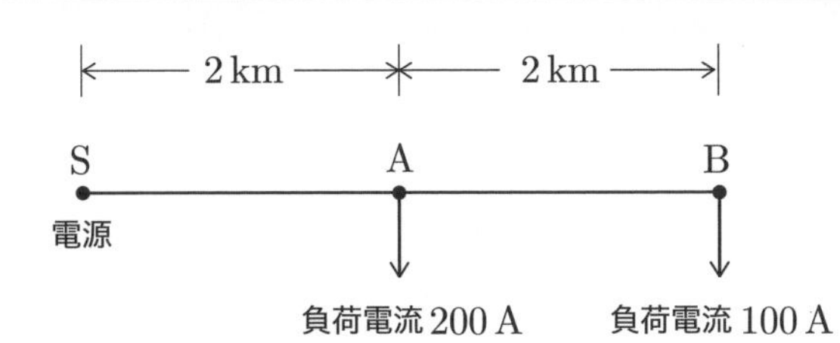

(a) S – A間に流れる有効電流[A]の値

(b) B点における線間電圧[V]の値

【平成 13 年・問 12】

解答

(a) S – A間の有効電流は、A 点の有効電流と B 点の有効電流の和となります。したがって、

$I = 200 \times 0.8 + 100 \times 0.6 = 220\ \mathrm{A}$

(b) B点における線間電圧[V]を求めるためには、A – B 間の電圧降下V_{AB}と S – A 間の電圧降下V_{SA}を考える必要があります。

A – B 間の電圧降下は負荷電流100 Aの電圧降下なので

$V_{AB} = \sqrt{3} \times 100(0.3 \times 2 \times 0.6 + 0.3 \times 2 \times 0.8) = 145.5\ \mathrm{V}$

一方で、S – A 間の電圧降下V_{SA}は負荷電流 200 Aと100 Aの電圧降下であるから

$$V_{SA} = \sqrt{3} \times 200(0.3 \times 2 \times 0.8 + 0.3 \times 2 \times 0.6) + \sqrt{3} \times 100(0.3 \times 2 \times 0.6 + 0.3 \times 2 \times 0.8)$$

$V_{SA} \fallingdotseq 436.5\ \mathrm{V}$

したがって、B点における線間電圧V_Bは

$V_B = 6600 - 436.5 - 145.5 = 6018\ \mathrm{V}$

よって、答えは6018 Vとなります。

正解 (a) 220 [A]

(b) 6018 [V]

図は単相２線式の配電線路の単線図である。電線１線当たりの抵抗と長さは、a − b間で0.3 Ω/km、250 m、b − c間で0.9 Ω/km、100 m とする。次の問に答えよ。b − c間の１線の電圧降下 V_{bc}[V]及び負荷Bと負荷Cの負荷電流 i_b、i_c[A]はいくらか。ただし、点ａと点ｃの線間電圧の差は12.0 Vとし、a − b間の１線の電圧降下 $V_{ab} = 3.75$ Vとする。負荷の力率はいずれも100 %、線路リアクタンスは無視するものとする。

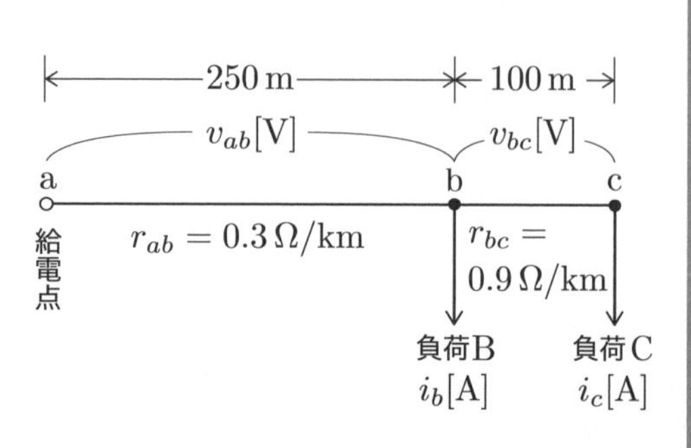

【平成 22 年・問 17 改】

解答

a − c 間の１線の電圧降下 V_{ac} は単相２線式であることから

$$V_{ac} = \frac{12}{2} = 6\,\mathrm{V}$$

b − c 間の１線の電圧降下 V_{bc} は $V_{ab} = 3.75$ V であるため

$$V_{bc} = V_{ac} - V_{ab} = 6 - 3.75 = 2.25\,\mathrm{V}$$

よって、負荷電流は i_c

$$i_c = \frac{V_{bc}}{r_{bc} \times 0.1} = \frac{2.25}{0.9 \times 0.1} = 25\,\mathrm{A}$$

となります。一方で、a − b 間に流れる電流 i_{ab} は

$$i_{ab} = \frac{V_{ab}}{r_{ab} \times 0.25} = \frac{3.75}{0.3 \times 0.25} = 50\,\mathrm{A}$$

となり、負荷電流 i_b は

$$i_b = i_{ab} - i_c = 50 - 25 = 25\,\mathrm{A}$$

正解　$V_{bc} = 2.25$[V]
$i_b = 25$[A]
$i_c = 25$[A]

第4章

機械科目

機械科目は分野が多いですが、本書は重要な４機（直流機・誘導機・同期機・変圧器）に加えて、パワエレ、制御、照明、情報、電動機応用の重要ポイントに絞って解説しています。制御や照明、情報は配点の高いＢ問題でよく出題されますが、基本公式だけでも解ける問題がありますので、読み込んで覚えてしまいましょう。

概要

機械科目をチェック

4機（直流機、誘導機、同期機、変圧器）＋9分野と試験範囲が最も多いのが特徴です

機械科目は右で示す通り、大きく分けて13分野で構成される試験です。

３機（直流機、誘導機、同期機）では、発電機と電動機両方が登場し、文章問題では設備の構造や特性を問う問題、計算問題では回転速度や電流、トルクなどを求める問題が出題されます。変圧器では、変圧器の特性に関する文章問題、等価回路を書いて電流や効率などを求める計算問題が出題されます。

パワーエレクトロニクスでは、整流回路などの実在する製品のしくみを問う文章問題（グラフ問題含む）、数値が与えられ、整流回路などの出力電圧を求める計算問題が出題されます。電動機応用では、主にエレベータやポンプの所要出力を求める計算問題が主に出題されます。慣性モーメントやはずみ車効果に関する文章問題が出題されることもあります。自動制御では、制御工学の基礎知識を問う問題が出題されます。制御方式を問う文章問題も稀に出題されますが、多くの場合、入力と出力の関係性を示す伝達関数に関する計算問題が出題されます。情報では､進数の変換に関する計算問題､フリップフロップ回路などの信号回路に関する問題が出題されます。

照明では、光度や輝度、照度といった光に関する値を求める計算問題が主に出題されます。光分野の知識を問う文章問題も出題されることもあります。**他の科目でも使うピタゴラスの定理や角度に関する知識が深まるので、力を入れて学んでおくべき分野**です。

攻略法としては、４機の基礎を一通り学んだら、簡単な問題が出題されることが多々あるため、パワエレ、電動機応用、照明、自動制御、情報、電熱を早い段階で学ぶのがおすすめです。４機は奥が深く、全てを理解しようとすると膨大な時間が必要になるためです。**４機以外の点数配分が３～４割となっているのも注意が必要です。**

メインとなる分野

4機（直流機、誘導機、同期機、変圧器）	自動制御
パワーエレクトロニクス	情報
電動機応用	照明

「4機の簡単な問題」+「4機以外の問題」で6割を狙いにいくイメージです。難易度の高い問題は捨てることも想定しておきましょう。

POINT

- 全分野で文章問題と計算問題が出題される
- 4機の問題で全問正解を狙うのは無理だと想定しておく

サブとなる分野

電熱	水の温度上昇に必要な熱量の計算問題と加熱方式に関する文章問題が出題される
電気化学	電池の知識に関する文章問題および計算問題が出題される
電気加工	イオン交換膜や電気めっきなどの文章問題が出題される
メカトロニクス	電気と機械を合わせた技術に関する文章問題と計算問題が出題される。主にモーターなどの最新技術に関するものが多い

POINT

- 電気加工以外、文章問題と計算問題の両方が出題される
- 計算問題は基礎問題なので狙い目はある

ワンポイント 苦手分野をなくしてまんべんなく学習しよう

なじみのない「情報」「電熱」、化学式が登場する「電気化学」に手をつけない戦略で試験に臨む方もいますが、結果は非常に厳しいといえます。情報の問題がB問題で出された場合、10点マイナス、さらに電熱と電気化学で10点マイナスとなると、他の問題を全て解いても80点にしかなりません。全く勉強しない分野は1つにしておくべきです。

ランク B　難易度 C

直流機とは

直流機とは、直流の電気を作り出す直流発電機と直流の電気で動く直流電動機をいいます

直流機には**直流発電機**と**直流電動機**があります。直流機の構造は右ページに示していますので、各部分の名称や位置を確認しておきましょう

回転子と固定子

直流機の回転する部分を**回転子**、磁界を出す固定部分を**固定子**といいます。回転子には**電機子巻線を巻き付けた電機子鉄心**、固定子には溝（**スロット**）に**界磁巻線を組み込んだ界磁鉄心**を置きます。これら鉄心や継鉄を設けているのは磁束を通りやすくし、磁束の通り道を作るためです。

ブラシと整流子

ブラシと整流子は、回転子の導線が絡まってしまうことを防止するための設備です。回転子は工夫をせずに回転させてしまうと、回転子巻線が絡まってしまいますが、整流子というリング状のものにブラシを擦り合わせることで電気の通り道を作っています。

●直流発電機の誘導起電力の大きさを求める式

直流発電機は、電磁誘導現象を利用して電気（誘導起電力）を作り出します。誘導起電力は磁界の中で回転子を回転させることで生じます。誘導起電力の大きさを求める式は右の式となります。**この公式を使って、誘導起電力を求めることが重要です。**

●直流電動機が作る力の大きさを求める式

直流電動機はコイルに直流の電流を流すことで生じる力を利用して回転します。発生する力の向き（回転の向き）は**フレミングの左手の法則**に従います。**公式を用いて力、トルク、出力を求められるようにしましょう。**

直流機のイメージ図

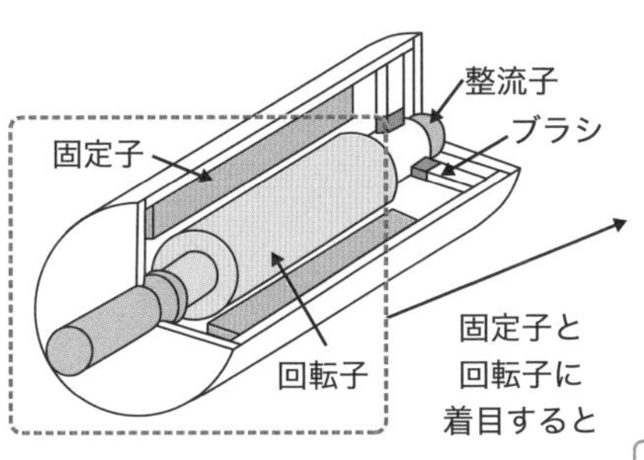

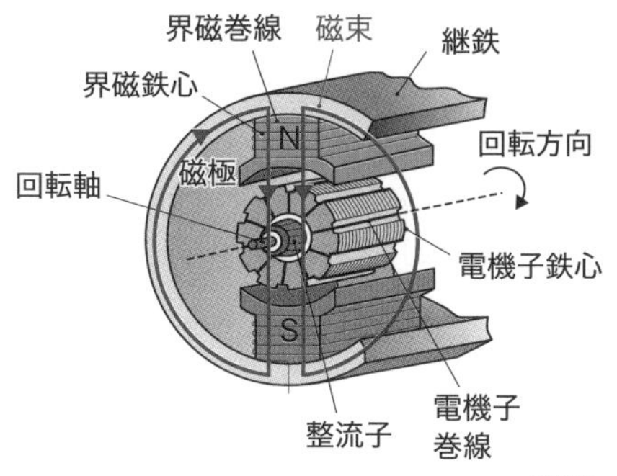

各部品の名称と場所を確実に覚えましょう。

直流機の重要公式

直流発電機の誘導起電力	直流電動機が作る力
$E=\dfrac{pZ}{60\alpha}\Phi N$	$F=\dfrac{p\Phi}{\pi D\ell}\times\dfrac{I_a}{\alpha}\times\ell$

E：発電機の誘導起電力 [V]

P：磁極数

Z：電機子の全導体数

Φ：1 極あたりの磁束 [Wb]

N：電機子の回転速度 [min^{-1}]

D：電機子の直径 [m]

ℓ：電機子の長さ [m]

α：並列回路数

F：電動機に発生する力 [N]

I_a：電機子電流 [A]

直流電動機を動かす力の大きさは、磁束と電機子電流に比例します。直流発電機の誘導起電力の大きさは、磁束と回転速度に比例します。

ワンポイント フレミングの法則との関係

誘導起電力を求める公式はフレミングの右手の法則、直流電動機を動かす力を求める公式はフレミングの左手の法則に由来しています。公式を暗記する人もいますが、公式を導けるようにしておけば、忘れたときでも対応することができます。まずは公式を使う経験をして、余裕ができたら導出を経験するとよいでしょう。

直流機　ランク B　難易度 C

直流機の種類ごとの電圧・電流

直流機には励磁方式や結線方式によってさまざまな種類があり、電圧・電流の式が異なります

直流機は励磁（れいじ）方式（界磁電流を流す方法）や結線方式によって分類されていますが、それぞれ性能が異なります。励磁方式には、大きく分けて**自励式**と**他励式**があります。

● 自励式

自励式は自らの電源で界磁電流を流して磁界を作ることができる励磁方式です。さらにその界磁巻線と電機子巻線の結線の違いにより、**直巻式**、**分巻式**、複巻式に分類することができます。

直巻式：電機子回路と界磁回路が直列接続された回路

分巻式：電機子回路と界磁回路が並列接続された回路

複巻式：直巻式と分巻式を組み合わせた回路

● 他励式

他励式は磁束を発生させる界磁回路と電機子回路が完全に分かれており、界磁回路の電源を別に設置して界磁電流を流す必要のある励磁方式です。

直流機の等価回路

直流機の中で出題頻度の高い直巻式、分巻式、他励式について、等価回路図を右ページにまとめています。

等価回路の関係式は、端子電圧Vと誘導起電力（逆起電力）E_a、電機子巻線抵抗r_a、電機子電流I_aの関係をまとめた式です。発電機と電動機では端子電圧と誘導起電力（逆起電力）の関係が反対となるため、界磁電流の符号には注意しましょう。

試験本番の問題では直流発電機や直流分巻電動機といった言葉だけが与えられて、回路図は与えられないことがほとんどのため、関係式を覚えておく必要があります。

直流機の種類

		発電機	電動機
自励式	直巻式	$V=E_a-(r_a+r_f)I_a$	$E_a=V-(r_a+r_f)I_a$
		I_a, I_f, I_L, r_a, r_f, E_a, V, 負荷抵抗R_L	I_a, I_f, I, r_a, r_f, E_a, V, 電源
	分巻式	$V=E_a-r_aI_a$	$E_a=V-r_aI_a$
		I_a, I_f, I_L, r_a, r_f, E_a, V, 負荷抵抗R_L 並列になっている	I_a, I, I_f, r_a, r_f, E_a, V, 電源
他励式		$V=E_a-r_aI_a$	$E_a=V-r_aI_a$
		I_f, r_f, E_f, I_a, r_a, E_a, V, I_L, 負荷抵抗R_L	I_f, r_f, E_f, I_a, r_a, E_a, V, I, 電源

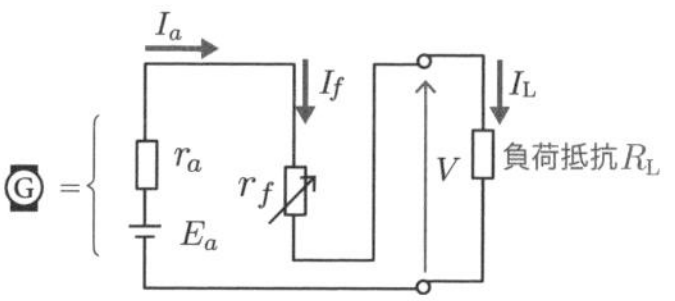

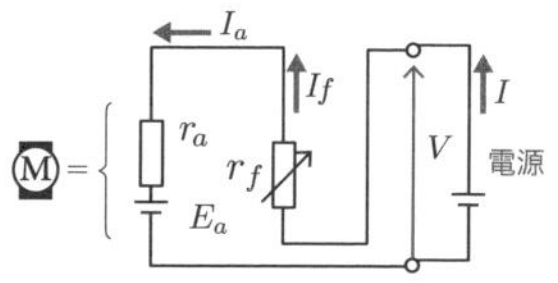

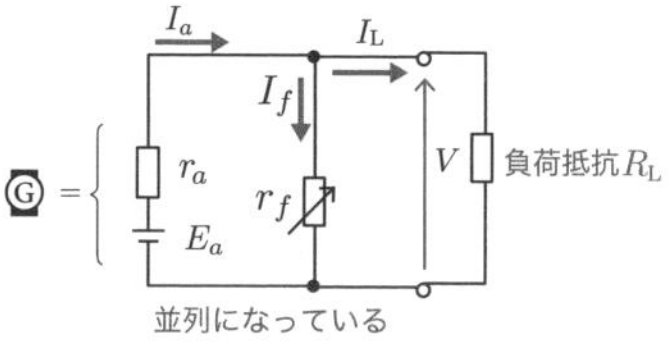

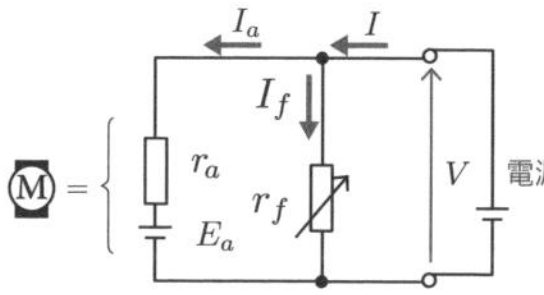

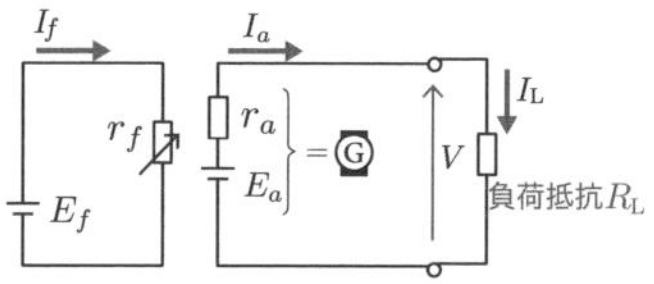

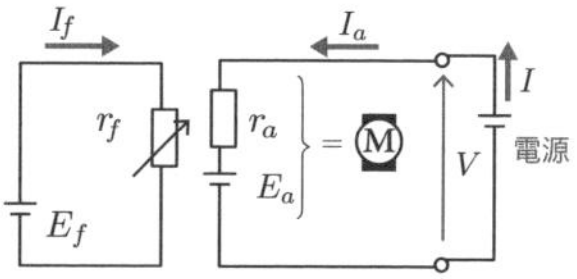

V：端子電圧　r_a：電機子巻線の抵抗　I_a：電機子電流

E_a：誘導起電力　r_f：界磁巻線の抵抗　I_f：界磁電流

E_f：励磁電圧　I：電源の総電流　I_L：負荷電流

ワンポイント　各励磁方式や結線方式の意味を理解しよう

直流機は「６つの式」と「等価回路」を書けるようになれば、ほとんどの問題に対応できます。

04

直流電動機のトルクと出力

直流電動機のトルクと出力には「$P_o = \omega T$」の関係があります

直流電動機の回転する力であるトルクは、物を動かす力そのものです。直流電動機のトルクを求める公式は、このページ左下に示した式となります。**考え方自体は基礎編で学習したトルクの考え方と同じであり、「力×回転子の半径」から式を導くことができます。**直流電動機にはコイル（導体）が複数組み込まれているので、その分だけ力は大きくなります。一般的に導体数と呼ばれていて、Zの記号を使うことが多いです。

直流電動機のトルクと出力の関係

直流電動機のトルクTと電動機出力P_oとの間には、「$P_o = \omega T$」の関係性が成り立ちます。トルクTに角速度ω[rad/s]を掛け算することで出力を求めることができます。

右ページに直流電動機にかかる力およびトルクの公式の導出方法を解説しました。近年の電験では、重要な公式の導出過程についても問われることがあります。まずは**導体１本あたりの式を立てて、最後に導体数をかける**という基本の考え方を学んでおきましょう。密度の求め方は他の場面でも使用することがありますので、理解しておくと役立ちます。

トルクを求める公式

$$T = \frac{pZ}{2\pi\alpha}\Phi I_a$$

トルクと出力の関係

$$P_o = \omega T$$

T：トルク [N・m]
p：極数 [個]
Z：導体数 [本]
Φ：1 極当たりの磁束 [Wb]
I_a：電機子電流 [A]
α：並列回路数
P_o：電動機の出力 [W]
ω：角速度 [rad/s]

トルクを求める公式の導出

①電機子１本に生じる力を求める公式

右の図は電機子のイメージ図です。
フレミングの左手の法則により
電機子１本に生じる力は下記の
式で表されます。

$F = BI\ell[\mathrm{N}]$

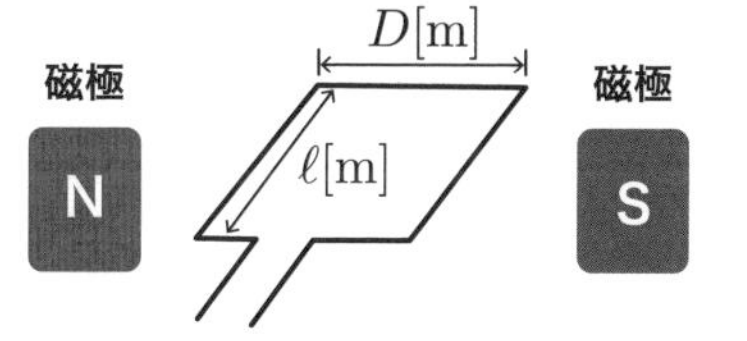

②磁束密度 B を求める

磁束密度は $\dfrac{全磁束}{面積}$ で求めます。

全磁束＝１極当たりの磁束 Φ × 磁極数 p

面積＝磁束を受ける面の面積 $\pi D\ell$

であることから

$B = \dfrac{p\Phi}{\pi D\ell}$ となります。

③電流 I を求める

電機子電流を I_a、電機子巻線の並列回路数を α とすると、電機子１本に流れる電流 I は

$I = \dfrac{I_a}{\alpha}$ となります。

④ $F = BI\ell$ に代入する

$F = BI\ell$ の式にそれぞれ代入すると

$$F = BI\ell = \frac{p\Phi}{\pi D\ell} \times \frac{I_a}{\alpha} \times \ell$$

$$F = \frac{p\Phi I_a}{\pi D\alpha}$$

となります。

⑤トルクを求める

導体１本当たりにかかるトルク T' は

$T' = F \times \dfrac{D}{2}$ ですので

$$T' = \frac{p\Phi I_a}{\pi D\alpha} \times \frac{D}{2} = \frac{p\Phi I_a}{2\pi\alpha}$$

となります。

⑥全体のトルクを求める

⑤のトルクは導体１本当たりのトルクであるので、
導体数が Z 本の場合で考えると

$$T = T' \times Z$$

$$T = \frac{p\Phi I_a}{2\pi\alpha} \times Z = \frac{pZ}{2\pi\alpha}\Phi I_a[\mathrm{N \cdot m}]$$

ランク B　難易度 C

直流電動機の速度特性とトルク特性

直流電動機の回転速度の変化は「速度特性」、トルクの変化は「トルク特性」で表せます

直流電動機は負荷が変化すると、回転速度とトルクも変化するといった特徴があります。負荷電流と回転速度の関係を表す**速度特性**と負荷電流とトルクの関係を表す**トルク特性**が重要になります。

速度特性

直流電動機は、回転速度をコントロールすることが非常に大切です。直巻式は負荷が小さい領域では回転速度が高く、**無負荷だと高速回転となり危険であるためです。**分巻式および他励式は負荷が変化しても、回転速度はほぼ一定という特徴があります。

トルク特性

直巻式のトルクは**磁気飽和が起こるまでは負荷電流の２乗、磁気飽和が起こってからは負荷電流に比例**します。

●直流電動機の回転速度制御

直流電動機の回転速度を求める式は、右に示す式の通りです。誘導起電力の式$E=\frac{pZ}{60a}\Phi N$を変形することで求めることができます。**式の赤丸で囲んだ値を変えることで、速度制御することができます。**それぞれ速度の制御方法に名前が付いており、界磁Φを変える速度調整方法を**界磁制御法**、端子電圧Vを変える速度調整方法を**電圧制御法**、電機子と直列に可変抵抗を入れて電機子抵抗を変える速度調整方法を**抵抗制御法**といいます。

直流電動機を急に停止させるためには、電気的な方法として３つあります。電動機を電源から切り離して抵抗を接続する**発電制動**、電動機を発電機として運転し発電した電力を電源に戻す**回生制動**、電機子端子を逆に接続して逆トルクを発生させる**逆転制動**があります。

直巻式の速度特性とトルク特性

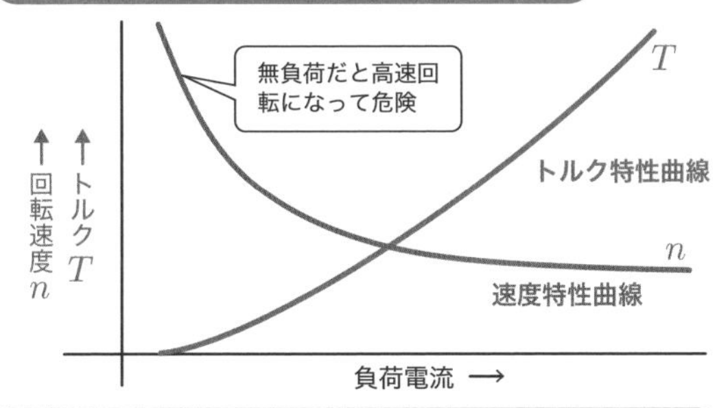

分巻式と他励式の速度特性とトルク特性

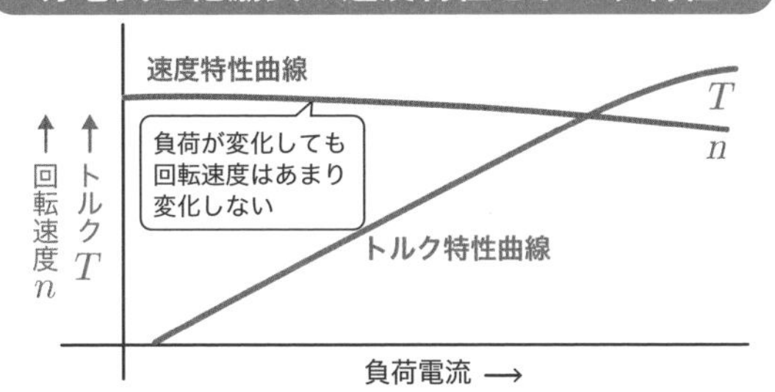

直流電動機の速度制御

$$N = \frac{V - r_a I_a}{K_1 \Phi}$$

N：回転速度 [min^{-1}]

V：端子電圧 [V]

r_a：電機子抵抗 [Ω]

Φ：1 極あたりの磁束 [Wb]

I_a：電機子電流 [A]

K_1：$\frac{pZ}{60a}$ (製造時によって決まる定数)

ワンポイント 速度制御の方法を理解しよう

速度制御に関する問題を解くうえで、上記の式が非常に重要です。変化させられるパラメータと速度制御方法をセットで覚えておくとよいでしょう。

直流機分野の例題

直流分巻電動機が電源電圧100 V、電機子電流25 A、回転速度1500 min^{-1}で運転されている。このときのトルクT[N・m]の値はいくらか。ただし、電機子回路の抵抗は0.2 Ωとし、ブラシの電圧降下及び電機子反作用の影響は無視できるものとする。

【平成 17 年・問 2】

解答

電機子電圧E_a[A]は、電源電圧をV[V]、電気子抵抗をr_a[Ω]、電機子電流をI_a[A]とすると

$$E_a = V - r_a I_a = 100 - 0.2 \times 25 = 95\,\mathrm{V}$$

出力 P_0[W] は、

$$P_0 = E_a \times I_a = 95 \times 25 = 2375\,\mathrm{W}$$

角速度ωは、回転速度を $N[\mathrm{min}^{-1}]$ とすると

$$\omega = 2\pi \times \frac{N}{60} = 2\pi \times \frac{1500}{60} = 50\pi$$

$P_0 = \omega T$ なので

$$T = \frac{P_0}{\omega} = \frac{2375}{50\pi} \fallingdotseq 15.1\,\mathrm{N \cdot m}$$

したがって、答えは 15.1 N・m となります。

正解　15.1 [N・m]

電機子巻線が重ね巻である4極の直流発電機がある。電機子の全導体数は576で、磁極の断面積は$0.025\,\mathrm{m}^2$である。この発電機を回転速度$600\,\mathrm{min}^{-1}$で運転しているとき、端子電圧は$110\,\mathrm{V}$である。このときの磁極の平均磁束密度[T]の値はいくらになるか。ただし、漏れ磁束はないものとする。

【平成18年・問1】

解答

直流発電機の誘導起電力E[V]は、極数をp[極]、全導体数をZ、並列数をa、磁束を$\varPhi$[Wb]、回転速度をN[min^{-1}]とすると

$$E = \frac{pZ}{60a}\varPhi N$$

上式を変形すると（重ね巻は、極数＝並列数なので）

$$\varPhi = E \times \frac{60a}{pZN} = 110 \times \frac{60 \times 4}{4 \times 576 \times 600} \fallingdotseq 0.0191\,\mathrm{Wb}$$

平均磁束密度をB[T]、磁極の断面積をA[m^2]とすると

$$B = \frac{\varPhi}{A} = \frac{0.0191}{0.025} \fallingdotseq 0.76\,\mathrm{T}$$

したがって、答えは$0.76\,\mathrm{T}$となります。

正解　0.76[T]

誘導機とは

誘導機は回転機であり、交流電流を発生させる誘導発電機、交流電流で駆動する誘導電動機のことをいいます

誘導機は回転子と固定子のずれ（**すべり**）を利用した回転機です。誘導機には単相と三相がありますが、三相誘導電動機を例に解説します。

三相誘導電動機の動作原理としては、まず固定子に三相交流電流を供給して**回転磁界**を作ります。それに伴い、回転子には回転磁界を打ち消そうと**誘導電流**が生じます。回転子に電流が流れると、**フレミングの左手の法則**に基づき、回転子に**電磁力（回転力）**が発生します。

すべりの定義

すべりは同期速度に対する回転子の相対速度と定義されています。

すべりsを求める公式

$$s = \frac{N_s - N}{N_s} \times 100[\%]$$

N_s：同期速度 [min^{-1}]

N：実際の回転速度 [min^{-1}]

※同期速度：固定子が発生させる回転磁界の回転速度

誘導電動機の種類

誘導電動機には、**かご形**と**巻線形**の二種類があります。

- **かご形誘導電動機**

かご形誘導電動機は**構造が簡単で堅ろう**といった特徴があります。回転子は、溝（スロット）を作った薄いケイ素鋼板を積み重ねた鉄心に、導体棒（ローターバー）を通して**短絡環（エンドリング）**で短絡したものです。

- **巻線形誘導電動機**

巻線形誘導電動機は構造が複雑ですが、回転子に**スリップリング**を取り付けて外部抵抗を接続し、抵抗の大きさを変えて電流をコントロールすることで、回転速度の調整ができます。

三相誘導電動機の構造と動作原理

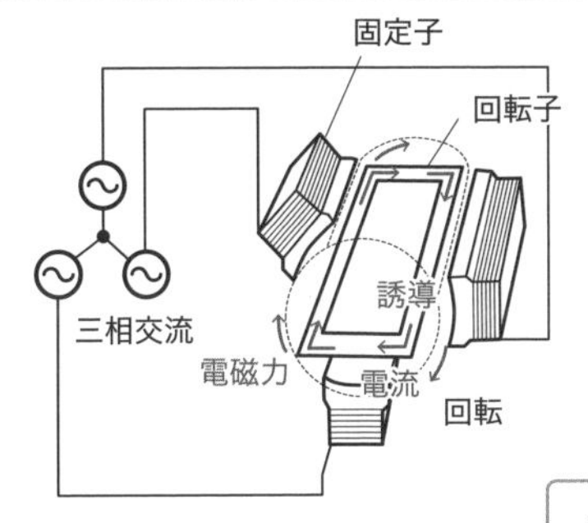

動作原理

①固定子に三相交流電流を供給
⇒回転磁界が発生

②回転子に誘導電流が発生

③フレミングの左手の法則により回転子に
電磁力が生じて回転する

誘導電流は回転磁界を打ち消そうとして生じます。

すべりの意味一覧

$s=1$	起動時もしくは停止時の状態
$s=0$	回転子と同期速度の速度が同じ状態（無負荷状態）
$0<s<1$	同期速度より回転子が遅れている状態（負荷がある状態）

$s>1$	逆相制動（逆相ブレーキ）状態（すべりが大きい状態）
$s<0$	発電機として動作している状態（回転子が同期速度より速い状態）

誘導電動機の種類

かご形誘導電動機

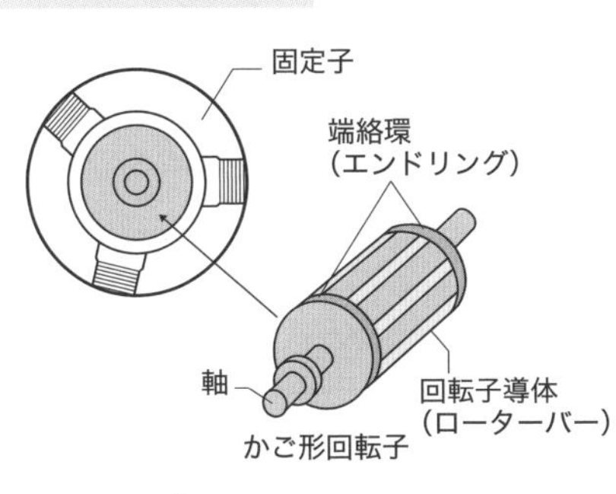

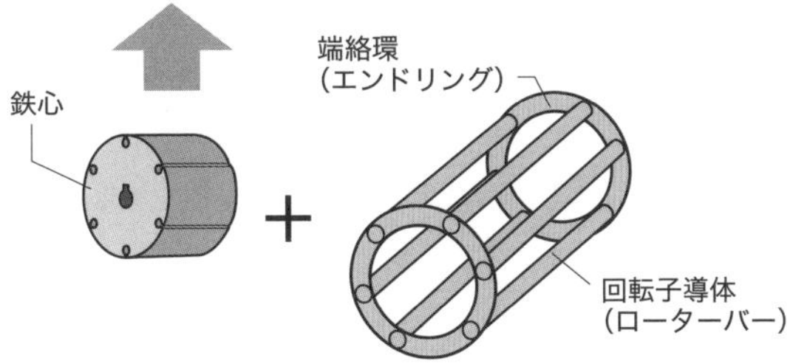

巻線形誘導電動機

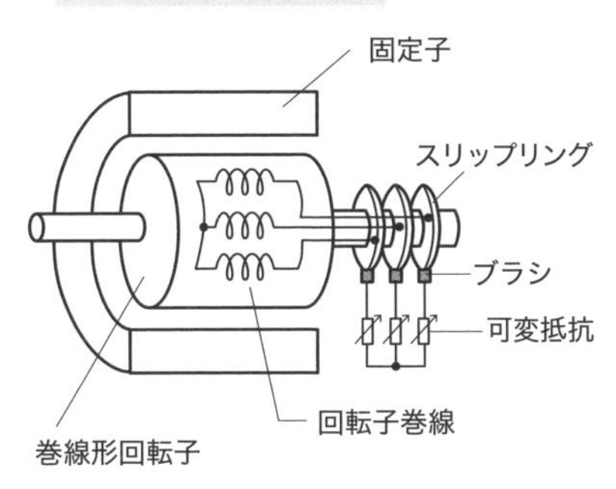

誘導電動機の等価回路

誘導電動機は等価回路を用いることで電流計算などを行うことができます

誘導電動機の等価回路には、**理想の等価回路、T形等価回路、L形等価回路**があります。理想の等価回路とは、固定子と回転子を一次側、二次側として独立した回路で表した回路をいいます。一方で、T形等価回路とは理想の等価回路の二次側を一次側に換算した回路をいい、L形等価回路はさらに励磁電流I_0による電圧降下I_0Z_1を無視して、励磁アドミタンスを電源側に移した回路をいいます。**試験ではL形等価回路で計算するのがほとんどです。**

L形等価回路とは

右に示したL形等価回路において、**電流**I'_1、**二次入力**P_{21}、**二次銅損**P_{c2}、**二次出力（機械的出力）**P_mは次の式で表すことができます。二次入力とは、一次側から二次側に伝達される電力をいい、二次出力は、二次入力から二次銅損を差し引いた電力をいいます。

●電流I'_1

$$I'_1 = \frac{V_1}{\sqrt{\left(r_1 + \frac{r'_2}{s}\right)^2 + (x_1 + x'_2)^2}}[\mathrm{A}]$$

●二次入力P_{21}・二次銅損P_{c2}・二次出力（機械的出力）P_m

$$P_{21} = 3I'^2_2\frac{r'_2}{s}[\mathrm{W}]$$
$$P_{c2} = 3I'^2_2 r'_2[\mathrm{W}]$$
$$P_m = P_{21} - P_{c2} = 3I'^2_2\frac{1-s}{s}r'_2[\mathrm{W}]$$

二次入力と二次銅損、機械的出力の比率が「$P_{21} : P_{c2} : P_m = 1 : s : 1-s$」となる結果も覚えておきましょう。

理想の等価回路

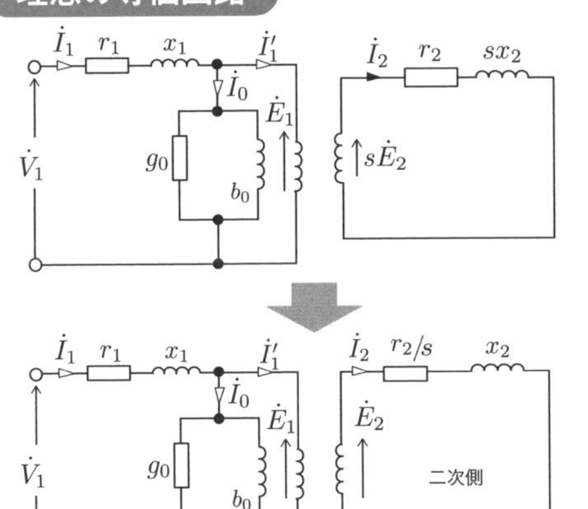

$$I_2 = \frac{E_2}{\sqrt{\left(\frac{r_2}{s}\right)^2 + (x_2)^2}} [\mathrm{A}]$$

二次電流の式を変形して
回路図を書き換えます。

$$I_2 = \frac{E_2}{\sqrt{\left(\dfrac{r_2}{s}\right)^2 + (x_2)^2}} [\mathrm{A}]$$

T形等価回路とL形等価回路

T形等価回路

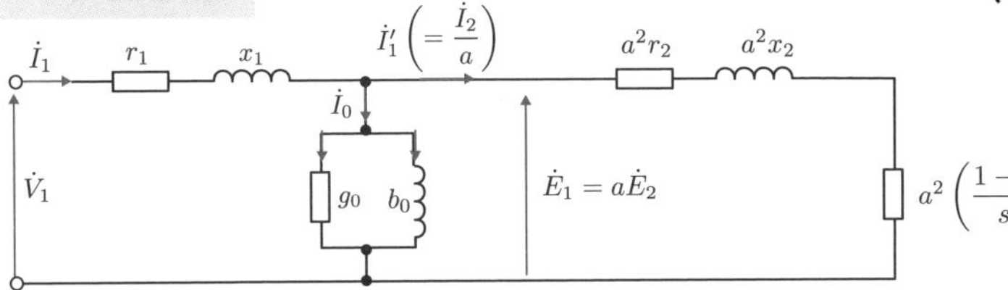

L形等価回路

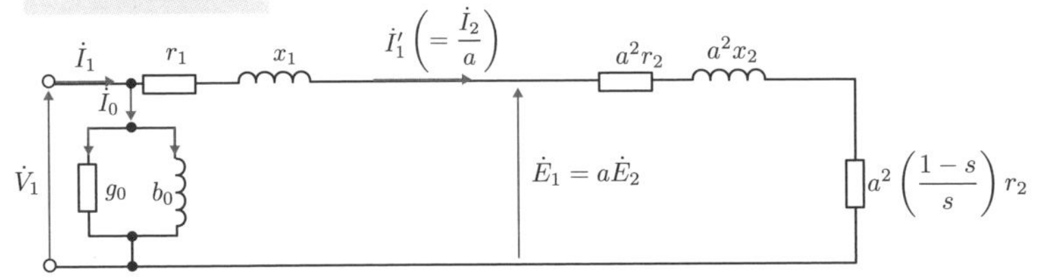

V_1：一次相電圧 [V]　　a：巻線比（$= E_1/E_2$）

I_1'：一次換算した二次電流 [A]　　g_0：励磁コンダクタンス（$= 1/r$）

r_1：一次抵抗 [Ω]　　b_0：励磁サセプタンス（$= 1/x$）

x_1：一次漏れリアクタンス [Ω]

$a^2 r_2 (= r_2')$：一次換算した二次抵抗 [Ω]

$a^2 x_2 (= x_2')$：一次換算した二次漏れリアクタンス [Ω]

誘導電動機の機械的出力とトルク

誘導電動機の機械的出力はトルクと比例関係にあります

誘導電動機の機械的出力

誘導電動機の機械的出力は、誘導電動機に働くトルクと角速度ωの積で求めることができます。この式を変形すると、トルクを求める式になります。トルクの式は**機械的出力を二次入力とすべり、角速度を同期角速度とすべり**で表した式もよく使います。

また、回転子の回転速度が同期速度Nsになったときの機械的出力P'は二次入力P_2[W]と等しくなります。このときの機械的出力を**同期ワット**と呼んでいます。

トルクの比例推移

巻線形誘導電動機はスリップリングを通して二次回路の抵抗に外部抵抗を接続できるので、運転性能を変えることができます。トルクとすべり、二次回路の抵抗の関係を整理したグラフを「**トルクの比例推移**」といいます。

たとえば、誘導電動機がトルクTですべりsで運転しているとき、二次回路の抵抗に外部抵抗Rを入れてm倍の抵抗とした場合、すべりもm倍となることで同じトルクが得られます。

また、トルクの比例推移から、適切な大きさの外部抵抗を入れて、**始動時（すべり＝1）の始動トルクを大きくするといった始動特性の改善**が可能となります。

ちなみに、かご形誘導電動機はスリップリングがなく、外部抵抗を接続できないのでトルクの比例推移を利用することができません。

誘導電動機の機械的出力とトルク

$$\text{機械的出力 } P_m = \omega T = 2\pi\left(\frac{N}{60}\right)T$$

$$\text{トルク } T = \frac{P_m}{\omega} = \frac{P_2(1-s)}{\omega_s(1-s)}$$

機械的出力の式を変形するとトルクの式になります。

P_m：機械的出力 [W]
ω：角速度 [rad/s]
T：トルク [N・m]
N：回転速度 [min^{-1}]
P_2：二次入力 [W]
ω_s：同期角速度 [rad/s]
s：すべり
P'_m：同期ワット

$N = N_s$ の場合

$$P'_m = \omega_s T = 2\pi\left(\frac{N_s}{60}\right)T$$

トルクの比例推移

$$\frac{r_2}{s} = \frac{mr_2}{ms} = \frac{r_2 + R}{s'}$$

r_2：二次回路の抵抗 [Ω]
R：外部抵抗 [Ω]
s：すべり
s'：外部抵抗挿入後のすべり

トルク↑
mr_2
r_2
$s = 1$（停止）　ms　s　0
← すべり s

赤枠で囲った範囲は「外部抵抗を接続し二次抵抗の値が m 倍になると、すべりも m 倍になったところでトルクが等しくなること」を表します。

09

ランク B　難易度 C

誘導電動機の始動方式と速度制御方式

誘導電動機を始動する方法と回転速度を制御する方法にはさまざまな種類があります

誘導電動機には、かご形誘導電動機と巻線形誘導電動機がありますが、ここではその始動方法と回転速度の制御方法を学びます。

誘導電動機の始動方法

● 全電圧始動法（直入始動法）

定格電圧をそのまま加える始動法です。始動電流が大きい割に始動トルクは大きくありません。

● Y − Δ始動法

一次巻線を Y **結線**にして始動することで回転子にかかる電圧を$1/\sqrt{3}$倍、始動電流を 1/3 倍にできる始動法です。加速したのち、Δ結線にします。

● 始動補償器法

誘導電動機の一次側に**変圧器**を接続して始動電圧を下げる方法です。ある程度、回転速度が上昇すれば変圧器を回路から外し、定格電圧で運転します。

● リアクトル始動法

誘導電動機の一次側に**リアクトル**を接続して、始動電流を低く抑える始動法です。回転数上昇後に回路から外します。

● 二次抵抗始動法

巻線形誘導電動機のみ、採用できる始動方法として**二次抵抗始動法**があります。巻線形電動機はかご形誘導電動機と違い、**外部抵抗を接続できるので、二次側抵抗の大きさを調整して始動することができます。**

誘導電動機の速度制御

誘導電動機の速度は同期速度とすべりから求められます。回転速度の式の赤丸で囲った値を変化させることで、誘導電動機の速度制御を行います。

誘導電動機の始動方式

全電圧始動法 (直入始動法)	定格電圧をそのまま加える方法
Y－Δ 始動法	始動時は一次巻線をY結線、加速後にΔ結線とする方法
始動補償器法	一次側に三相単巻変圧器を接続して始動電圧を下げて始動する方法
リアクトル始動法	一次側にリアクトルを接続して始動電流を抑えて始動する方法
二次抵抗始動法	回転子に外部抵抗を接続して始動電流を抑えて始動する方法

誘導電動機の速度制御

回転速度　$N = N_s(1-s) = \dfrac{120f}{p}(1-s)$

一次周波数制御	供給電圧の周波数を変えて回転速度を制御します
極数切り替え	極数を変えて速度を制御します
一次電圧制御	供給電圧の大きさを変えて、すべりを変化させ、速度を制御します
二次抵抗制御	二次側に接続した抵抗の値の大きさを変えることですべりと速度を制御します
二次励磁制御	二次回路に外部から電圧を加えてすべりと速度を制御します(クレーマ方式とセルビウス方式があります)

問題にチャレンジ

問題　誘導電動機の極数を４から８にした場合、回転速度は２倍となる。○か×か。

解説　回転速度は極数に反比例するので、1/2 倍となります。　答え：×

誘導機分野の例題

定格出力7.5 kW、定格電圧220 V、定格周波数60 Hz、8 極の三相巻線形誘導電動機がある。この電動機を定格電圧、定格周波数の三相電源に接続して定格出力で運転すると、82 N・mのトルクが発生する。この運転状態のときの回転速度[min^{-1}]を求めよ。　【平成 20 年・問 15 改】

解答

出力P[W]は、角速度ω、回転速度をN[min^{-1}]とすると、

$$P = \omega T = 2\pi \times \frac{N}{60} \times T$$

上式を変形すると

$$N = P \times \frac{60}{2\pi T} = 7.5 \times 10^3 \times \frac{60}{2\pi \times 82} \fallingdotseq 874\,\mathrm{min}^{-1}$$

正解　874 [min^{-1}]

極数 4 で50 Hz用の巻線形三相誘導電動機があり、全負荷時のすべりは4 %である。全負荷トルクのまま、この電動機の回転速度を1200 min^{-1}にするために、二次回路に挿入する 1 相当たりの抵抗[Ω]の値はいくらか。ただし、巻線形三相誘導電動機の二次巻線は星形（Y）結線であり、各相の抵抗値は0.5 Ωとする。　【平成 22 年・問 4】

解答

同期速度N_s[min^{-1}]は、周波数をf[Hz]、極数をp[極]とすると

$$N_s = \frac{120f}{p} = \frac{120 \times 50}{4} = 1500\,\mathrm{min}^{-1}$$

回転速度Nが1200 min^{-1}のときのすべりs'は

$$s' = \frac{N_s - N}{N_s} = \frac{1500 - 1200}{1500} = 0.2$$

二次巻線の抵抗値をr_2[Ω]、二次回路に挿入する抵抗をR[Ω]とすると、
比例推移の性質より

$$\frac{r_2}{s} = \frac{r_2 + R}{s'}$$

$$\frac{r_2}{s} \times s' = r_2 + R$$

$$R = \frac{0.5}{0.04} \times 0.2 - 0.5 = 2.00$$

正解　2.00 [Ω]

二次電流一定（トルクがほぼ一定の負荷条件）で運転している三相巻線形誘導電動機がある。すべり 0.01 で定格運転しているときに、二次回路の抵抗を大きくしたところ、二次回路の損失は 30 倍に増加した。電動機の出力は定格出力の何%になったか。

【平成 25 年・問 4】

解答

二次電流I_2とトルクが一定より、トルクの比例推移を利用できます。

$$\frac{r_2}{s} = \frac{mr_2}{ms} = \text{一定}$$

また、二次回路の損失P_{c2}は$P_{c2} = 3r_2I_2^2$で表されることから二次電流I_2が一定の場合、P_{c2}は二次抵抗r_2によって決まります。

したがって、P_{c2}が 30 倍に増加した場合、r_2が 30 倍に増加したと考えられます。

このときの滑りをS'とすると、トルクの比例推移より

$$S' = 30 \times 0.01 = 0.3$$

となります。

滑り 0.01 のときの出力P_m、滑り 0.3 のときの出力P'_mをそれぞれ求めると

$$P_m = (1 - S)P_2 = (1 - 0.01)P_2 = 0.99P_2$$

$$P'_m = (1 - S')P_2 = (1 - 0.3)P_2 = 0.7P_2$$

$$\frac{P'_m}{P_m} = \frac{0.7P_2}{0.99P_2} \fallingdotseq 0.707$$

正解　70.7 [%]

同期機とは

同期機は同期速度で回転する回転機で、交流電流を生む同期発電機、交流電流で駆動する同期電動機があります

同期機とは、回転子が回転磁界と同期して回転する交流機のことをいいます。同期発電機と同期電動機の構造は同じです。右の図は同期発電機の構造を表した図ですが、磁石を回転させることで周りのコイルに電気を作り出します。磁石は永久磁石を用いる場合もありますが、無効電力の調整や磁束を強くすることができないことから、大型の発電機の場合には**鉄心（界磁鉄心）にコイルを巻いた電磁石**を採用します。

界磁方法の違い

同期機は界磁方法の違いにより、**回転界磁形**と**回転電機子形**に分けることができます。回転界磁形は回転子に界磁巻線を巻く構造で、回転電機子形は直流機と同様、固定子に界磁巻線を巻く構造です。

ちなみに、水力発電所や火力発電所、原子力発電所などの発電機はほとんどが**回転界磁形同期発電機**です。

同期発電機と同期電動機のしくみ

回転界磁形同期発電機は界磁巻線に直流電流（励磁電流）を供給したのち、蒸気の力などで**回転子を回転させることで回転磁界を作り出します。**フレミングの右手の法則に従い、固定子（電機子巻線）に誘導起電力が発生します。これが同期発電機の動作原理です。

また、回転界磁形同期電動機は界磁巻線に直流電流（励磁電流）を流したのち、**固定子（電機子巻線）に三相交流電流を供給して回転子の周りに回転磁界を作ります。この回転磁界につられて回転子が回転します。**これが同期電動機の動作原理です。

同期発電機（回転界磁形）の構造と動作原理

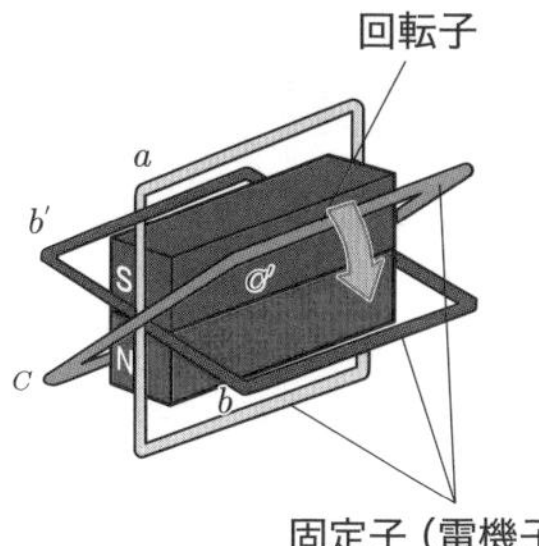

動作原理

①界磁巻線に直流電流（励磁電流）を供給
②タービン（回転子）を回す
③電機子巻線に誘導起電力が発生

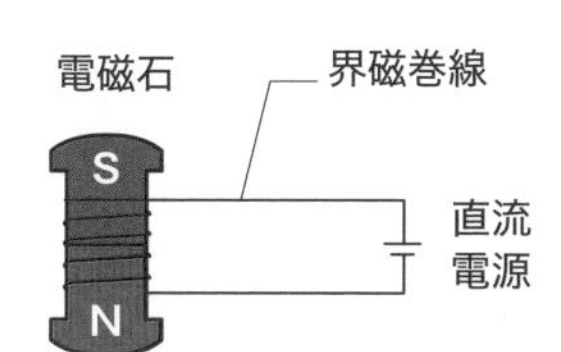

電磁石には直流電源と
界磁巻線が必要です。

同期発電機が作り出す電気（１相当たりの誘導起電力）

$$E = 4.44fN\Phi[\mathrm{V}]$$

E：誘導起電力 [V]
f：周波数 [Hz]
N：巻数
Φ：1 極当たりの磁束 [Wb]

同期電動機の動作原理

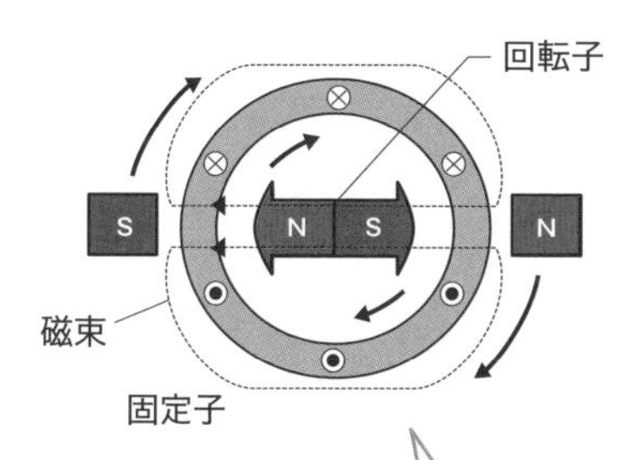

動作原理

①界磁巻線に直流電流（励磁電流）を供給
②電機子巻線に三相交流を供給
③回転磁界につられて回転子が回転

固定子に発生する回転磁界ですが、図のように磁石が回転
しているイメージを思い浮かべるとわかりやすいです。

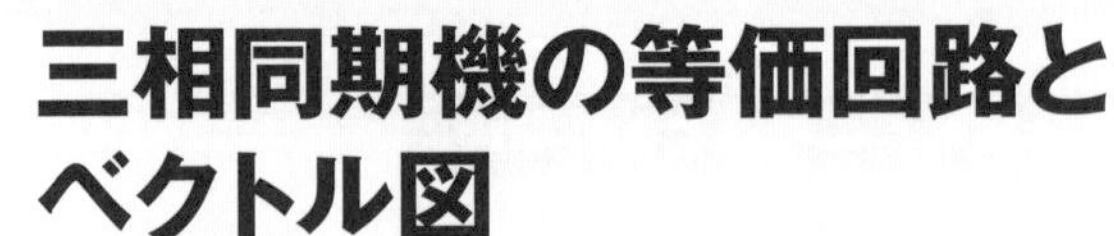

11 三相同期機の等価回路とベクトル図

三相同期機の等価回路とベクトル図はセットで理解するのがポイントです

三相同期発電機と三相同期電動機の等価回路（1相分）は、それぞれ右のように表すことができます。同期機が持つ電流の流れにくさは、**電気子巻線抵抗**、**電機子反作用によるリアクタンス**、**漏れリアクタンス**で表します。電機子反作用によるリアクタンスと漏れリアクタンスを足し合わせたものを**同期リアクタンス**と定義し、電機子巻線抵抗と同期リアクタンスを合わせたものを**同期インピーダンス**といいます。一般的に$\dot{Z}_s = r_a + jx_s[\Omega]$と表します。

●電機子反作用によるリアクタンス

電機子反作用とは電機子に電流が流れたときに生じる磁界が主磁束に影響を与える現象をいい、その影響分を考慮したリアクタンスです。

●漏れリアクタンス

電機子反作用で発生する磁束のうち、一部の磁束は主磁束に影響しません。この分を考慮したリアクタンスです。

電圧の関係式とベクトル図

等価回路にキルヒホッフの電圧則を適用すると、**同期発電機には$\dot{E} = \dot{V} + \dot{Z}_s\dot{I}$、同期電動機には$\dot{V} = \dot{E} + \dot{Z}_s\dot{I}$**の関係式が成り立ちます。ベクトル図はこの関係式に基づいたものです。

ベクトル図の書き方ですが、参考までに同期発電機を例に解説します。まずは基準とする電圧や電流を書きます。今回は端子電圧$\dot{V}$を水平に書くことを決めて、抵抗の電圧降下$r_a\dot{I}$、同期リアクタンスの電圧降下のベクトルを書いて足し合わせます。最後に点Oと同期リアクタンスの電圧降下$jx_s\dot{I}$のベクトルの終端を結び、これが誘電起電力$\dot{E}$となります。等価回路やベクトル図を用いる際、**電圧はすべて相電圧**という点に注意しましょう。

同期機の等価回路（１相分）

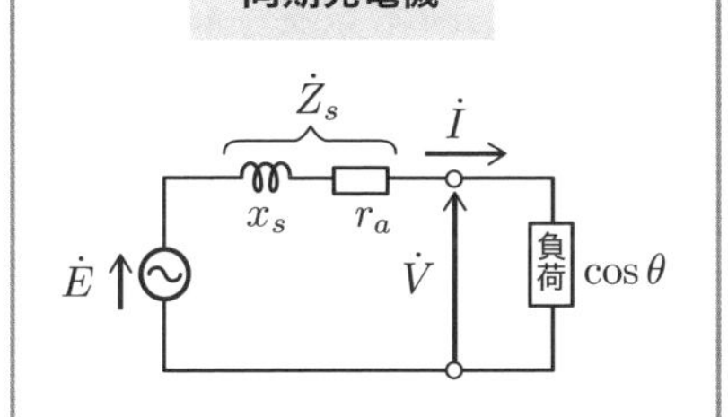

同期電動機

$\dot{I}$　$\dot{Z}_s$　x_s　r_a　電源　$\dot{V}$　$\dot{E}$

$\dot{E}$：誘導起電力 [V]　　$\dot{V}$：端子電圧 [V]

r_a：電機子巻線抵抗 [Ω]　　x_s：同期リアクタンス [Ω]

$\dot{Z}_s$：同期インピーダンス [Ω]　　θ：力率角

電圧の関係式は
発電機：$\dot{E} = \dot{V} + \dot{Z}_s\dot{I}$
電動機：$\dot{V} = \dot{E} + \dot{Z}_s\dot{I}$
と覚えましょう！

同期発電機のベクトル図

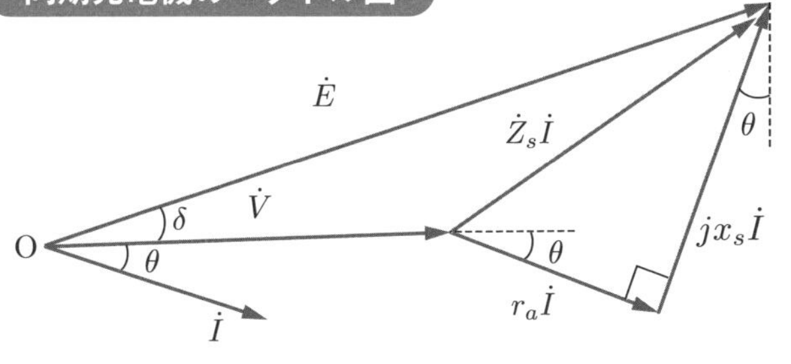

θ: 力率角

δ: 負荷角

関係式をベクトル図にしました。

ベクトル図の書き方

①端子電圧 $\dot{V}$ を描く（基準とする）

②遅れ力率の電流 $\dot{I}$ を描く

③抵抗の電圧降下 $r_a\dot{I}$ を描く

④同期リアクタンスの電圧降下分 $jx_s\dot{I}$ を描く

⑤ $r_a\dot{I}$ と $x_s\dot{I}$ を足し合わせた $\dot{Z}_s\dot{I}$ を描く

⑥点Oと $\dot{Z}_s\dot{I}$ の終点とを結び、誘導起電力 $\dot{E}$ を描く

同期電動機であれば内部誘導起電力 $\dot{E}$ を基準とします。

12 同期機 ランク B 難易度 B

三相同期機の出力

三相同期機の出力は、簡略式を使うと簡単に求めることができます

三相同期発電機と三相同期電動機の出力の式は、簡易の等価回路から導くことができます。 同期発電機も同期電動機も一般に$r_a \ll x_s$ですので、右のような簡易回路とすることができます。

三相同期発電機と三相同期電動機の出力の式

● 三相同期発電機の出力の式

簡易の等価回路において、誘導起電力と同期リアクタンスの電圧降下の間には下記の関係があることをベクトル図から導くことができます。

$$E \sin\delta = I x_s \cos\theta$$

式を展開すると、$I\cos\theta = \dfrac{E}{x_s}\sin\delta$となります。

1相分の出力を表す式は$P = VI\cos\theta$であることから

$$P = VI\cos\theta \fallingdotseq \frac{VE\sin\delta}{x_s}$$

と出力の式（簡略式）を導くことができます。ちなみに、発電機の誘導起電力は次式で表すことができます。

$$E^2 = (V + Ix_s\sin\theta)^2 + (Ix_s\cos\theta)^2 \rightarrow E = \sqrt{(V + Ix_s\sin\theta)^2 + (Ix_s\cos\theta)^2}$$

● 三相同期電動機の出力の式

簡易の等価回路において、内部誘導起電力と同期リアクタンスの電圧降下の間には下記の関係があります。

$$V\sin\delta = Ix_s\cos(\delta - \theta)$$

この関係式もベクトル図から導くことができますが、三相同期発電機よりも複雑であるため、ここでは深く扱いません。まず出力の式を覚えることやベクトル図の位置関係（負荷角や力率角など）を押さえておく方が大切です。

三相同期発電機の出力

簡易の等価回路とベクトル図

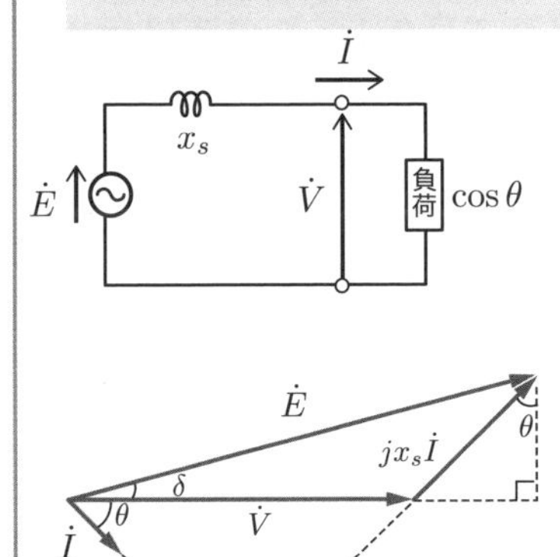

$\dot{E}$ $jx_s\dot{I}$ θ δ θ $\dot{V}$ $\dot{I}$

出力の公式

一相分の出力

$$P_1 = VI\cos\theta \fallingdotseq \frac{VE}{x_s}\sin\delta[\mathrm{W}]$$

三相分の出力

$$P_3 = 3P_1 \fallingdotseq 3\frac{VE}{x_s}\sin\delta[\mathrm{W}]$$

E：内部誘導起電力 [V]　δ：負荷角 [rad]

V：端子電圧 [V]　θ：力率角 [rad]

x_s：同期リアクタンス [Ω]

三相同期電動機の出力

簡易の等価回路とベクトル図

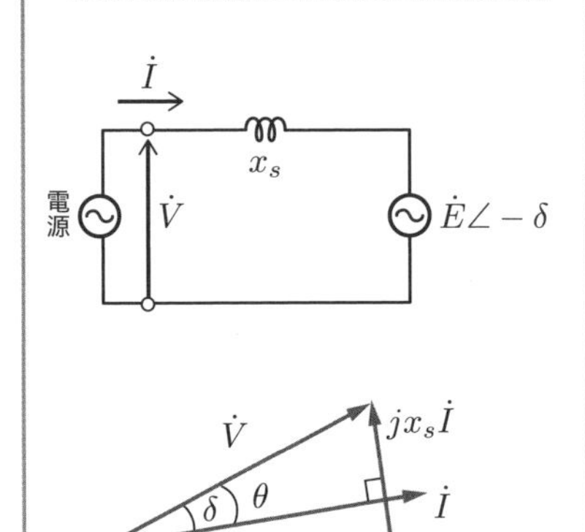

出力の公式

一相分の消費出力

$$P_1 = EI\cos(\delta-\theta) \fallingdotseq \frac{VE}{x_s}\sin\delta[\mathrm{W}]$$

三相分の消費出力

$$P_3 = 3P_1 = 3\frac{VE}{x_s}\sin\delta[\mathrm{W}]$$

E：内部誘導起電力 [V]

V：端子電圧 [V]

x_s：同期リアクタンス [Ω]

δ：負荷角 [rad]

θ：力率角 [rad]

まずは出力の公式を覚える
ことを優先しましょう！

同期機　ランク A　難易度 C

同期機の速度制御と始動方法

同期機は固定子と回転子が同じ速度で回転し、その速度は周波数と極数で決まります

同期機の回転速度は、**周波数**と**極数**で決まります。例えば、極数8の同期発電機が回転速度900 min^{-1}で運転した場合、同期発電機が作り出す電気の周波数は60 Hzです。

一方で、同期電動機の場合では電源周波数が50 Hz、回転速度が600 min^{-1}で運転させたいとき、極数は10となります。

同期発電機の場合は**「ある周波数 f[Hz] の電気を発生させるために、回転速度N_sで回転させる」**、電動機の場合は**「回転速度N_sを定格回転速度としたいので、極数 Pと電源周波数をf[Hz]にする」**と考えるとわかりやすいでしょう。

同期電動機は始動方法に工夫が必要

同期電動機の場合、**同期電動機の回転子が固定子側の回転磁界に追従できないため**、単純に電源を供給するだけでは上手く始動できず、工夫が必要になります。

同期電動機の始動方法には、以下の3つがあります。

● 自己始動法

回転子に**制動巻線**と呼ばれる巻線を設けて、**かご形誘導電動機**として始動させる方法です。

● 低周波始動法

低速度で同期させてから徐々に回転速度を上げていく始動方法です。定格速度付近で主電源に切り替えます。

● 始動電動機法

始動用電動機をつなぎ込み、電動機の力によって回転子を回転させて始動させる方法です。

同期機の回転速度

$$N_s = \frac{120f}{P}$$

N_s：同期速度 [min^{-1}]

f ：周波数 [Hz]

P ：極数 [個]

同期機の始動方法

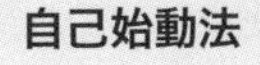

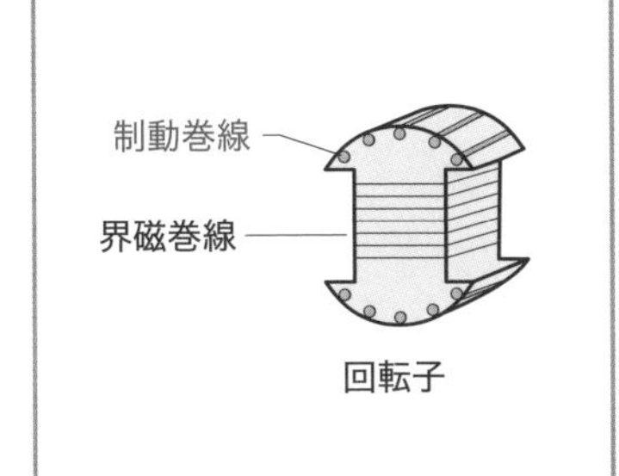

回転子に埋め込んだ制動巻線がポイントです。

低周波始動法

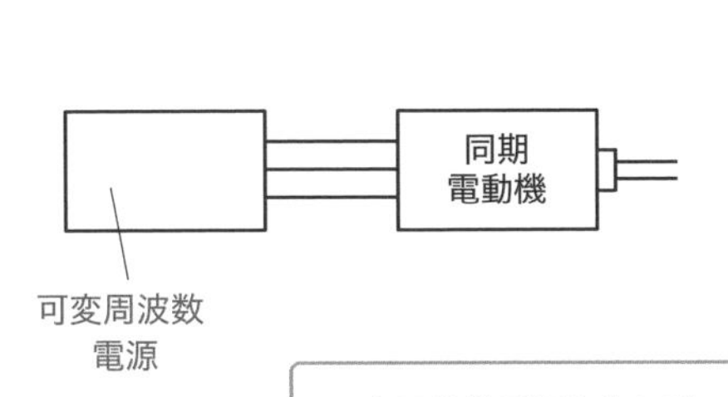

可変周波数電源を使えば、低速度運転が可能です。

始動電動機法

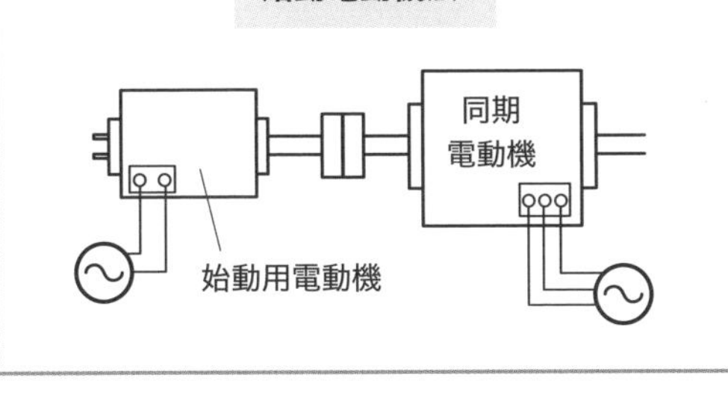

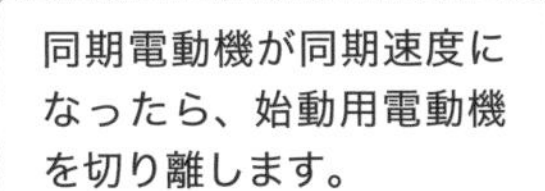

問題にチャレンジ

問題 同期電動機の始動時のトルクは零である。○か×か。

解説 同期電動機は始動方法を工夫しないと、回転子が回転磁界に追従できずに微動を繰り返します。時計回りのトルクと反時計回りのトルクが交互に生じることから平均をとると、始動トルクはほぼ零です。　答え：○

同期機　ランク B　難易度 A

短絡比と同期インピーダンス

短絡比は、定格電流と三相短絡電流の比のことです

短絡比は、三相同期発電機に三相短絡が起こったときに定格電流の何倍の電流が流れるかを示したものです。発電機の性能を比較する際の指標となる値でもあります。

短絡比を求める際に必要になるのが**無負荷飽和曲線**と**三相短絡曲線**の２つの曲線です。短絡比は**界磁電流の比**で表現されることが多いので、曲線と公式はセットで覚えておくとよいでしょう。

●無負荷飽和曲線

三相同期発電機を**無負荷**かつ**定格速度**で運転している場合における**端子電圧**と**界磁電流**の関係を示したものです。

●三相短絡曲線

三相同期発電機を**三相短絡**させて**定格速度**で運転している場合における**界磁電流**と**短絡電流**の関係を示したものです。

短絡比と百分率同期インピーダンス

同期インピーダンスZ_sは定格相電圧E_nが印加された状態で短絡したときに流れる電流をI_sとすると、$Z_s = \frac{E_n}{I_s}$で求めることができます。

より計算を簡単にするために同期インピーダンスをΩ単位ではなく、%単位とする考え方があります。電力科目でも登場した基準インピーダンスに対する割合で表す方法で、**百分率同期インピーダンス**と呼ばれています。

百分率同期インピーダンスは同期インピーダンスZ_sを基準インピーダンスで割ることで導くことができます。

また、百分率同期インピーダンスは短絡比と反比例の関係にあることがわかっています。

短絡比の定義

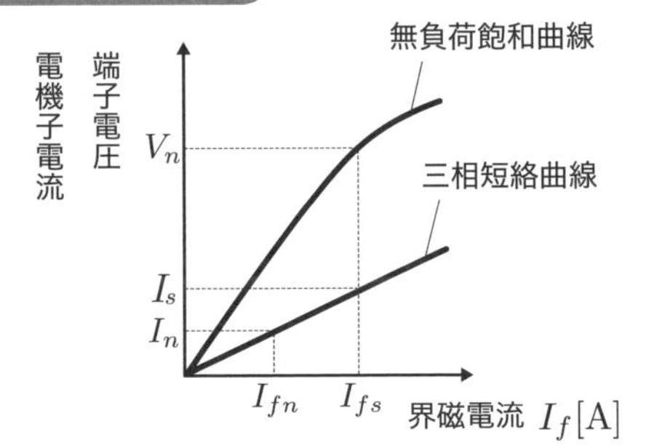

短絡比　$K_s = \dfrac{I_{fs}}{I_{fn}} = \dfrac{I_s}{I_n}$

V_n：定格端子電圧 [V]

I_n：定格電流 [A]

I_s：短絡電流 [A]

I_{fs}：無負荷で定格端子電圧を発生させるときの界磁電流 [A]

I_{fn}：定格電流に等しい三相短絡電流を流すための界磁電流 [A]

百分率同期インピーダンスの定義と短絡比との関係

$E_n = \dfrac{V_n}{\sqrt{3}}$[V]　x_s　r_s　I_s[A]

同期インピーダンス $Z_s = \dfrac{V_n}{\sqrt{3}I_s}$　短絡

百分率同期インピーダンス$\%Z_s$

$$\%Z_s = \frac{Z_s}{\frac{E_n}{I_n}} \times 100 = \frac{Z_s I_n}{\frac{V_n}{\sqrt{3}}} \times 100\%$$

短絡比と百分率同期インピーダンスの関係

$$K_s = \frac{1}{\%Z_s} \times 100$$

ワンポイント　短絡比と他の知識を紐付けておこう

短絡比が大きい発電機は、同期インピーダンスが小さい(電機子反作用が小さい)ことを意味します。電機子反作用が小さいことは発電機内部の空隙が大きく、電機子の巻線数が少ないことを示しているため、電機子部分の銅と比べて鉄の部分の使用量が多くなります。この発電機を鉄機械といいます。

同期機分野の例題

極数４、巻数 250、１極当たりの磁束0.2 Wb、同期速度1800 min^{-1}の三相同期発電機の１相分の誘導起電力[kV]を求めよ。

解答

誘導起電力を求める公式$E=4.44fN\Phi$[V]を利用します。
同期速度が問題文で与えられているので、周波数fを求めます。

$$N_s=\frac{120f}{p}$$

$$f=\frac{4\times N_s}{120}=\frac{4\times 1800}{120}=60\,\mathrm{Hz}$$

求めた周波数を誘導起電力を求める公式に代入すると

$$E=4.44fN\Phi=4.44\times 60\times 250\times 0.2=13,320\,\mathrm{V}$$

よって、答えは13.3 kVとなります。　　**正解**　13.3 [kV]

定格容量3300 kVA、定格電圧6600 V、星形結線の三相同期発電機がある。この発電機の電機子巻線の１相当たりの抵抗は0.15 Ω、同期リアクタンスは1.5 Ωである。この発電機を負荷力率100 %で定格運転したとき、一相あたりの内部誘導起電力[V]の値はいくらか。

【平成 20 年・問５改】

解答

内部誘導起電力をE[V]、定格電圧をV_n[V]、定格電流をI_n[A]、電機子巻線抵抗をr_a[Ω]、同期リアクタンスをx_s[Ω]とすると、定格出力$P_n=\sqrt{3}V_nI_n$より

$$I_n=\frac{P_n}{\sqrt{3}V_n}=\frac{3300\times 10^3}{\sqrt{3}\times 6600}\fallingdotseq 288.7\,\mathrm{A}$$

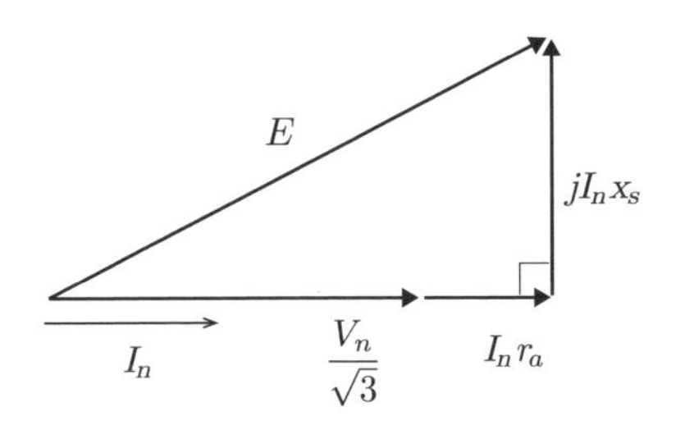

ベクトル図より

$$E = \sqrt{\left(\frac{V_n}{\sqrt{3}} + I_n r_a\right)^2 + (I_n x_s)^2} = \sqrt{\left(\frac{6600}{\sqrt{3}} + 288.7 \times 0.15\right)^2 + (288.7 \times 1.5)^2}$$
$$\fallingdotseq 3878\,\mathrm{V}$$

よって、答えは3878 Vとなります。

正解　3878 [V]

定格出力5000 kV・A、定格電圧6600 Vの三相同期発電機がある。無負荷時に定格電圧となる励磁電流に対する三相短絡電流は500 Aであった。この同期発電機の短絡比の値はいくらとなるか。

【平成 21 年・問 5】

解答

定格電圧をV_n[V]、定格電流をI_n[A]とすると、定格出力$P_n = \sqrt{3}V_n I_n$より

$$I_n = \frac{P_n}{\sqrt{3}V_n} = \frac{5000 \times 10^3}{\sqrt{3} \times 6600} \fallingdotseq 437.4\,\mathrm{A}$$

短絡比をK_sとすると

$$K_s = \frac{I_s}{I_n} = \frac{500}{437.4} \fallingdotseq 1.14$$

正解　1.14

1 電験三種の基礎知識
2 理論科目
3 電力科目
4 機械科目
5 法規科目

15 変圧器 ランク A 難易度 C

変圧器とは

変圧器は交流の電圧の大きさを変える設備であり、巻線の一次コイルと出力側の二次コイルで構成されます

変圧器は**一次コイル**と**二次コイル**、**鉄心**で構成される設備で、**電圧の大きさを変えることができるのが最大の特徴**です。変圧器の等価回路は、右のように一次側と二次側が独立した回路図となります。一次側の電圧と二次側の電圧の大きさは**巻線比**の分だけ異なることがわかっています。一次側電圧が6600 Vの変圧器があったとき、巻線比が66であれば、二次側の電圧は100 Vとなります。

巻線比と誘導起電力

変圧器の作り出す電気（誘導起電力）は「$E=4.44fN\Phi$」の式で計算することができます。この式を導くためには、右上の図のように一次側に電源をつなぎ、二次側に負荷を接続していない状態の変圧器を考えます。変圧器の鉄心内を通過する磁束は正弦波となります。磁束が時間で変化をすることから、ファラデーの法則により、一次巻線と二次巻線にはそれぞれ**誘導起電力** $e_1=N_1\dfrac{\Delta\Phi}{\Delta t}$, $e_2=N_2\dfrac{\Delta\Phi}{\Delta t}$ が発生します。磁束は $\frac{1}{4}$周期で最大値Φ_mの変化することから

$$e_1=\frac{\Phi_m}{\frac{T}{4}}=4f\Phi_m,\ e_2=\frac{\Phi_m}{\frac{T}{4}}=4f\Phi_m(\text{※周期}\ T=\frac{1}{\text{周波数}\ f})$$

となります。e_1, e_2は平均値であるので波形率（$\fallingdotseq 1.11$）をかけて実効値にすると

$E_1=e_1\times1.11=4.44fN_1\Phi_m\quad E_2=e_2\times1.11=4.44fN_2\Phi_m$となります。

ここで、E_1とE_2の比（変圧比$\dfrac{E_1}{E_2}$）をとってみると、巻線比$\dfrac{N_1}{N_2}$となり、**変圧比と巻線比は等しいこともわかります。**

理想変圧器の等価回路

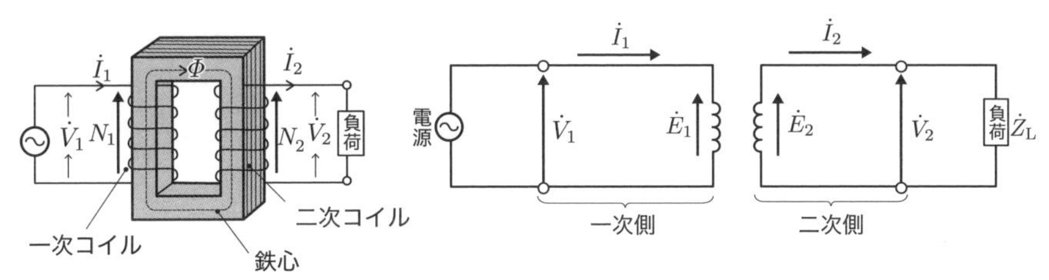

変圧器の誘導起電力

$$E_1 = 4.44fN_1\Phi_m$$

$$E_2 = 4.44fN_2\Phi_m$$

f：周波数 [Hz]

N：巻数 [回]

Φ_m：最大磁束 [Wb]

変圧比・変流比・巻線比

$$a = \frac{E_1}{E_2}\left(= \frac{I_2}{I_1}\right)\left(= \frac{N_1}{N_2}\right)$$

ファラデーの法則はある時間に対する変化量で考えるので $2\Phi_m$ と $\frac{1}{2f}$ がポイントです。

鉄心内に流れる磁束

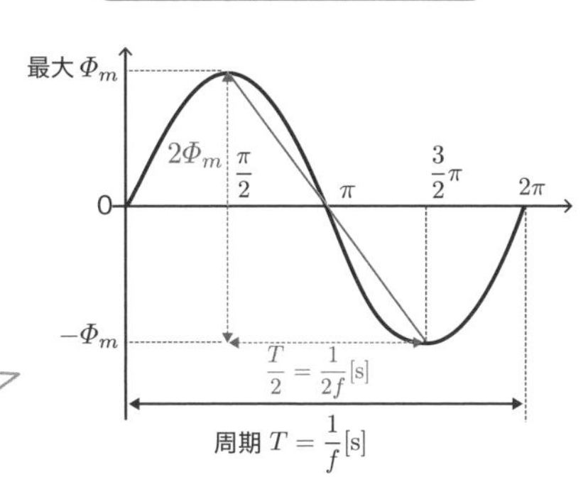

ワンポイント 変圧器の極性を理解しよう

極性は、変圧器の誘導起電力が発生する方向の関係性を表す言葉です。変圧器の並行運転や三相結線の際には注意しなくてはいけません。

上の図の変圧器では一次側と二次側の誘導起電力の向きが等しいですが、この変圧器の極性は減極性といいます。日本の変圧器は減極性です。

等価回路の一次側換算・二次側換算

実際の変圧器は理想変圧器の等価回路ではなく、巻線抵抗や漏れリアクタンス、励磁回路を考慮した等価回路で計算します

実際の変圧器は、理想変圧器の等価回路では考慮していなかった**巻線抵抗**と**漏れリアクタンス**、**励磁回路**を加えた等価回路で考えなくてはいけません。

また、理想変圧器の等価回路では一次側と二次側の回路が別々の回路になっていましたが、１つの回路にして電流計算などをできるようにします。これが「**二次側を一次側に換算した等価回路**」もしくは「**一次側を二次側に換算した等価回路**」です。

二次側を一次側に換算した等価回路で考える

「**二次側の抵抗やリアクタンスを巻線比の２乗倍すれば、一次側換算回路として一つの回路にできます**」という説明を解説します。

一次回路と二次回路を接続する場合、**接続した端子の電圧は等しくなります。この電圧を一次側電圧 $\dot{E}_1$で統一します。**電圧の大きさを整理しておくと、二次側電圧は$\dot{E}_2$、一次側電圧$\dot{E}_1$は$\dot{E}_2$に巻線比aをかけた$a\dot{E}_2$です。

一方で、**電流はI_1'がそのまま二次側に流れると考えます。**本当の二次側電流は$\dot{I}_2$で一次側電流I_1'は巻線比aで割った$\frac{\dot{I}_2}{a}$です。

抵抗やリアクタンスで消費される電力は、もとの回路と等しい必要があり、次の通りとなります。

巻線抵抗分の消費電力	$I_2^2 r_2 \Rightarrow (aI_1')^2 r_2 \Rightarrow I_1'^2(a^2 r_2)$
リアクタンス分の無効電力	$I_2^2 x_2 \Rightarrow (aI_1')^2 x_2 \Rightarrow I_1'^2(a^2 x_2)$
負荷抵抗分の消費電力	$I_2^2 Z_L \Rightarrow (aI_1')^2 Z_L \Rightarrow I_1'^2(a^2 Z_L)$

以上のことから、**二次側を一次側に換算した等価回路で考える場合には抵抗やリアクタンスは巻線比の２乗倍しなくてはいけない**ことがわかります。

一次側を二次側に換算した等価回路も同様に考えることができます。

二次側を一次側に換算した回路

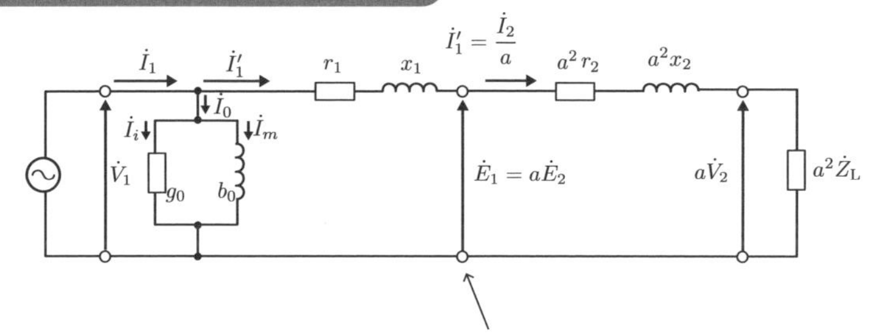

一次回路と二次回路の接続端子

一次側を二次側に換算した回路

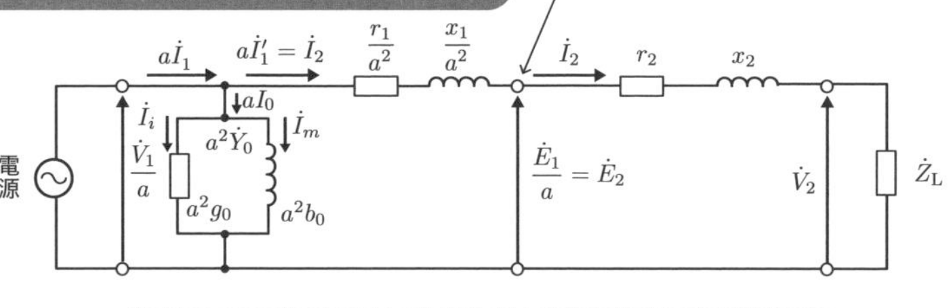

二次側を一次側に換算した回路で考えることが多いですが、両方の換算をできるようにしましょう。考え方を理解することが大切です。

POINT

- 二次側を一次側に換算した回路では、二次側の抵抗とリアクタンスは元の値に巻線比の２乗を掛け算した値となる
- 一次側を二次側に換算した回路では、一次側の抵抗とリアクタンスは元の値を巻線比の２乗で割り算した値となる

ワンポイント　励磁回路を理解しよう

理想変圧器の等価回路では登場しなかった励磁回路が今回出てきました。出てきた理由としては、実際の変圧器では鉄心での損失（うず電流損）があり、これを考慮しなくてはいけないためです。二次側の電流は一次側の電流から励磁電流を除いた値となります。

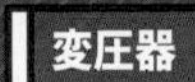

ランク B　難易度 C

17 変圧器の効率と損失

変圧器の効率では、規約効率を採用します

変圧器効率は変圧器の入力に対する出力の比で求めることができます。百分率（%）で表すのが一般的です。

変圧器効率には**実測効率**と**規約効率**がありますが、多くの場合、規約効率が採用されています。

● **実測効率**

入力と出力を直接測定して求めた効率をいいます。

● **規約効率**

入力を出力と損失に置き換えて求めた効率をいいます。

変圧器の出力と損失

● **変圧器の出力**

定格二次端子電圧×定格二次電流×力率で求めることができます。

● **変圧器の損失**

変圧器の損失は**無負荷損**と**負荷損**に分けられます。**無負荷損には鉄損（ヒステリシス損＋渦電流損）**や誘電損、励磁電流による巻線抵抗損、**負荷損には銅損**や漂遊負荷損があります。変圧器の効率計算では、影響が大きい鉄損と銅損を損失として考えます。

● **最大効率となる条件とは**

鉄損と銅損の大きさが等しいときに変圧器効率は最大となります。また、鉄損は鉄心で発生する損失であり、負荷の大きさに影響されません。

一方で、銅損は一次巻線と二次巻線の抵抗で発生するジュール熱であり、**負荷電流の大きさによって、大きさが変化する損失**です。そのため、部分負荷運転時は**銅損が負荷電流の２乗で変化するという点（負荷率の２乗）に注意してください。**

定格運転時の変圧器効率

$$\eta = \frac{出力}{入力} = \frac{出力}{出力 + 損失} = \frac{V_{2n} I_{2n} \cos\theta}{V_{2n} I_{2n} \cos\theta + P_i + P_c} \times 100[\%]$$

V_{2n}：定格二次端子電圧 [V]

I_{2n}：定格二次電流 [A]

P_i：鉄損 [W]

P_c：銅損 [W]

$\cos\theta$：力率

損失は鉄損と銅損で考えます。定格運転時は負荷率が１と考えてもよいでしょう。

部分負荷運転時の変圧器効率

$$\eta = \frac{出力}{入力} = \frac{\alpha \times V_{2n} I_{2n} \cos\theta}{\alpha \times V_{2n} I_{2n} \cos\theta + P_i + (\alpha)^2 P_c} \times 100[\%] \qquad \alpha: 負荷率$$

POINT

- 定格運転時と部分負荷運転時では効率を求める公式が異なる
- 部分負荷運転時は出力に負荷率をかける、銅損に負荷率の２乗をかける

定格負荷・部分負荷・無負荷について

定格負荷	定格容量と同じ容量の負荷で運転している状態
部分負荷	定格容量より少ない負荷で運転している状態
無負荷	負荷がない状態であり、変圧器の二次側が開放されている状態

問題にチャレンジ

問題　変圧器の負荷損には銅損と渦電流損、無負荷損にはヒステリシス損と漂遊負荷損がある。○か×か。

解説　負荷損は銅損と漂遊負荷損、無負荷損はヒステリシス損と渦電流損です。文章問題では細かいことを問われることがあります。計算問題で問われてもよいように整理しておきましょう。

答え：×

18

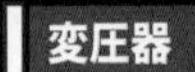

ランク B　難易度 B

変圧器の並行運転

各変圧器が容量に比例して電流を分担すること、変圧器間で循環電流が流れないことが重要です

変圧器の並列運転とは、複数の変圧器の一次側と二次側をそれぞれ並列に接続することをいいます。並列運転をすることで、変圧器の稼働率向上、負荷を分担させた運転や変圧器の運転台数を制御した運用が可能となります。また、片方の変圧器が故障した場合に無停電で故障個所を切り離せるといったメリットもあります。

並行運転を行う条件

変圧器の並行運転を行うためにはいくつかの条件があります。

● **変圧器の極性が等しいこと**

変圧器の極性が一致していない場合、変圧器間に大きな循環電流が流れて巻線が焼けてしまいます。

● **変圧比が等しいこと**

変圧比が異なる場合も電位差が生じ、循環電流が流れてしまいます。

● **百分率インピーダンス（$\%Z$）が等しいこと**

百分率インピーダンス（$\%Z$）が異なる場合、定格出力に比例するような電流配分ができなくなります。

● **抵抗と漏れリアクタンスの比が等しいこと**

抵抗と漏れリアクタンスの比が異なる場合、負荷の供給電流が減少してしまいます。

並行運転時の分担電流と$\%Z$の関係

並列に接続された変圧器にそれぞれ流れる電流を**分担電流**と呼びます。分担電流の大きさと変圧器の百分率インピーダンスには、**理論科目で学習した分流の式と同じ関係性**があります。

並列運転の条件まとめ

- 極性が等しいこと
- 変圧比が等しいこと
- 百分率インピーダンスが等しいこと
- 抵抗と漏れリアクタンスの比が等しいこと
- 相回転と位相が一致していること※

※相回転とは三相交流を示しており、三相変圧器のみが該当

並列運転の条件に関する問題はあまり出題されませんが、出題される場合は基本問題が多いです。条件は確実に覚えておきましょう。

変圧器並列運転時の分担電流

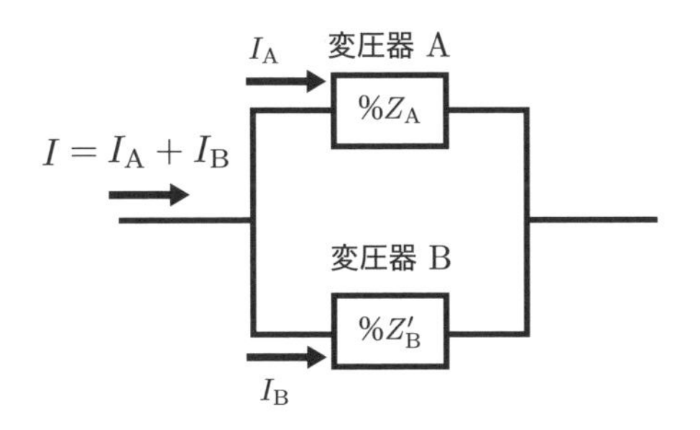

$$I_A = I \times \frac{\%Z'_B}{\%Z_A + \%Z'_B}$$

$$I_B = I \times \frac{\%Z_A}{\%Z_A + \%Z'_B}$$

変圧器 A のインピーダンス：$\%Z_A$

変圧器 B のインピーダンス：$\%Z_B$

基準容量換算後の変圧器 B のインピーダンス：$\%Z'_B$

$\%Z$ は基準容量と一致していなければなりません。

ワンポイント $\%Z$の基準容量に注意しましょう

$\%Z$は回路の電流計算をする際にも基準が合っていなければいけません。分流の式を使う際には、忘れがちなので注意が必要です。上の図では変圧器Aの容量を基準に考えてみました。どちらの容量を基準にしてもよいですが、大きい容量の方がラクなことが多いです。

変圧器　ランク B　難易度 C

変圧器の各種試験

変圧器の性能確認のためにさまざまな試験が行われています

変圧器には特性や性能を確認するために、多くの試験があります。いずれも重要ですが、試験によく出題されるのは、**無負荷試験**と**短絡試験**です。

● 無負荷試験

変圧器の**一次側（高圧側）を開放**して二次側（低圧側）に定格周波数の定格電圧を加えます。測定回路に設けた電流計の指示値が励磁電流、電力計の指示値が無負荷損と等しくなります。

● 短絡試験

変圧器の**二次側（低圧側）を短絡**して一次側（高圧側）に定格周波数の電圧を加えて定格電流を流します。測定回路に設けた電力計の指示値は、定格電流を流したときの銅損に等しくなります。

負荷損のほとんどが銅損、無負荷損のほとんどが鉄損であり、試験の問題文にもその旨の記載がされることが多いです。

電圧変動率とは

電圧変動率とは変圧器が全負荷状態から無負荷状態にしたとき、二次端子電圧の変化が定格電圧に対してどの程度であるかを示したものをいいます。定格運転時の二次端子電圧に対する二次端子電圧の変化の割合と考えておくとよいでしょう。

電圧変動率が大きいと電動機出力や電灯の光度や寿命に影響を与えてしまうため、大容量の変圧器では2％以下、50 kVA以下の小容量の変圧器では3％以下になるように規定されています。

また、電圧変動率は近似式で表すこともできます。両方使うことが多い式であるため、セットで覚えておきましょう。

変圧器の試験

試験名		試験の目的
巻線抵抗測定		変圧器の巻線抵抗を測定する
極性試験		減極性か加極性かを確認する
変圧比測定		巻線比を測定する
無負荷試験		無負荷損（鉄損）と励磁電流を測定する
短絡試験		負荷損とインピーダンス電圧を測定する
温度上昇試験		定格運転時の上昇温度が規定値以下であることを確認する
絶縁耐力試験	加圧試験	対地間、相互間の絶縁強度を確認する
	誘導試験	通常より高い周波数の電圧をかけ、絶縁強度を確認する
	衝撃電圧試験	雷などの衝撃性異常電圧に対する絶縁強度を確認する

電圧変動率の公式

$$電圧変動率\varepsilon = \frac{V_{20} - V_{2n}}{V_{2n}} \times 100\ [\%]$$

V_{20}：無負荷時の二次端子電圧 [V]

V_{2n}：定格二次端子電圧 [V]

電圧変動率（近似式）

$$電圧変動率\varepsilon \fallingdotseq p\cos\theta + q\sin\theta\ [\%]$$

p：百分率抵抗降下 [%]

q：百分率リアクタンス降下 [%]

$\cos\theta$：力率

$$p = \frac{rI_{2n}}{V_{2n}} \times 100\ [\%] \qquad q = \frac{xI_{2n}}{V_{2n}} \times 100\ [\%]$$

百分率抵抗降下といっても、難しく考えることはありません。抵抗降下の意味は抵抗の電圧降下であるため、定格電圧で割って百分率で表せば、百分率抵抗降下になります。

問題にチャレンジ

問題 無負荷試験とは一次側（高圧側）を短絡して負荷損を測定する試験で、短絡試験とは二次側（低圧側）を開放して鉄損を測定する試験である。○か×か。

解説 無負荷試験とは、一次側を開放して鉄損を測る試験、短絡試験は二次側を短絡して銅損を測定する試験である。　答え：×

変圧器分野の例題

無負荷で一次電圧6600 V、二次電圧200 Vの単相変圧器がある。以下の条件であるとき、この変圧器の一次側換算したインピーダンスの大きさを求めよ。

一次巻線抵抗 r_1: 0.6 Ω

一次巻線漏れリアクタンス x_1: 3 Ω

二次巻線抵抗 r_2: 0.5 mΩ

二次巻線漏れリアクタンス x_2: 3 mΩ

【平成 30 年・問 15 改】

解答

巻数比aは、一次電圧をV_1[V]、二次電圧をV_2[V]とすると

$$巻数比\ a=\frac{V_1}{V_2}=\frac{6600}{200}=33$$

一次側換算した抵抗をr_1'[Ω]、一次換算したリアクタンスをx_1'[Ω]とすると

$$r_1'=r_1+a^2r_2=0.6+33^2\times 0.5\times 10^{-3}\fallingdotseq 1.14\,\Omega$$
$$x_1'=x_1+a^2x_2=3+33^2\times 3\times 10^{-3}\fallingdotseq 6.27\,\Omega$$

したがって、一次側換算したインピーダンスZ_1'[Ω]は

$$Z_1'=\sqrt{r_1'^2+x_1'^2}=\sqrt{1.14^2+6.27^2}\fallingdotseq 6.37\,\Omega$$

よって、答えは6.37 Ωとなります。

正解　6.37 [Ω]

単相変圧器があり、負荷86 kW、力率1.0で使用したときに最大効率98.7 %が得られる。この変圧器について、次の(a)及び(b)の問に答えよ。

(a) この変圧器の無負荷損[W]

(b) 変圧器を負荷20 kW、力率1.0で使用したときの効率[%]

【平成15年・問16改】

解答

(a) 負荷をP[W]、無負荷損をP_i[W]、負荷損をP_c[W]とすると、$P_i = P_c$のとき、最大効率η_m[%]が得られるので

$$\eta_m = \frac{P\cos\theta}{P\cos\theta + P_i + P_c} = \frac{86\times10^3}{86\times10^3 + 2P_i}\times100$$

$$= 98.7\%$$

$$P_i \fallingdotseq 566\,\mathrm{W}$$

(b) 負荷$P' = 20\times10^3$ Wのときの負荷損をP'_c[W]とすると、負荷損は負荷率の2乗に比例することから

$$P'_c = P_c \times \left(\frac{P'}{P}\right)^2$$

$$= 566\times\left(\frac{20\times10^3}{86\times10^3}\right)^2$$

$$\fallingdotseq 30.6\,\mathrm{W}$$

力率$\cos\theta = 1.0$のときの効率η[%]は

$$\eta = \frac{P'\cos\theta}{P'\cos\theta + P_i + P'_c}\times100$$

$$= \frac{20\times10^3}{20\times10^3 + 566 + 30.6}\times100$$

$$\fallingdotseq 97.1\%$$

正解 (a) 566 [W]

(b) 97.1 [%]

パワエレ ランク C 難易度 C

20 パワーエレクトロニクスの概要

パワエレは半導体を利用して、電圧や電力の変換や制御を高効率、高精度、高速に行う技術です

パワーエレクトロニクス（以下、パワエレ）とは、電力技術、制御技術、電子技術の複合により実現した技術の総称です。

現代の社会において、身近なところでは洗濯機やエアコンといった家電製品から、自動車や新幹線といった交通手段に至るまで幅広い分野でパワエレの技術導入が進んでいます。**代表的な技術として、電力変換装置があります。**

電力変換装置の種類

●インバータ

直流の電気を交流に変換することができる装置をいいます。**逆変換装置**とも呼ばれています。

パルス幅変調（PWM 制御）、無停電電源装置（UPS）、太陽光発電装置のパワーコンディショナなど、さまざまな機器に使用されます。

●コンバータ

交流の電気を直流に変換することができる製品をいいます。インバータとは反対の働きをします。よって、**順変換装置**や整流回路とも呼ばれています。

●直流チョッパ

直流チョッパは直流電圧の大きさを変換することができる装置をいいます。

直流チョッパは3種類あり、電圧を小さくすることができるものを**降圧チョッパ**、電圧を大きくすることができるものを**昇圧チョッパ**、電圧を小さくすることも大きくすることもできるものを**昇降圧チョッパ**といいます。

●サイクロコンバータ

交流の周波数を変えることができる装置をいいます。**周波数変換装置**とも呼ばれています。

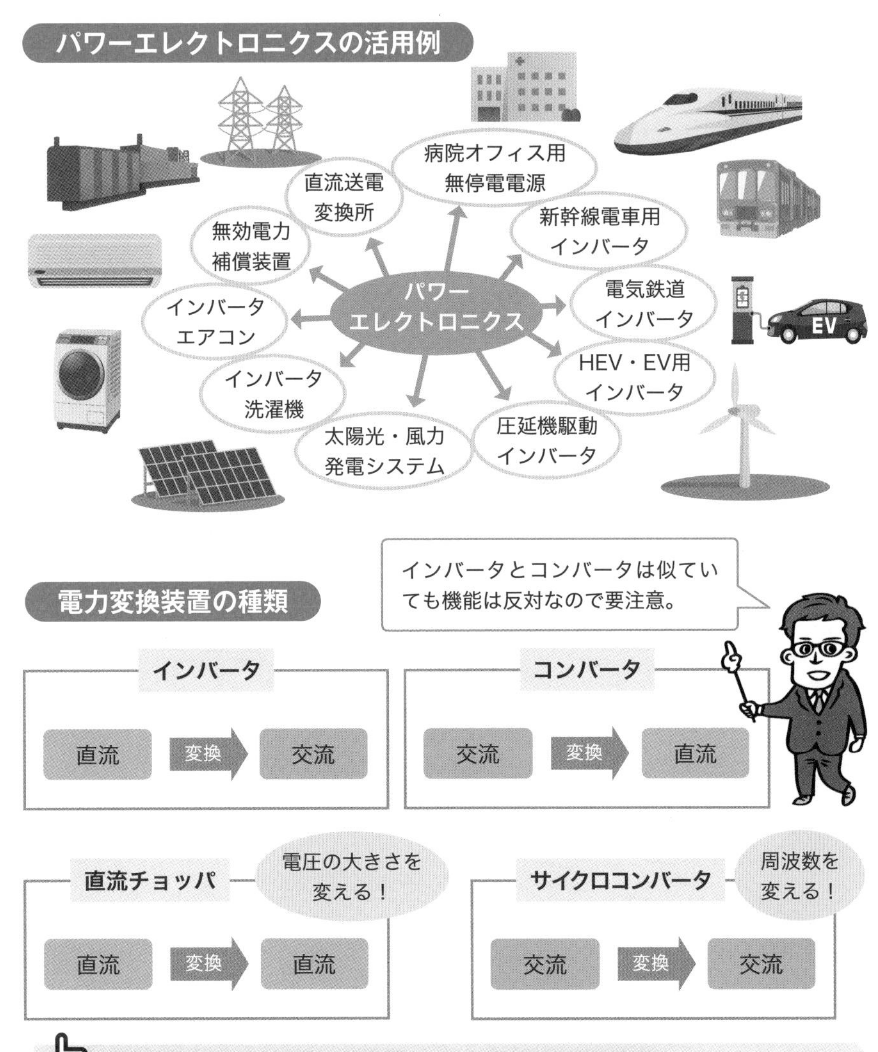

ワンポイント 電力変換装置による障害も知っておこう

電力変換装置では半導体によるスイッチングが行われるため、変換装置の電源側に高調波が発生します。高調波はコンデンサなどの過熱、継電器の誤動作といった電力系統の障害になります。ノイズフィルタやアクティブフィルタなどの高調波対策があるのはこのためです。

パワエレ　ランク C　難易度 C

21 半導体デバイスの種類

ダイオード、サイリスタ、トランジスタ（MOSFET、IGBT）などがあります

半導体デバイスとは、**スイッチ機能や電流を増幅する機能を持つ装置**をいいます。

主な半導体デバイス

● ダイオード

p形半導体とn形半導体を組み合わせたもので、順方向に電圧を加えると電流が流れます。一方で、逆方向に電圧をかけるとほとんど電流が流れません。

● サイリスタ

一般的には**4層構造を持つ逆阻止3端子サイリスタ**のことを意味します。ダイオードは順方向に電圧をかけると電流が流れますが、サイリスタはこれに加えて、**ゲート信号を流すことで電流が流れるといった異なるスイッチ機能**を持っています。また、逆阻止3端子サイリスタの他に、**GTO**(ゲートターンオフサイリスタ）があります。GTOはゲートに負の電流を流すとオフできるという機能も持っています。

● トランジスタ

p形半導体とn形半導体の3層構造を持ち、スイッチ機能と電流増幅機能があります。ベース電流を調整することで、コレクタ電流をオンにしたり、オフにすることができます。トランジスタには、**MOSFET**や**IGBT**といった製品があります。

MOSFETは**電界効果トランジスタ**の一種で、**ゲートに正の電圧を加えるとスイッチ動作します。**スイッチング速度が速いという特徴があります。IGBT（絶縁ゲートバイポーラトランジスタの略）はMOSFETとバイポーラトランジスタを組み合わせたもので、両方の長所を持ち合わせています。スイッチング速度は両方の中間です。

半導体デバイスの種類

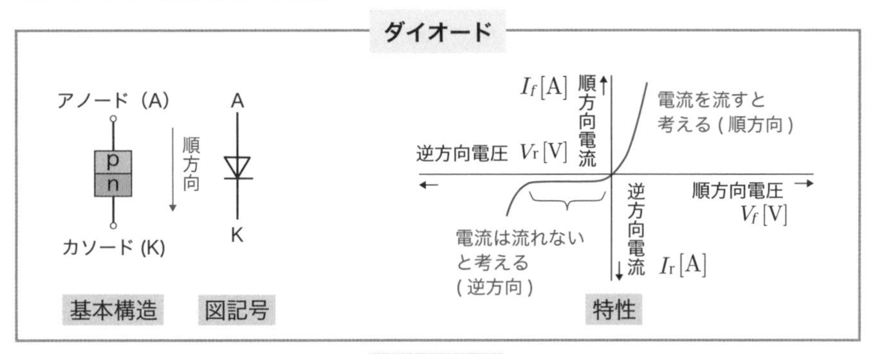
ダイオード
アノード (A)
p
n
順方向
カソード (K)
A
K
基本構造
図記号
I_f[A]
順方向電流
電流を流すと
考える(順方向)
逆方向電圧 V_r[V]
順方向電圧
V_f[V]
逆方向電流
I_r[A]
電流は流れない
と考える
(逆方向)
特性

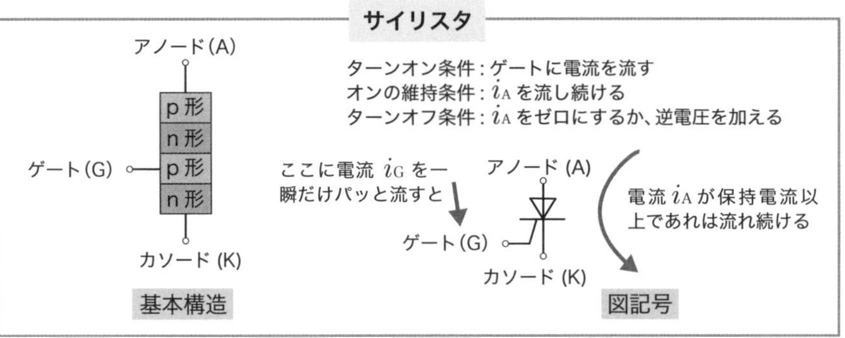
サイリスタ
アノード(A)
p形
n形
p形
n形
ゲート(G)
カソード (K)
基本構造
ターンオン条件:ゲートに電流を流す
オンの維持条件:i_Aを流し続ける
ターンオフ条件:i_Aをゼロにするか、逆電圧を加える
ここに電流 i_G を一
瞬だけパッと流すと
アノード (A)
ゲート(G)
カソード (K)
電流 i_A が保持電流以
上であれは流れ続ける
図記号

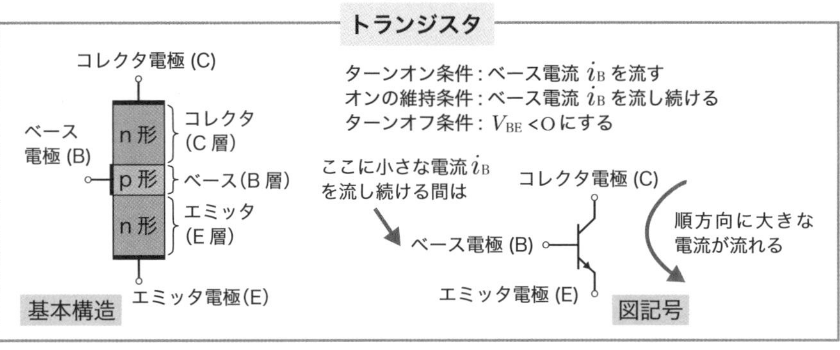
トランジスタ
コレクタ電極 (C)
ベース
電極 (B)
n形
p形
n形
コレクタ
(C層)
ベース(B層)
エミッタ
(E層)
エミッタ電極(E)
基本構造
ターンオン条件:ベース電流 i_B を流す
オンの維持条件:ベース電流 i_B を流し続ける
ターンオフ条件:V_{BE} <0にする
ここに小さな電流 i_B
を流し続ける間は
コレクタ電極 (C)
ベース電極 (B)
エミッタ電極 (E)
順方向に大きな
電流が流れる
図記号

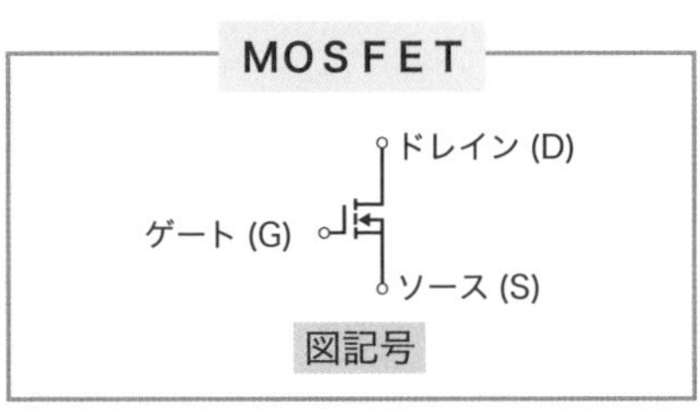
MOSFET
ドレイン (D)
ゲート (G)
ソース (S)
図記号

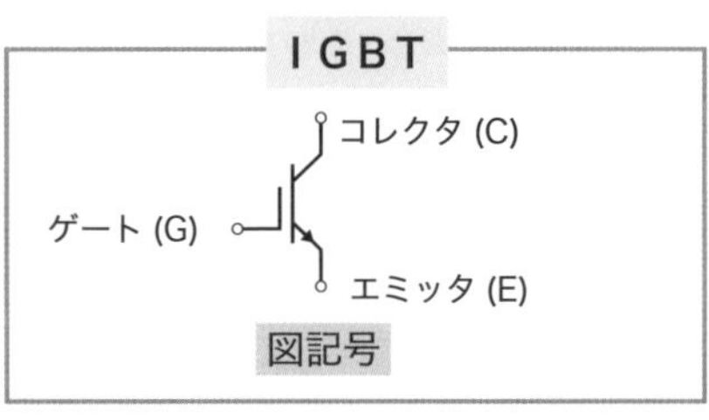
IGBT
コレクタ (C)
ゲート (G)
エミッタ (E)
図記号

22 ランク A 難易度 A

整流回路とは

整流回路は交流を直流に変換することができる回路です

整流回路には大きく分けて、単相を整流する回路と三相を整流する回路があります。回路図と公式は非常に重要なのでセットで覚えておきましょう。一気に学ぼうとすると、混乱してしまうため、まずは概要を押さえてから細かい部分を勉強していくとよいでしょう。

整流回路の種類

整流回路の種類には、**単相半波整流回路**、**単相全波整流回路**、**三相半波整流回路**、**三相全波整流回路**があります。

電験三種の試験で出題されることが多いのは、単相半波整流回路と単相全波整流回路です。

● 単相半波整流回路

単相半波整流回路は、ダイオードもしくはサイリスタを利用した回路です。オンするタイミングをコントロールできるサイリスタは非常に便利です。

オンするタイミングを角度で表すことで、交流波形をどれだけ直流にするかを把握することができます。この角度を**制御角**といいます。

● 単相全波整流回路

単相全波整流回路は単相半波整流回路に似ています。回路図を見るとわかりやすいのですが、交流波形のプラスもマイナスも利用するという違いがあります。よって、公式も2倍しただけとなっています。

● 三相半波／全波整流回路

三相半波整流回路や三相全波整流回路は単相整流回路を3つ合わせた回路となります。

計算が複雑であるため、公式の導出は試験に出題されたことがありません。

整流回路の種類

回路名	整流回路の公式
単相半波整流回路	$E_d = 0.45V\dfrac{1+\cos\alpha}{2}$
単相全波整流回路	$E_d = 0.9V\dfrac{1+\cos\alpha}{2}$
三相半波整流回路	$E_d = 1.17E\cos\alpha$
三相全波整流回路	$E_d = 1.35V_l\cos\alpha$

E_d：直流平均電圧 [V]
V：交流電圧(実効値) [V]
E：相電圧(実効値) [V]
V_l：線間電圧 [V]
α：制御角

難解な問題はほとんど出題されません。
回路図と公式をまずは押さえておきましょう。

単相半波整流回路

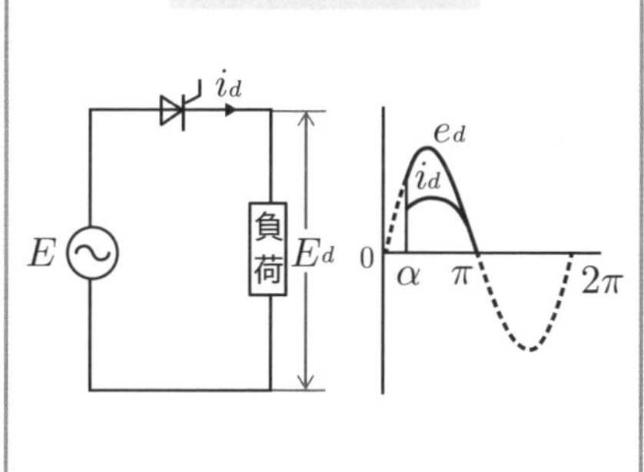

単相全波整流回路

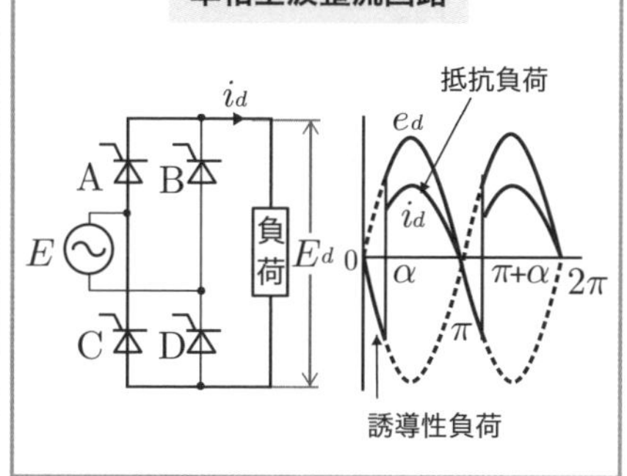

三相半波整流回路

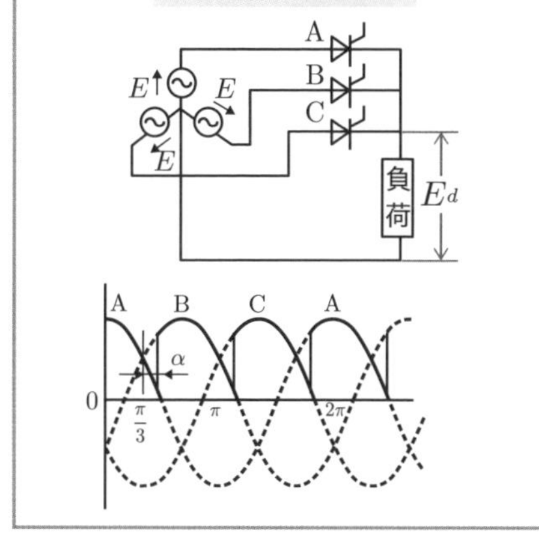

三相全波整流回路

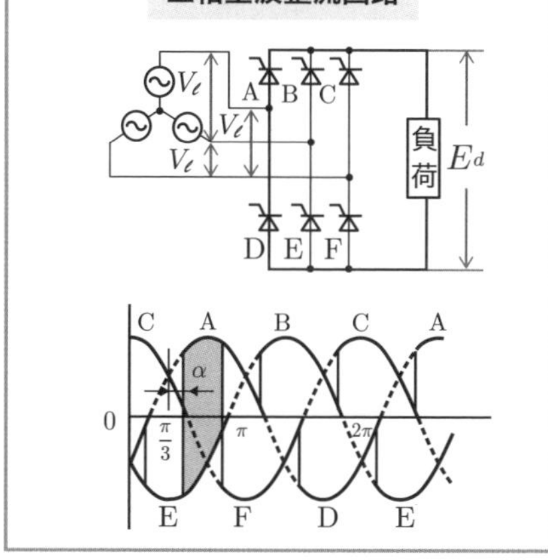

23

難易度 B

直流チョッパとは

直流電源のオンオフを高速で行い、電圧の異なる直流に変化させることができる回路です

直流チョッパの種類

チョッパとは「切り刻む」という意味があります。半導体が電流の流れを切ることから名付けられたとされています。

直流チョッパには**降圧チョッパ**、**昇圧チョッパ**、**昇降圧チョッパ**の３種類があります。それぞれの回路図の違いと出力電圧の公式を覚えておきましょう。

それぞれの直流チョッパの機能

●降圧チョッパ

降圧チョッパは半導体のスイッチのオンオフによって、出力電圧を電源電圧より小さくすることができます。

●昇圧チョッパ

昇圧チョッパは降圧チョッパとは反対の働きをし、出力電圧を電源電圧より大きくすることができます。

●昇降圧チョッパ

昇降圧チョッパは出力電圧を大きくすることも小さくすることもできます。コイルやダイオードの位置を間違いがちなので注意してください。

通流率とは

スイッチを閉じている時間を**オン期間**T_{ON}、スイッチを開いた時間を**オフ期間**T_{OFF}、全期間におけるオン期間の割合を**通流率**といいます。昇圧チョッパ回路と昇降圧チョッパ回路には、平滑コンデンサを挿入していますが、電圧の脈動を抑える役割を果たします。

降圧チョッパ回路

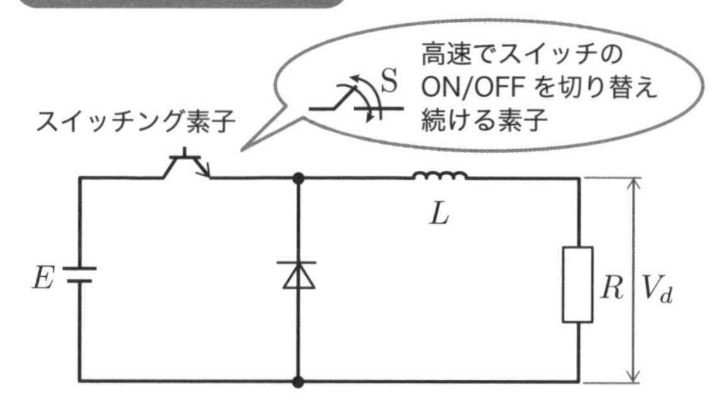

$$V_d = \frac{T_{\mathrm{ON}}}{T}E = \frac{T_{\mathrm{ON}}}{T_{\mathrm{ON}} + T_{\mathrm{OFF}}}E = \alpha E$$

昇圧チョッパ回路

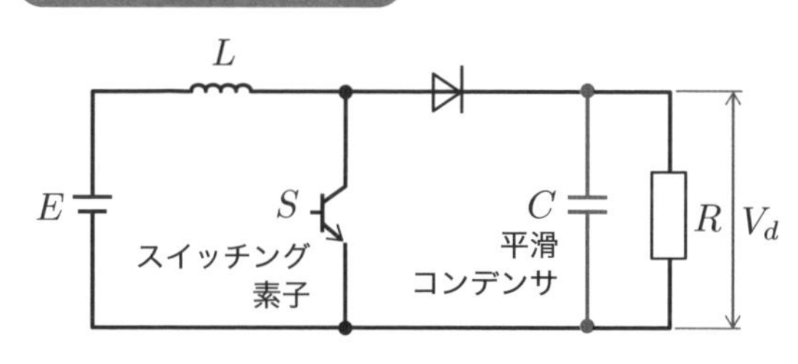

$$V_d = \frac{T}{T_{\mathrm{OFF}}}E = \frac{T_{\mathrm{ON}} + T_{\mathrm{OFF}}}{T_{\mathrm{OFF}}}E = \frac{1}{1-\alpha}E$$

この2つの公式は、分子分母を入れ替えただけと記憶していると間違えるので注意しましょう。

昇降圧チョッパ回路

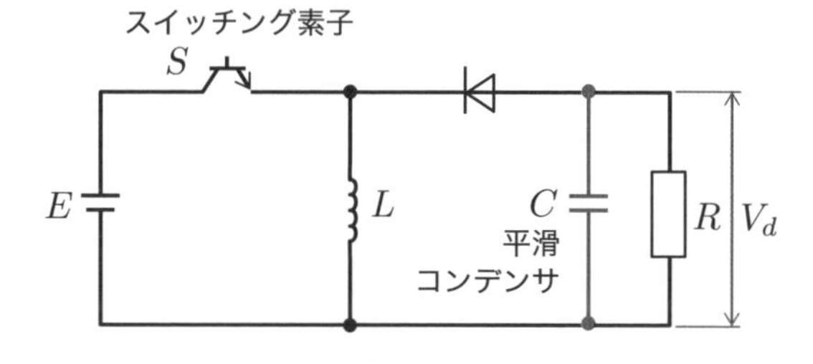

$$V_d = \frac{T_{\mathrm{ON}}}{T_{\mathrm{OFF}}}E = \frac{\alpha}{1-\alpha}E$$

V_d：平均出力電圧 [V]	E：電源電圧 [V]
T_{ON}：オン期間 [s]	T_{OFF}：オフ期間 [s]
T：スイッチング周期	α：通流率

回路と出力の公式はセットで覚えておきましょう。

ランク B　難易度 B

インバータと実用例

インバータは直流を交流に変換することのできる装置です

インバータには複数のスイッチのオン・オフを組み合わせて直流の電気を波状に変える機能があります。複雑な回路ではありますが、右のように2つの状態に分けて考えると理解しやすいでしょう。

スイッチの状態①のときの抵抗Rにかかる電圧を$+E$としたとき、スイッチの状態②のときは反対向きとなるため$-E$となります。**スイッチの状態①と②を繰り返すことで、交流波形になります。**

インバータの実用例

インバータの実用例として、パルス幅変調（PWM制御）、無停電電源装置、パワーコンディショナがあります。

●パルス幅変調（PWM制御）

パルス幅変調（PWM制御）は、スイッチのオン時間オフ時間を変えることで取り出す電圧の大きさを変えるという技術です。

●無停電電源装置

停電時においても、負荷に電源を供給できる電源装置をいいます。サーバーシステム、医療現場の機器などに採用されています。

通常時は交流電源からの電気を整流回路により直流にして蓄電池を充電しながら、インバータによって交流に戻して負荷に供給しています。停電時には蓄電池から負荷に電源供給が行われます。

●パワーコンディショナ

インバータと系統連系用保護装置が一体となった装置で太陽光発電にて採用されています。**直流を交流に変換する**とともに、事故発生時には電圧位相や周波数の急変から異常を検出して**太陽光発電を系統から自動的に切り離す機能**を持っています。

インバータのしくみ

状態①

S_1	S_2	S_3	S_4
ON	OFF	OFF	ON

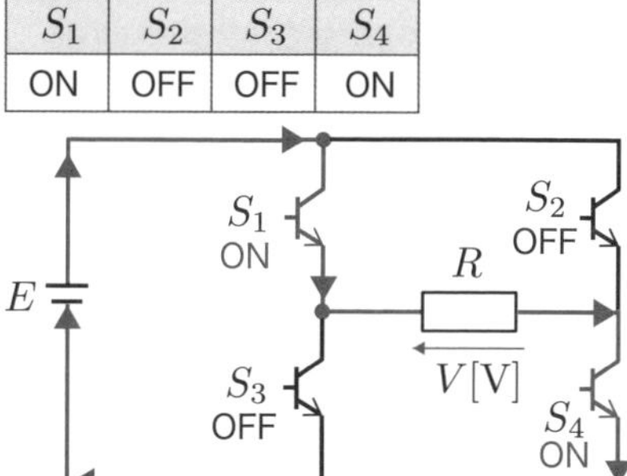

状態②

S_1	S_2	S_3	S_4
OFF	ON	ON	OFF

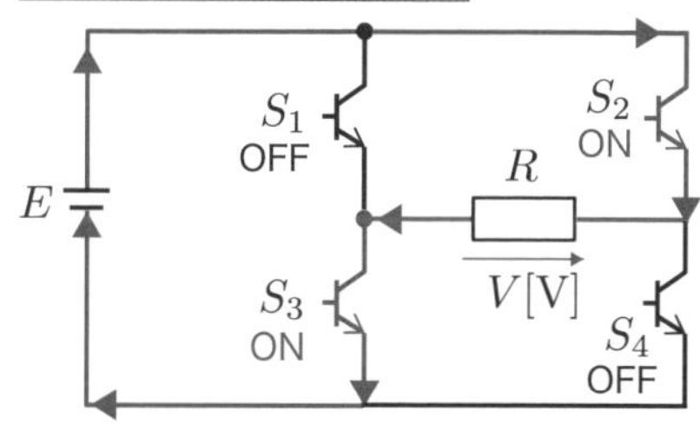

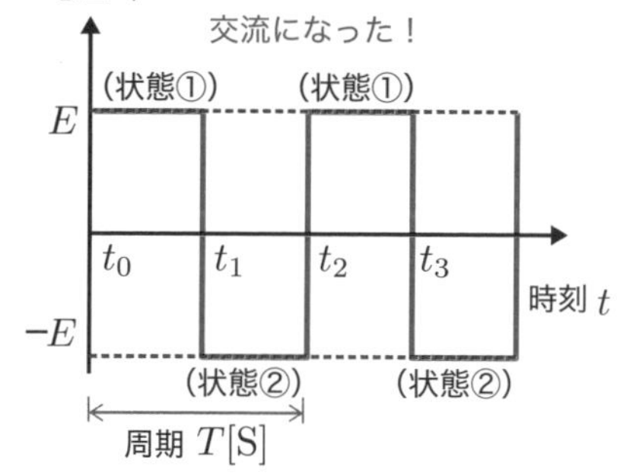

負荷に電力供給しながら蓄電池を充電する充電方式を浮動充電、充電状態にバラつきが出たときに充電し直す充電方式を均等充電といいます。

太陽電池からの出力は直流の電気ですが、安定化させるために昇圧コンバータ（DCDCコンバータ）という設備を入れています。

無停電電源装置のしくみ

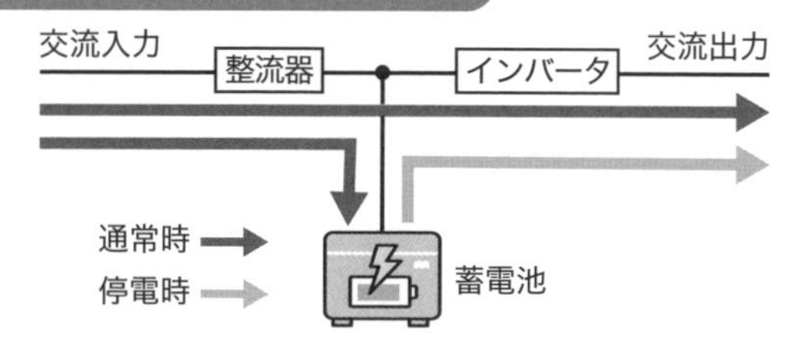

パワーコンディショナのしくみ

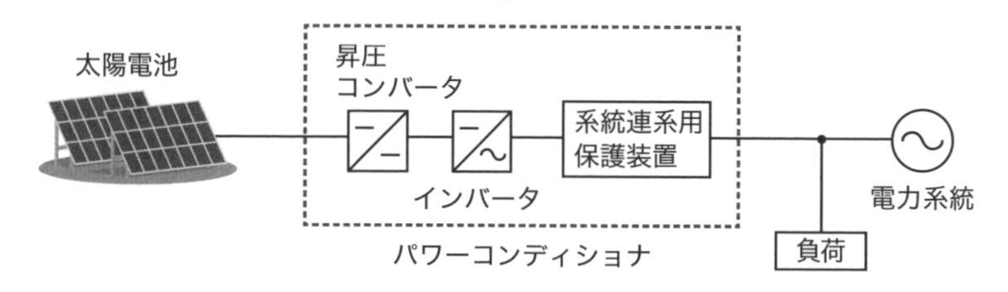

ランク C 難易度 C

自動制御とは

自動制御とは、ある操作対象を機械装置で設定目標まで自動的に操作・制御することです

自動制御の制御方式には、主に**フィードバック制御**、**シーケンス制御**、**フィードフォワード制御**の３種類があります。

● **フィードバック制御**

自動操作にフィードバックを加えることによって目標値に徐々に近づける制御方式をいいます。

● **シーケンス制御**

定められた順序に従い、制御の各段階を逐次進めていく制御方式です。

● **フィードフォワード制御**

目標値だけでなく、外乱の情報も加味して操作量を変えることができる制御方式をいいます。外乱から受ける影響が少ない制御方式です。

自動制御に登場する重要用語

● **目標値**

制御の目標として外部から与える量のことです。一定値の場合には**設定値**とも呼ばれることがあります。

● **制御偏差（制御動作信号）**

制御系を動作させる基準である基準入力と検出部からのフィードバックを比較して得た信号をいいます。

● **外乱**

制御系を乱そうとする外部からの影響をいいます。

● **制御演算部（調節部）・操作部**

制御演算部には調節計や補償回路などがあり、所定の動きをするための信号を操作部に送ります。操作部は受け取った信号を**操作量**に変換し、**制御対象**に働きかけます。操作部の例としては制御弁などがあります。

フィードバック制御

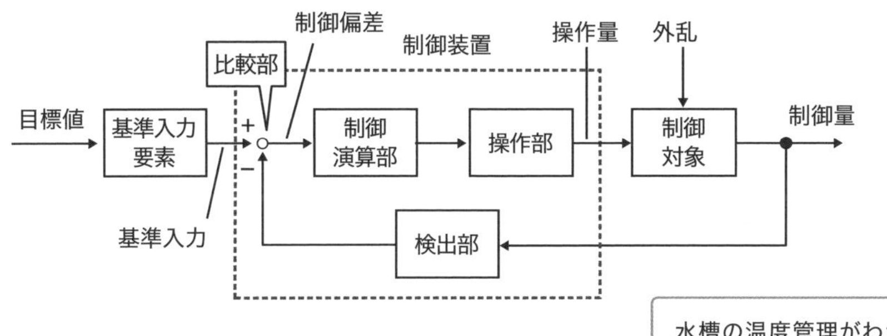

水槽の温度管理がわかりやすい実例です。

フィードバック制御の例

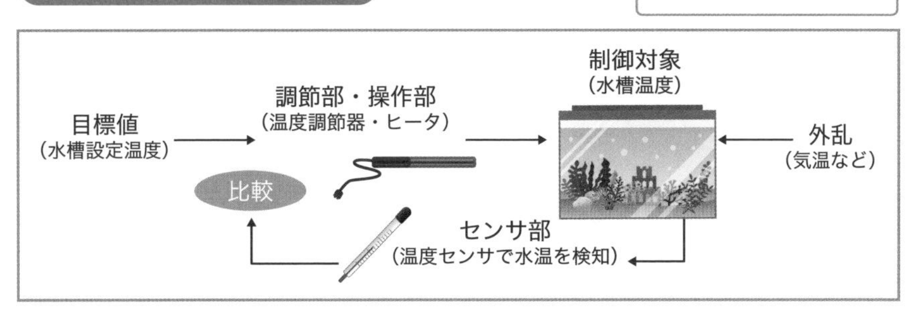

シーケンス制御

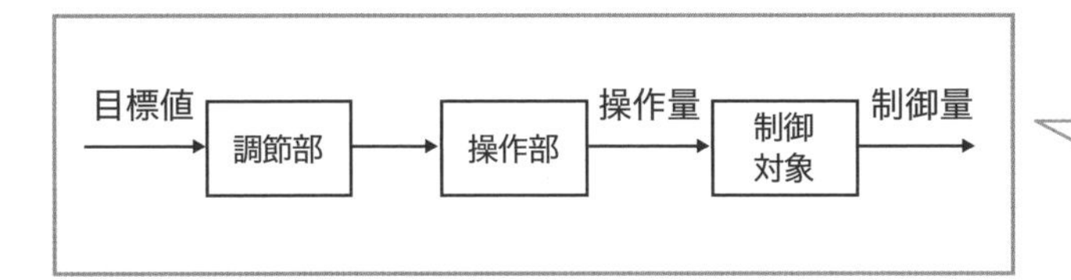

実用例には自動車洗浄機や自動販売機があります。

フィードフォワード制御

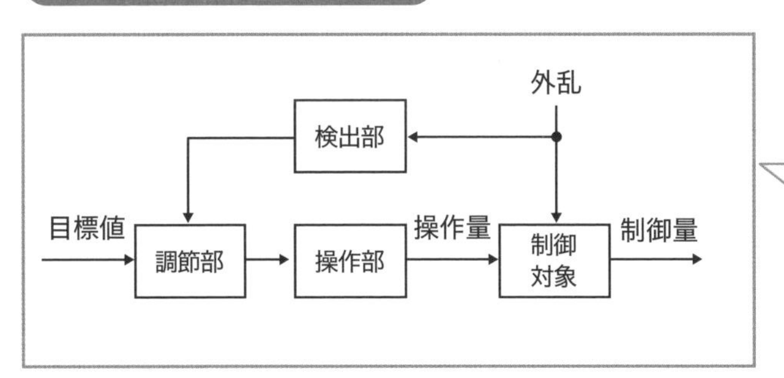

実用例には電気瞬間湯沸かし器があります。水量変化に即座に対応できるので、設定温度のお湯を供給することができます。

ランク B　難易度 B

26 ブロック線図とは

ブロック線図を使うことで、制御システムの信号の流れを簡単に表せます

ブロック線図とは、制御システムの信号の流れを示した図のことをいいます。フィードバック制御系を例に説明します。フィードバック制御系には制御演算部や操作部がありますが、ブロック線図を使うと簡単に表現することができます。ブロック線図では入力$R(s)$がブロックを通過したら、出力は入力$R(s)$をG倍した値になる場合に、このブロックを**伝達関数**といい、$G(s)$や$H(s)$で表します。(s)は複素数$(a+jb)$の関数です。また、複数の伝達関数を1つのブロックとしたとき、そのブロックを**合成伝達関数**と呼びます。

ブロック線図のルール

ブロック線図は伝達関数を1つに結合させたり、引き出し点や加え合わせ点を移動させることでシンプルにできます。ブロック線図のルールを右の表にまとめました。**ルール①から③が特に大切です。**

● ルール①（直列結合）

入力は伝達関数G_1とG_2を通過することで、G_1G_2倍となります。これを伝達関数G_1G_2のブロック1個で置き換えることができます。

● ルール②（並列結合）

枝分かれした入力はそれぞれ伝達関数倍となった後に足し合わせ、もしくは差し引かれます。直列結合と同様、ブロック1個で表すことができます。

● ルール③（フィードバック結合）

フィードバック結合も1つの伝達関数にまとめることができることを要約したルールです。

● ルール④～⑦

引き出し点の移動、加え合わせ点の移動は、移動前後で出力が変化してしまわないように気をつけましょう。

ブロック線図のルール

変換	変換前	変換後
①直列結合	$R(s)$ → G_1 → Y → G_2 → $X(s)$	$R(s)$ → G_1G_2 → $X(s)$
②並列結合	$R(s)$ → G_1, G_2 → ± → $+X(s)$	$R(s)$ → $G_1 \pm G_2$ → $X(s)$ ＋の場合は＋、 −の場合は−
③フィードバック結合	$R(s)+$ → ∓ → G → $X(s)$, H −の場合は＋になる ＋の場合は−になる	$R(s)$ → $\dfrac{G}{1 \pm GH}$ → $X(s)$
④引出し点の要素前への移動	$R(s)$ → G → $X(s)$, $X(s)$ 引出し点	$R(s)$ → G → $X(s)$ → G → $X(s)$
⑤引出し点の要素後への移動	$R(s)$ → G → $X(s)$ $R(s)$	$R(s)$ → G → $X(s)$ → $1/G$ → $R(s)$
⑥加え合わせ点の要素前への移動	$R(s)$ → G → ＋, ＋ → $X(s)$, Y 加え合わせ点	$R(s)$ ＋ → G → $X(s)$ $Y(s)$ → $1/G$ ＋
⑦加え合わせ点の要素後への移動	$R(s)$ ＋, ＋ Y → G → $X(s)$	$R(s)$ → G ＋ → $X(s)$ $Y(s)$ → G ＋

ワンポイント　フィードバック制御の合成伝達関数を求めよう

加え合わせ点を通過すると、$R - XH$となることから

$G(R - XH) = X$と式を立てられます。展開すると、フィードバック制御の合成伝達関数を求めることができます。

$$GR - GXH = X$$

$$GR = X + GXH$$

$$\frac{X}{R} = \frac{G}{1 + GH}$$

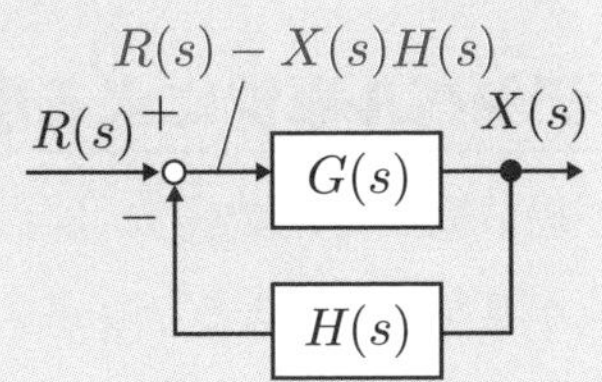

27　ランク C　難易度 B

伝達関数の表現方法

自動制御系の特性を表す方法として、複素数で表した伝達関数と周波数伝達関数があります

伝達関数を深く理解するためには、ラプラス変換や積分の知識が必要となりますが、電験三種の受験においては概要を押さえる程度で十分です。ここでは、伝達関数の全体像を整理しておきます。伝達関数には、**伝達関数$G(s)$**と**周波数伝達関数$G(j\omega)$**があります。

伝達関数の種類

● 伝達関数$G(s)$

ブロック線図では、複素数の関数で表された伝達関数$G(s)$を使うのが一般的です（s領域と呼ばれることもあります）。直観的に理解しやすいのは、$G(t)$といった時間tの関数ですが、式が複雑になるため、ラプラス変換という数学手法を用いてs領域で表すことで簡単に計算できるようにしました。

● 周波数伝達関数$G(j\omega)$

周波数伝達関数とは、**角周波数ω(rad/s)の正弦波交流信号を入力した場合における入力信号と出力信号の比**をいいます。

伝達関数$G(s)$を角周波数ω[rad/s]に置き換えた場合（$s \Rightarrow j\omega$）の伝達関数$G(j\omega)$を周波数伝達関数とも定義しています。

ここで重要になるのが**振幅比（ゲイン）**と**位相のずれ**（θ）です。次節以降で学びますが、ωの変化によるゲインおよび位相の変化をみることで周波数に対する応答を調べることができます。

デシベル単位による伝達関数の表し方

周波数伝達関数$G(j\omega)$は、**常用対数**を使って表されることがあります。単位がデシベル[dB]となります。常用対数を用いることで、幅広い範囲で伝達関数を表すことが可能になります。

伝達関数の定義

$R(s)$ → $G(s)$ → $X(s)$

$$G(s) = \frac{出力}{入力} = \frac{X(s)}{R(s)}$$

s領域で考えることで、複雑な計算をせずに済むのでラクです。

周波数伝達関数の定義

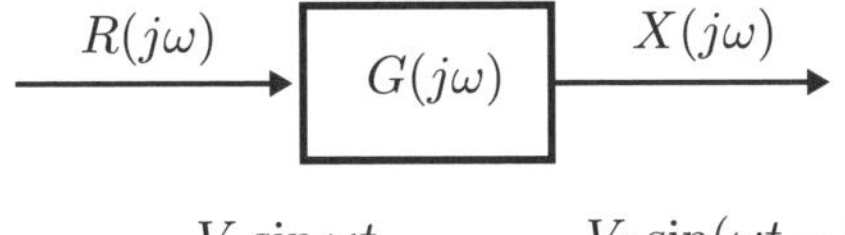

$V_i \sin \omega t$　　$V_0 \sin(\omega t - \theta)$

振幅比（ゲイン）

$$G = |G(j\omega)| = \left|\frac{X(j\omega)}{R(j\omega)}\right|$$

位相のずれ（θ）

$$\theta = \angle G(j\omega) = \angle \frac{X(j\omega)}{R(j\omega)}$$

デシベル単位で表した周波数伝達関数

$$g = 20 \log_{10} |G(j\omega)|$$

$$\theta = \angle G(j\omega)$$

$G(j\omega)$：周波数伝達関数

g：ゲイン [dB]

θ：位相 [°]

ワンポイント　デシベル単位で表すときは20をかける

周波数伝達関数はデシベル単位で表すことが多いです。試験でも伝達関数をデシベル単位で表すことがありますが、20倍するのを忘れがちです。デシベル単位に直すときは、常用対数($\log_{10}$)をとって20をかけると覚えておきましょう。

制御　ランク B　難易度 B

フィードバック制御系の安定判別

フィードバック制御の特性をグラフ化したボード線図からシステムの安定性を調べることができます

フィードバック制御系は出力が不安定になることもあります。制御系の安定性を調べるには、**ステップ信号**などを入力して応答をみます。

理想的なフィードバック制御系では、目標値にステップ信号を入力した場合、出力は目標値に一致するステップ信号が出力されるべきですが、実際には**遅れ時間**や**行き過ぎ量**を含んでいます。

出力は時間経過とともに目標値に向かって上がりますが、目標値を超えることもあります。この現象を**オーバーシュート（行き過ぎ量）**といい、安定した制御系ではフィードバックがかかり、いずれ許容値の範囲に出力が収まります。目標値に落ち着くまでの時間は短いほどよいといえます。

一方で、目標値に到達できないシステムを**不安定な制御系**といいます。目標値の前後を出力値が振動し続ける状態のことを**ハンチング**と呼びます。

ボード線図とは

ボード線図とは**ゲイン特性曲線**と**位相特性曲線**からなるグラフをいいます。ゲイン特性曲線は角周波数とゲイン、位相特性曲線は角周波数と位相の関係を表していて、このボード線図からフィードバック制御系が安定かどうかを調べることができます。**ゲイン余裕**と**位相余裕**が判断基準となります。**ゲイン余裕と位相余裕がある制御系は安定**と覚えておきましょう。

● ゲイン余裕

位相が−180°のとき、ゲインが0 dBから何dBの余裕があるかを示したものをいいます。

● 位相余裕

ゲインが0 dBのとき、位相が−180°から何度の余裕があるかを示したものをいいます。

ステップ応答と安定性

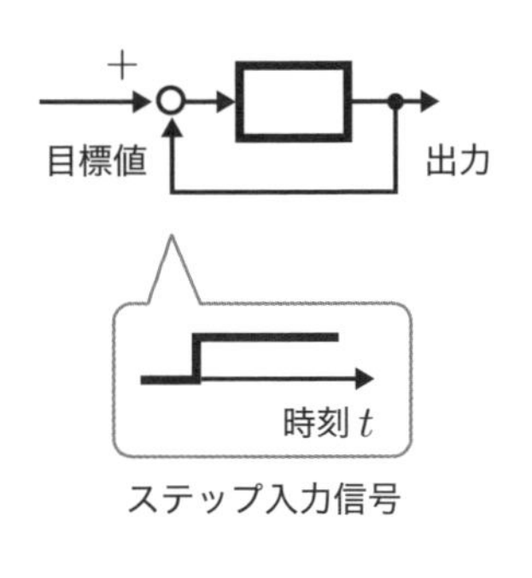

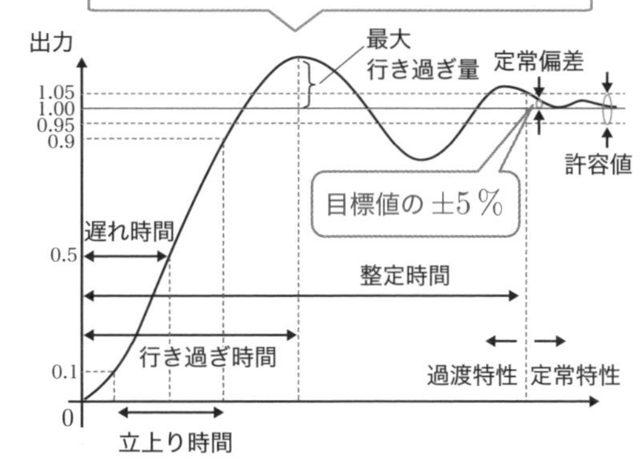

- 立ち上がり時間は出力が90%までの時間のこと
- 遅れ時間は出力が50%までの時間のこと
- 整定時間は出力が目標値の許容範囲±５%に達する時間のこと

ある制御系のボード線図

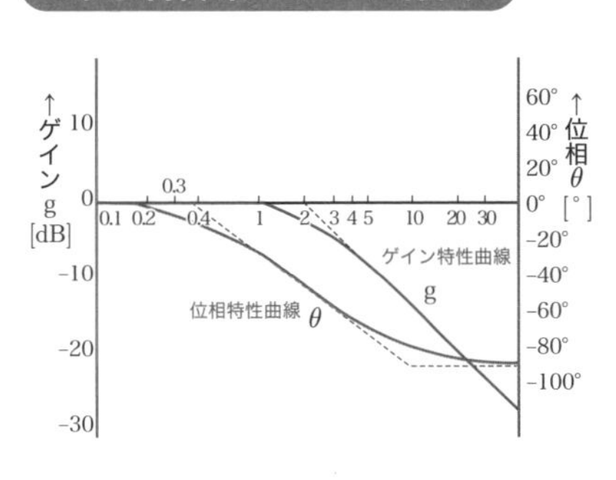

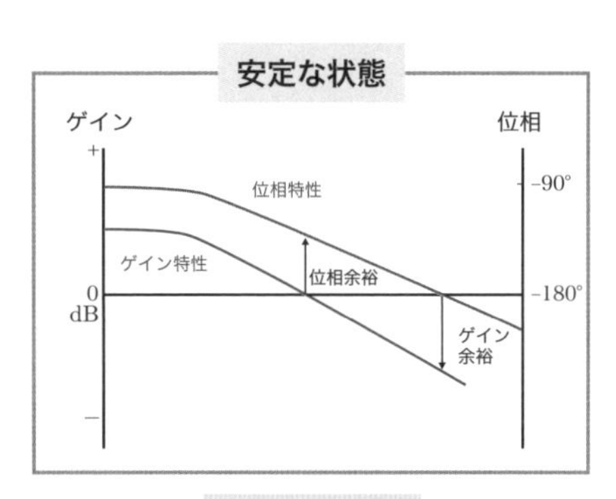

ゲイン余裕の安定判断基準は
位相が -180°のとき、
ゲイン＜０dB
位相余裕の安定判断基準は
ゲイン＝０dB のとき、
位相 $\theta > -180°$

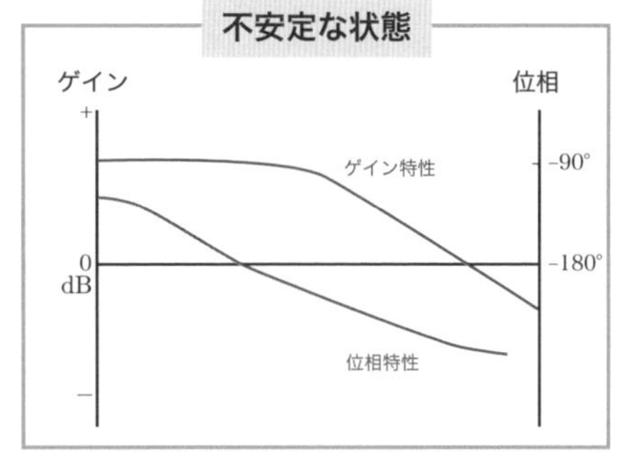

29 情報 ランク C 難易度 C

進数とは

情報分野では電気信号のオン・オフ（1と0）の2進数で伝達を行います。他に、10進数や16進数もあります。

私たちが普段使っている数字は**10進数**と呼ばれ、「0」から「9」までの10種類の記号を使って数値を表現しています。進数には他にも種類があり、n種類の記号を並べて数を表現する方法を**n進数**といいます。**2進数**は2つの数字（0と1）を使うので「2」進数、2進数の1桁のことは1ビットと定義されていることを覚えておきましょう。他には**16進数**が電気の世界でよく使われます。16進数では「0～9」の数字に加えて、「A～F」の記号を使って表現します。

進数の換算

進数は別の進数に換算することができます。試験で出題される3パターンを解説します。

● 10進数から2進数への換算方法

10進数から2進数に換算する場合、右に示すように10進数で表現された数を2で割り続けます。余りの数を下から順番に並べると、2進数へと換算することができます。

● 2進数から10進数への換算方法

2進数から10進数に換算する場合、2進数で表現された数の各桁それぞれに2^0、2^1、2^2…を掛け算し、その合計を取ることで求めることができます。16進数を10進数にしたい場合は、「2^0、2^1、2^2…」部分を「16^0、16^1、16^2…」に置き換えると求めることができます。

● 16進数から2進数への換算方法

16進数から2進数に換算する場合は、16進数で表現された数の1桁を2進数の4桁で表して並べるだけで簡単に換算ができます。2進数と16進数の対応表は一度、自分で書くなどして覚えておきましょう。

進数の対応表

10 進数	2 進数	16 進数
0	0	0
1	1	1
2	10	2
3	11	3
4	100	4
5	101	5
6	110	6
7	111	7
8	1000	8

10 進数	2 進数	16 進数
9	1001	9
10	1010	A
11	1011	B
12	1100	C
13	1101	D
14	1110	E
15	1111	F

進数の換算

10 進数から 2 進数への換算

「10」→「?」

2) 10　　余り
2) 5 ……… 0
2) 2 ……… 1
2) 1 ……… 0
　 0 ……… 1

下から順に並べれば2進数「1010」

2進数から 10 進数への換算

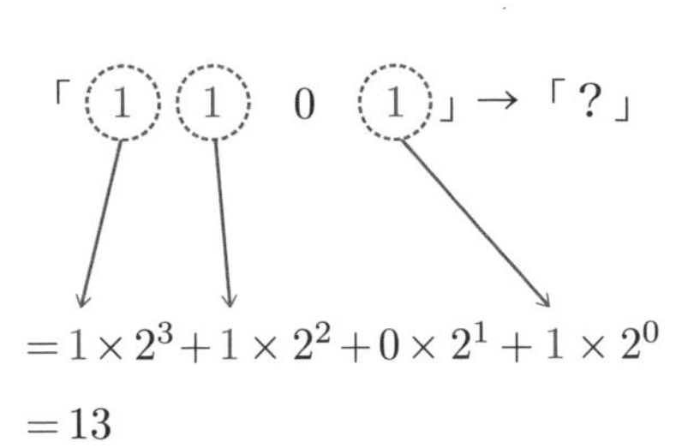

$$=1\times 2^3+1\times 2^2+0\times 2^1+1\times 2^0$$

$$=13$$

「1101」の 10 進数は「13」です。

16 進数から 2 進数への換算

(E　E　7) →「?」

「E」と「7」の2進数はそれぞれ「1110」「0111」であり、代入してそのまま並べると

(E　E　7)

の2進数は「1110　1110　0111」です。

ランク C　難易度 B

論理回路

論理回路とは入力条件により、出力結果が変わる回路をいいます

論理回路とは入力条件によって、出力結果が変わる回路のことをいいます。それぞれの回路には**図記号**、入出力の関係を表す表（**真理値表**）、**論理式**が定まっています。論理回路には、以下の６種類の基本回路があります。

論理回路の種類

● AND回路・NAND回路

AND回路はすべての入力が１の場合にのみ、出力が１となる回路をいい、NAND回路はAND回路の結果を否定した出力となる回路をいいます。

● OR回路・NOR回路

OR回路は入力回路のいずれかが１であれば出力が１となる回路をいい、NOR回路はOR回路の結果を否定した出力となる回路をいいます。

● XOR回路

入力信号が互いに異なるときのみ、出力が１となる回路をいいます。

● NOT回路

入力が0なら出力が１、入力が１なら出力が0となる回路をいいます。

論理式の特殊な計算方法

論理式を用いる計算は、余裕ができてから学習しましょう。参考までに通常の計算方法と異なるものを下記にまとめました。特にド・モルガンの定理は使う機会が多いです。

恒等則	$A+1=1$	分配則	$A+B\cdot C=(A+B)\cdot(A+C)$
二重否定	$\bar{\bar{A}}=A$	吸収則	$A\cdot(A+B)=A\quad A+A\cdot B=A$
補元則	$A\cdot\bar{A}=0\quad A+\bar{A}=1$	ド・モルガンの定理	$\overline{A\cdot B}=\bar{A}+\bar{B}\quad\overline{A+B}=\bar{A}\cdot\bar{B}$
べき等則	$A\cdot A=A\quad A+A=A$		

論理回路の種類

AND回路（論理積）

入力		出力
A	B	Y
0	0	0
0	1	0
1	0	0
1	1	1

図記号

論理式

$Y = A \cdot B$

NAND回路（否定論理積）

入力		出力
A	B	Y
0	0	1
0	1	1
1	0	1
1	1	0

図記号

論理式

$Y = \overline{A \cdot B}$

OR回路（論理和）

入力		出力
A	B	Y
0	0	0
0	1	1
1	0	1
1	1	1

図記号

論理式

$Y = A + B$

NOR回路（否定論理和）

入力		出力
A	B	Y
0	0	1
0	1	0
1	0	0
1	1	0

図記号

論理式

$Y = \overline{A + B}$

XOR回路（排他的論理和）

入力		出力
A	B	Y
0	0	0
0	1	1
1	0	1
1	1	0

図記号

論理式

$Y = \underbrace{A \cdot \bar{B}}_{\text{項}} + \bar{A} \cdot B$

NOT回路（否定）

入力	出力
A	Y
0	1
1	0

図記号

論理式

$Y = \bar{A}$

ワンポイント 基本の論理回路を理解しておこう

試験では複雑な論理回路が出題されることもありますが、どんな回路でも上に記載した基本の組合せに分解できます。

情報　ランク C　難易度 B

31

論理回路の応用

論理回路の応用に真理値表から論理式を求める問題があり、「主加法標準形」と「主乗法標準形」で求めます

論理回路の応用として、複雑な真理値表から論理式を導く問題があります。試験では、真理値表が与えられて選択肢から論理式を選びます。

真理値表から論理式を導く方法には**主加法標準形**で表す方法と**主乗法標準形**で表す方法がありますが、両者の決定的な違いとしては、論理式を立てる際に着目する出力、論理式を立てる際の否定をつけるルール、論理式をまとめる際の論理式の作り方の3つがあります。

主加法標準形の場合

主加法標準形は２ステップの作業で論理式を導く方法です。まずは**真理値表の出力が１の行に着目し、論理式を立てます。**

入力が１の場合はそのままの論理変数（A、B、C）としますが、入力が０の場合は$\bar{A}$や$\bar{B}$といった具合に論理変数に否定をつけます。そして、**最小項の論理式の和を取って論理式を作ります。**

主乗法標準形の場合

主乗法標準形も２ステップの作業で論理式を導くことができます。主乗法標準形は**真理値表の出力が０の行に着目し、論理式を立てます。入力が０の場合はそのままの論理変数とし、入力が１の場合は論理変数に否定をつけます。そして、最大項の論理式の積を取って論理式を作ります。**

論理回路の理解に必要な用語を右のワンポイントにまとめておきました。目を通したことがあるという程度の理解で十分なので、ざっと読んでおきましょう。

主加法標準形による論理式の求め方

入力			出力
A	B	C	Y
0	0	0	0
0	0	1	1
0	1	0	0
0	1	1	0
1	0	0	1
1	0	1	1

STEP①

出力「1」のものだけ
論理式を立てます

入力			出力	
A	B	C	Y	
0	0	0	0	
0	0	1	1	→ $\bar{A}\cdot\bar{B}\cdot C$
0	1	0	0	
0	1	1	0	
1	0	0	1	→ $A\cdot\bar{B}\cdot\bar{C}$
1	0	1	1	→ $A\cdot\bar{B}\cdot C$

STEP②

ＳＴＥＰ①で抽出した論理式の和を取ることで、表の論理式を求めることができます

$$\bar{A}\cdot\bar{B}\cdot C+A\cdot\bar{B}\cdot\bar{C}+A\cdot\bar{B}\cdot C$$

主乗法標準形による論理式の求め方

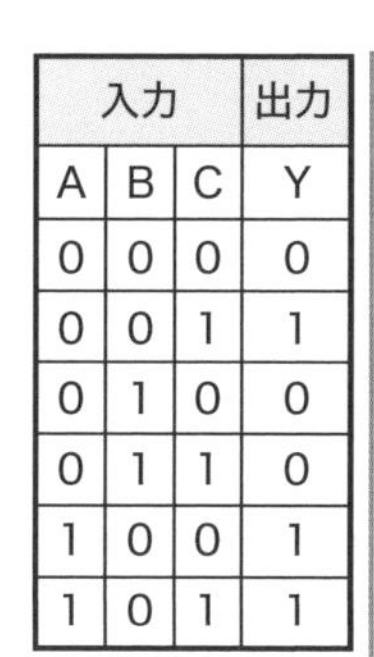

入力			出力
A	B	C	Y
0	0	0	0
0	0	1	1
0	1	0	0
0	1	1	0
1	0	0	1
1	0	1	1

STEP①

出力「0」のものだけ
論理式を立てます

入力			出力	
A	B	C	Y	
0	0	0	0	→ $A\cdot B\cdot C$
0	0	1	1	
0	1	0	0	→ $A\cdot\bar{B}\cdot C$
0	1	1	0	→ $A\cdot\bar{B}\cdot\bar{C}$
1	0	0	1	
1	0	1	1	

STEP②

ＳＴＥＰ①で抽出した論理式の積を取ることで、表の論理式が求まります

$$(A\cdot B\cdot C)\cdot(A\cdot\bar{B}\cdot C)\cdot(A\cdot\bar{B}\cdot\bar{C})$$

ワンポイント　標準項、最小項、最大項の考え方を整理しよう

標準項とはすべての変数を含む論理式をいいます。上の真理値表を例にすると、変数Ａ、Ｂ、Ｃをすべて含んでいる論理式です。Ａ・Ｂといった論理式は標準項ではありません。標準項の中で最も項が少ないものを最小項、最も項が多いものを最大項といいます。

照明 ランク C 難易度 C

照明分野の重要用語

照明の分野では光束、光度、照度、輝度といった光の明るさを表す用語を学習します

私たちがいつも目にしている光は、電磁波の一種です。**電磁波のうち、人間の眼に見える波長（380～770 nm）を光と呼んでいて、555 nmの光が一番よく見え、明るさを感じることができます。**また、光の明るさを表す用語として光束、光度、照度、輝度を整理しておきましょう。

光の明るさを表す用語

光束（記号は*F*, 単位は[lm]（ルーメン））は光源から人の眼に見える光がどれくらい出ているかを表すものです。単位時間あたりに通過する光量と覚えましょう。

光度（記号は*I*, 単位は[cd]（カンデラ））は光源からある方向に向かう光の単位立体角当たりの光束を表すものです。

照度（記号は*E*, 単位は [lx]（ルクス））はある面の単位面積当たりに照射される光束を表すものです。

輝度は輝きの度合いを表すもので、光源の状態によって、輝度の値は異なります。身近な例がパソコンやテレビです。これらの明るさを表現するために輝度が使われています。パソコンやテレビのディスプレイが発する光束の状態や、光を受け取る人が見る角度が異なると輝度に違いが起こります。

屋内の平均照度

屋内の平均照度はこれまでの考え方の応用となります。面を照らすランプの数、ランプ１つ当たりの光束、光束が面に到達する度合を示す照明率、光源の汚れや劣化による光束減少を見込んだ保守率を考慮した式により、屋内の平均照度を計算することができます。

光度・照度・輝度を求める公式

光度

$$I = \frac{F}{\omega}[\mathrm{cd}]$$

F：光束 [lm]

ω：立体角 [sr]

輝度

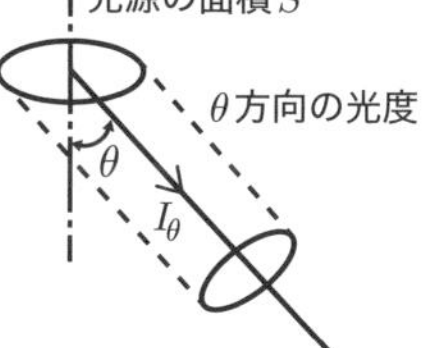

$$L = \frac{I}{S'}[\mathrm{cd/m^2}]$$

I：光度 [cd]

S'：見かけの面積 [m^2]

照度

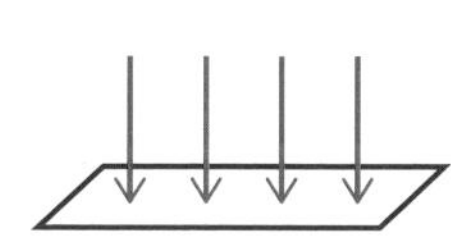

$$E = \frac{F}{S}[\mathrm{lx}]$$

F：光束 [lm]

S：面積 [m^2]

屋内の平均照度を求める公式

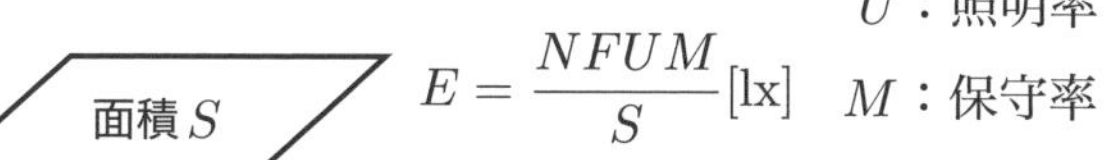

$$E = \frac{NFUM}{S}[\mathrm{lx}]$$

N：ランプ数 [個]

F：ランプ１個当たりの光束 [lm]

U：照明率

M：保守率

S：面積 [m^2]

問題にチャレンジ

問題 光度とはある面の単位面積当たりに照射される光束のことをいい、照度とは光源からある方向に向かう光の単位立体角当たりの光束をいいます。○か×か。

解説 光度は光源からある方向に向かう光の単位立体角当たりの光束、照度はある面の単位面積当たりに照射される光束のことをいいます。　答え：×

ランク C 難易度 B

33 光源別の照度

照度の計算式は光源の違いによって異なります。式をしっかり覚えておきましょう

点光源と直線光源

照度の計算式は光源によって変わるので注意が必要です。光源には大きく分けて、**点光源**と**直線光源**があります。実物でいえば、点光源には電球、直線光源には蛍光灯などがあります。

計算式の考え方としては、光束に対して光束を受ける表面積で求めることに変わりはありません。

距離の逆２乗の法則

光束を光度で置き換えて式を展開すると、**点光源による照度は光度に比例し、距離２乗に反比例する関係式が導けます。**これを**距離の逆２乗の法則**と定義しています。試験にも何度も出題されており、光度と照度を結び付ける重要な公式です。

光が斜めから照射する場合

光が斜めに入射する場面を考えてみましょう。光は斜めから入射すると、光を受ける面の面積は、真正面から入射する場合の面積と比べて大きくなるため、照度は小さくなります。この関係性をまとめた定理が**入射角余弦の定理**です。

光が入射するとき、入射方向と光が当たる面の法線がなす角度を入射角といい、水平面の照度E'は入射前の光の照度Eの$\cos\theta$倍になります。

計算が少し複雑になることもあって、試験でも高頻度で出題されていますので、理解しておきましょう。

点光源の照度

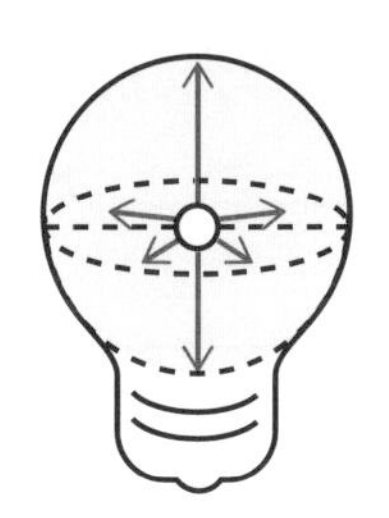

$$E = \frac{光束}{表面積} = \frac{F}{S}$$

距離の逆2乗の法則

$$E = \frac{F}{S}$$

$$E = \frac{4\pi I}{4\pi r^2}$$

$$E = \frac{I}{r^2}$$

光度 $I = \frac{F}{\omega}$ を $F = \omega I$ にして式を展開することで、光度と距離の関係性を導くことができました。

直線光源の照度

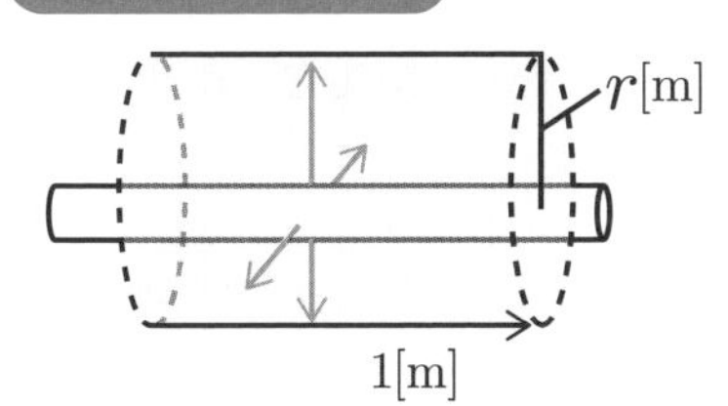

$$E = \frac{光束}{面積} = \frac{F}{S} = \frac{F}{2\pi r}$$

（参考）水平面の照度の求め方

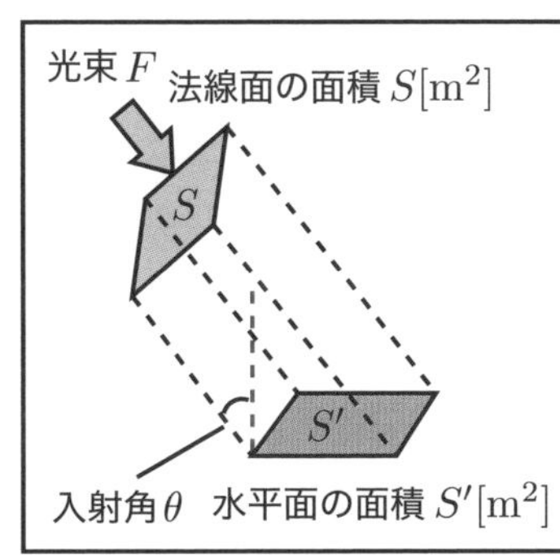

$$E' = \frac{F}{S'}$$

$$E' = \frac{F}{\frac{S}{\cos\theta}}$$

$$E' = \frac{F}{S}\cos\theta$$

$$E' = E\cos\theta$$

法線面は光束と垂直な面のことです。
法線面と水平面には

$$S' = \frac{S}{\cos\theta}$$

の関係性があります。

ランク C　難易度 C

透過率・吸収率・反射率と光束発散度

光は物質に入射すると、物質を透過する光、吸収される光、反射する光の3つに分かれます

透過率τ、吸収率α、反射率ρ

光は物質に入射するとき、物体を透り抜ける光束、吸収される光束、反射する光束の３つに分かれます。光の分かれる度合をそれぞれ**透過率**τ、**吸収率**α、**反射率**ρで表すことができます。

入射する光束に対する透過する光束の割合が透過率、入射する光束に対する吸収される光束の割合が吸収率、入射する光束に対する反射する光束の割合が反射率で、ガラスは透過率が高い、黒の物質は吸収率が高い、鏡は反射率が高いと覚えておくとよいでしょう。

また、**透過率τ＋吸収率α＋反射率ρ＝１という関係式が成立します。**

光束発散度とは

光束発散度とは、単位面積当たりから発する光束をいい、**透過面もしくは反射面から発する光束を示すもの**です。光束を発するため、透過面や反射面は二次光源と呼ぶことがあります。光束発散度は照度と混乱しやすいですが、照度は単位面積当たりに入射する光束のことをいいます。

照明器具を例に光束発散度を考えてみましょう。照明器具の内部には光源が存在していて、ガラスなどを透過した光が部屋を照らします。**照明器具の表面の照度（光束発散度）は透過率に影響を受けます。**どの方面から見ても明るさ（輝度）が変わらない面が理想ですが、この面のことを**完全拡散面**といいます。**完全拡散面では「光束発散度＝ $\pi\times$ 輝度」**という関係があることがわかっています。

透過率・吸収率・反射率を求める公式

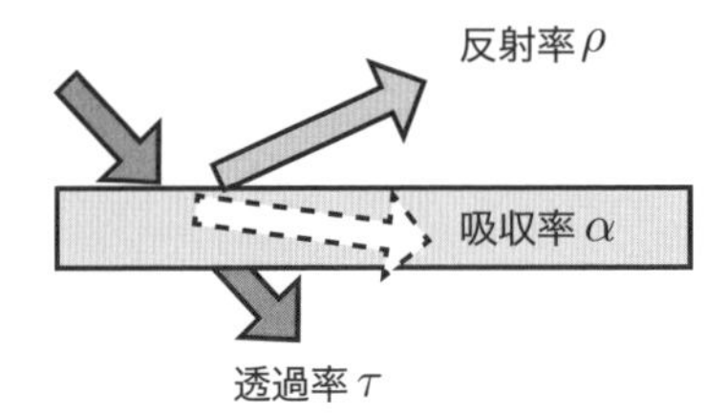

$$\text{透過率}\ \tau = \frac{\text{透過する全光束}}{\text{入射する全光束}}$$

$$\text{吸収率}\ \alpha = \frac{\text{吸収する全光束}}{\text{入射する全光束}}$$

$$\text{反射率}\ \rho = \frac{\text{反射する全光束}}{\text{入射する全光束}}$$

光束発散度の定義

透過面での光束発散度

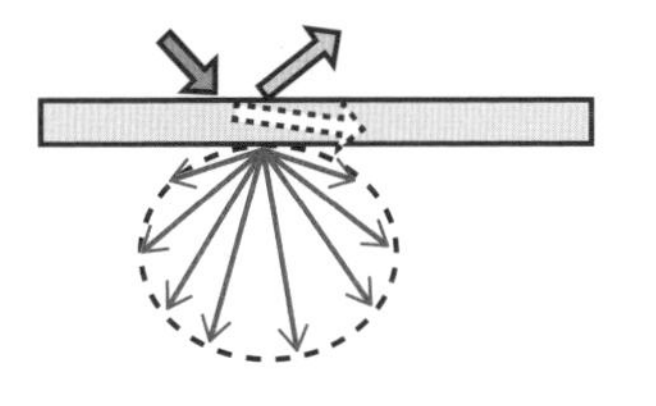

光束発散度 $M\tau =$ 照度 $E \times$ 透過率τ

反射面での光束発散度

光束発散度 $M\rho =$ 照度 $E \times$ 反射率ρ

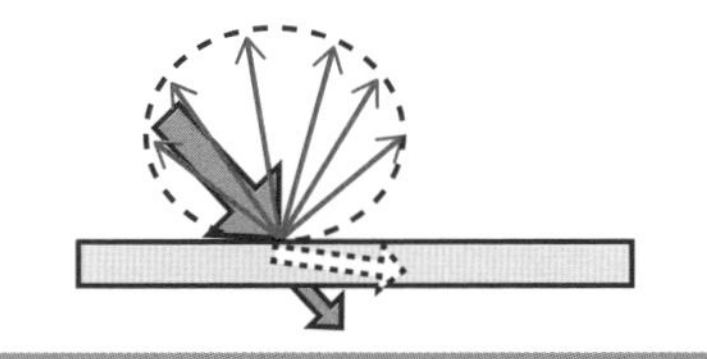

問題にチャレンジ

問題 光束F[lm]の均等放射光源の全光束の50％で面積S[m^2]の完全拡散性白色紙の表面を一様に照射して、透過率40％の透過光により照明を行ったとき、透過して白色紙の裏面の光束発散度[lm/m^2]の値は$\frac{0.8F}{S}$である。〇か×か。

解説 透過面の照度E[lx]は

$$E = \frac{\Phi}{S} = \frac{F \times 0.5}{S} = \frac{0.5F}{S}$$

であるので、光束発散度$M\tau$は

$$M\tau = E \times \tau = \frac{0.5F}{S} \times 0.4 = \frac{0.2F}{S} [\text{lm/m}^2]$$

答え：×

照明分野の例題

図のように、配光特性の異なる２個の光源A, Bをそれぞれ取り付けたとき、次の (a) 及び (b) に答えよ。

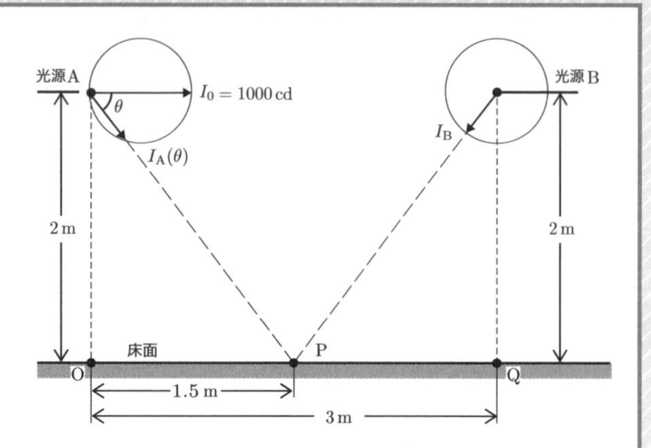

ただし、光源Aは床面に対し平行な方向に最大光度I_0[cd]で、このI_0の方向と角θをなす方向に$I_A(\theta) = 1000\cos\theta$[cd]の配光をもつ。光源Bは全光束5000[lm]で、どの方向にも光度が等しい均等放射光源である。

(a)　光源Aだけを点灯したときの点Pの水平面照度[lx]

(b)　光源AとB両方を点灯したときの点Pの水平面照度[lx]

【平成 22 年・問 17 改】

解答

(a) 光源Aからθをなす方向の床面までの距離をd[m]、照度をE_A[lx]とすると、

$$E_A = \frac{I_A(\theta)}{d^2}$$

水平面照度をE'_A[lx]とすると、

$$E'_A = E_A \times \sin\theta = \frac{I_A(\theta)}{d^2} \times \sin\theta = \frac{1000 \times \frac{1.5}{\sqrt{2^2+1.5^2}}}{(\sqrt{2^2+1.5^2})^2} \times \frac{2}{\sqrt{2^2+1.5^2}} = 76.8[\mathrm{lx}]$$

よって、答えは76.8 lxとなります。　**正解**　76.8 [lx]

(b) 光源Bの球全体に放射される全光束は5000[lm]、球の全方向立体角は4π[sr]なので、

$$I_B = \frac{5000}{4\pi} \fallingdotseq 398.1\,\mathrm{cd}$$

水平面照度をE'_B[lx]とすると、

$$E'_B = \frac{398.1}{(\sqrt{2^2+1.5^2})^2} \times \frac{2}{\sqrt{2^2+1.5^2}} \fallingdotseq 50.96\,\mathrm{lx}$$

点Pの水平面照度$E[\mathrm{lx}] = E'_A + E'_B = 76.8 + 50.96 \fallingdotseq 128\,\mathrm{lx}$

よって、答えは128 lxとなります。　**正解**　128 [lx]

管径36 mmの完全拡散性無限長直線光源を床面上3 mの高さに床面と平行に配置した。光源からは単位長当たり3000 lm/mの光束を一様に発散しているものとして、次の (a) 及び (b) に答えよ。

(a) 直線光源の光束発散度$M[\mathrm{lm/m^2}]$の値は次のうちどれか。

(1) 4.2×10^3　(2) 8.4×10^3　(3) 26.5×10^3　(4) 74.7×10^3

(5) 83.3×10^3

(b) 光源直下の床面の水平面照度$E_h[\mathrm{lx}]$の値として、最も近いのは次のうちどれか。

(1) 80　(2) 159　(3) 239　(4) 318　(5) 333

【平成 18 年・問 17】

解答

(a) 光束を$F[\mathrm{lm/m}]$、管径36 mm、長さ1 m当たりの面積を$S[\mathrm{m^2}]$とすると、

$$M = \frac{F}{S} = \frac{3000}{36 \times 10^{-3} \times \pi \times 1} \fallingdotseq 26.5 \times 10^3\,\mathrm{lm/m^2}$$

(b) 無限直線光源は、光源を中心とした円筒として考える。

長さ 1m 当たりの面積を$S'[\mathrm{m^2}]$とすると、

$$E_h = \frac{F}{S'} = \frac{3000}{3 \times 2 \times \pi \times 1} \fallingdotseq 159\,\mathrm{lx}$$

よって、答えは 159 lxとなります。　**正解**　(a) (3)

(b) (2)

電動機応用　ランク C　難易度 C

電動機応用の基礎

電動機応用の問題を解くにはトルクや慣性モーメント、はずみ車効果といった物理知識が必要です

電動機応用の試験問題を解くための用語と数式を理解しておきましょう。

●トルクと動力

力が物体を回転させようとする働きを**力のモーメント**といい、特に回転軸を中心に働く回転力のことをトルクと呼びます。**トルクの大きさには「加える力×距離（回転軸の中心Oから力の作用点との距離）」**という関係性があります。ボルトを締め付けるとき、中ほどよりも柄の端を持って締める方が小さな力ですむことをイメージしてください。

●慣性モーメント

慣性モーメントは「**回転のさせにくさ**」「**回転のとめにくさ**」を表すものです。**回転体の質量が大きく半径が大きいほど、回転体はとめにくい**といった物理現象を表しています。質量m[kg]の物体が回転半径r[m]、角速度ω[rad/s]（回転速度N[m/s]）で回転運動をしているとき、回転軸に対する慣性モーメントおよび運動エネルギーの式は右の式で表すことができます。

●はずみ車効果

電動機の軸の慣性モーメントを増す目的で、軸に取り付ける鉄の輪を**フライホイール（はずみ車）**といいます。これがあることで、停電時など電動機の電源を失って軸動力がない状態でも、電動機が数秒間回転し続けることができます。$m = G$[kg]のはずみ車の直径を$D = 2r$[m]としたとき、慣性モーメントと運動エネルギーの式に代入すると、次のように展開できます。

$$J = G\left(\frac{D}{2}\right)^2 = \frac{GD^2}{4} \quad W = \frac{1}{2}G\left(\frac{D}{2}\right)^2(\omega)^2 = \frac{1}{8}GD^2\omega^2$$

GD^2をはずみ車効果といい、慣性モーメントJとは4分の1の関係性があります。はずみ車効果と慣性モーメントを混合して覚えがちなので、注意しましょう。

トルクの公式

トルク $[\mathrm{N \cdot m}]$ = 力 $[\mathrm{N}]$ × 距離 $[\mathrm{m}]$

トルクに対して、力と距離には反比例の関係性があることを覚えましょう。

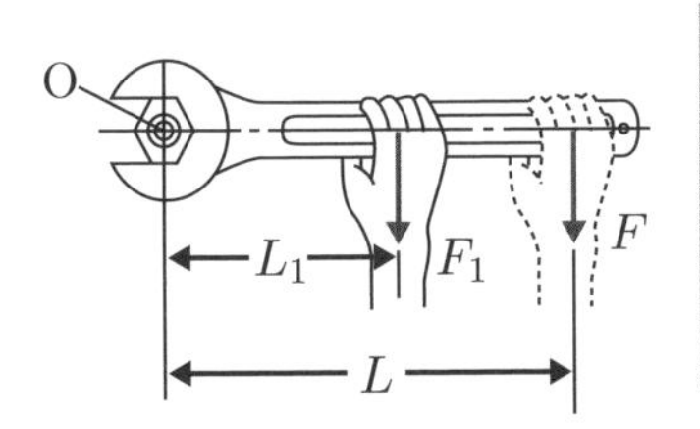

POINT

・柄の端を持って締める時のトルク

$\Rightarrow T = F \times L \quad [\mathrm{N \cdot m}]$

・柄の中ほどを持って締める時のトルク

$\Rightarrow T_1 = F_1 \times L_1 \quad [\mathrm{N \cdot m}]$

慣性モーメントと回転体の運動エネルギーの公式

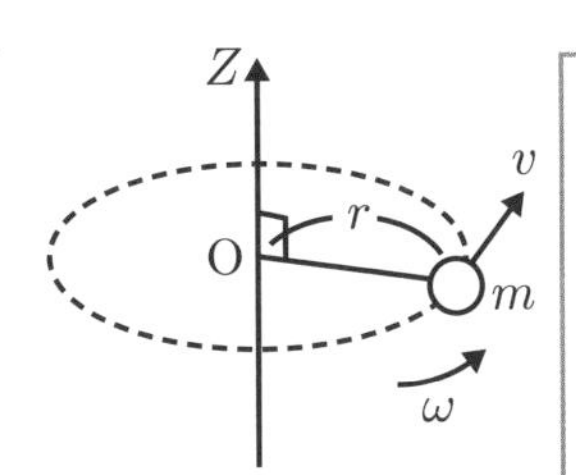

慣性モーメント J

$J = mr^2 [\mathrm{kg \cdot m^2}]$

m：質量 $[\mathrm{kg}]$

r：半径 $[\mathrm{m}]$

運動エネルギー W

$W = \frac{1}{2} J\omega^2 = \frac{1}{2} J \left(\frac{2\pi N}{60} \right)^2 [\mathrm{J}]$

J：慣性モーメント $[\mathrm{kg \cdot m^2}]$

ω：角速度 $[\mathrm{rad/s}]$

N：回転速度 $[\mathrm{min^{-1}}]$

$\omega = 2\pi \frac{N}{60}$ を代入した式です。

はずみ車効果で表現した回転体の運動エネルギーの公式

慣性モーメントとはずみ車効果 GD^2 の関係式

$J = \frac{GD^2}{4} [\mathrm{kg \cdot m^2}]$

G：質量 $[\mathrm{kg}]$

D：直径 $[\mathrm{m}]$

はずみ車効果 GD^2 で表現した運動エネルギー

$W = \frac{1}{8} GD^2 \omega^2 [\mathrm{J}]$

G：質量 $[\mathrm{kg}]$

D：直径 $[\mathrm{m}]$

ω：角速度 $[\mathrm{rad/s}]$

電動機応用　ランク C　難易度 C

電動機応用の分野

電動機応用では、天井クレーン、エレベータ、ポンプ、送風機の所要出力を求める問題が出題されます

電動機を応用した製品には、**クレーン**や**エレベータ**、**ポンプ**、**送風機**などがあり、私たちの社会を支えていますが、これらが試験問題として扱われます。ほかには、基礎編で学習した**慣性モーメント**や**はずみ車効果**といった物理の知識を問う問題が出題されます。言葉の示す意味や設備の名称、式の意味を一つずつ理解していきましょう。

天井クレーンの所要出力

天井クレーンは右の図で示す通り、３つの電動機（巻上用電動機、横行用電動機、走行用電動機）で構成されています。

巻上用電動機の所要出力は「運動量＝力×速度」を効率で割ることで表すことができます。また、巻上用の電動機であるため、上下方向を考えることから、エレベータと同様、**重力加速度（$\mathbf{9.8\,m/s^2}$）**を考慮する必要があります。力F_1[N]は力＝質量×重力加速度（$F = ma$）より$F_1 = 9.8M_1$が入ります。

一方で、横行用電動機と走行用電動機の所要出力は横や縦方向の移動ですから、**走行抵抗**（μ_2[N/t], μ_3[N/t]）を考慮した式となります。

エレベータの所要出力

エレベータは、右の図に示す通り、「人が乗るかご」と「釣合いおもり」で構成されます。釣合いおもりの質量をM_B[kg]、かごの質量をM_C[kg]、積載質量をM_L[kg]、効率をη、速度をV[m/min]としたとき、エレベータの電動機の所要出力P[W]は右の式で表すことができます。

エレベータの電動機の所要出力の公式は巻上用電動機と同じく、「**運動量＝力×速度**」から導いたものです。釣合いおもりは電動機の巻上荷重を軽減でき、かごと積載の質量に近いほど所要出力は少なくてすみます。

天井クレーンに関わる所要出力

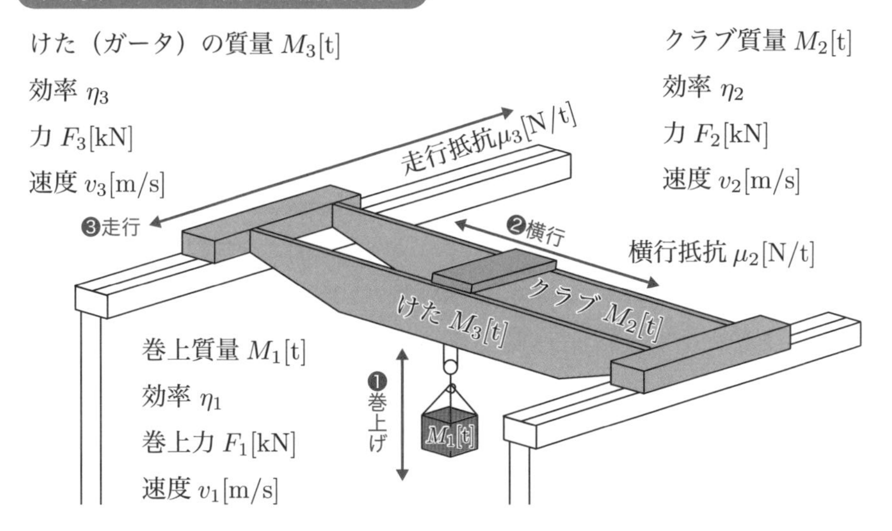

①巻上用電動機の所要出力 P_1

$$P_1 = \frac{F_1 v_1}{\eta_1} = \frac{9.8 M_1 v_1}{\eta_1} [\mathrm{kW}]$$

②横行用電動機の所要出力 P_2

$$P_2 = \frac{F_2 v_2}{\eta_2} = \frac{\mu_2 (M_1 + M_2) v_2}{\eta_2} [\mathrm{kW}]$$

③走行用電動機の所要出力 P_3

$$P_3 = \frac{F_3 v_3}{\eta_3} = \frac{\mu_3 (M_1 + M_2 + M_3) v_3}{\eta_3} [\mathrm{kW}]$$

エレベータの所要出力

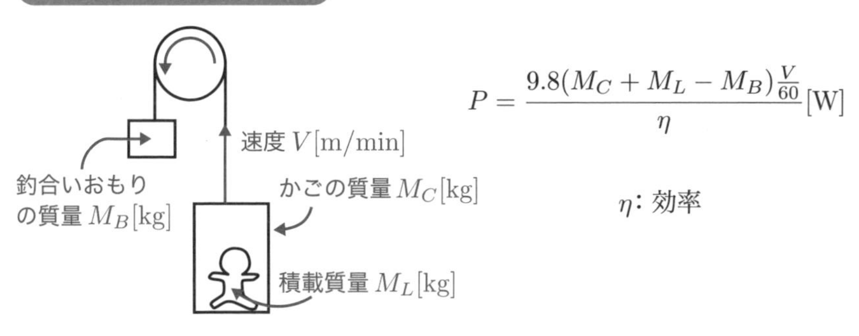

$$P = \frac{9.8 (M_C + M_L - M_B) \frac{V}{60}}{\eta} [\mathrm{W}]$$

η: 効率

ポンプの所要出力

ポンプの電動機の所要出力の式は右に示す通り、**揚水量**[$\mathbf{m^3/min}$]、**重力加速度**（$\mathbf{9.8\,m/s^2}$）、**揚程**[m]、**余裕係数**、**効率**で表されます。式は位置エネルギーの公式（$U=mgh$[J]）から導いたもので、所要出力の単位が[kW]であることに注意しましょう。

また、公式で使用する揚程は実揚程（ポンプの吸込み水面から吐出し水面までの高さ）ではなく、管内の摩擦損失なども含めた**全揚程**です。

実揚程と全揚程がよくわからない人は、「100 mの高さまで水を送りたい場合」を考えてみるとよいでしょう。揚程 100 mで出力計算し、設計してしまうと、配管損失等があるため所要出力が足りないことが想像できます。

また、揚水量Q[$\mathrm{m^3/min}$]は１分当たりに送水する水の量であるため、１秒当たりの水量を示すために、60 で割っている点にも注意が必要です。

送風機の所要出力

送風機の電動機の所要出力は右に示す通り、**風量**[$\mathbf{m^3/min}$]、**風圧**[**Pa**]、**余裕係数**、**効率**で表されます。式は「**運動量＝力×速度**」から導いたもので、所要出力は[W]です。

風圧Hの単位[Pa]は[$\mathrm{N/m^2}$]であるため、風圧Hに風が通る断面積A[$\mathrm{m^2}$]をかけることで力[N]となります。したがって、運動量はHAに風速をかけることで求めることができます。送風機で送る風の運動エネルギーを送風機の総合効率で割ることで、送風機に必要な電力を求めることもできます。

風の運動エネルギー

風の運動エネルギーは風速の３乗に比例し、通風路の断面積の１乗に比例すること、送風機の所要電力は風の運動エネルギーの１乗に比例することを覚えておきましょう。風の運動エネルギーの計算は電力科目でも出題されるので、大事な知識です。

ポンプの電動機の所要出力

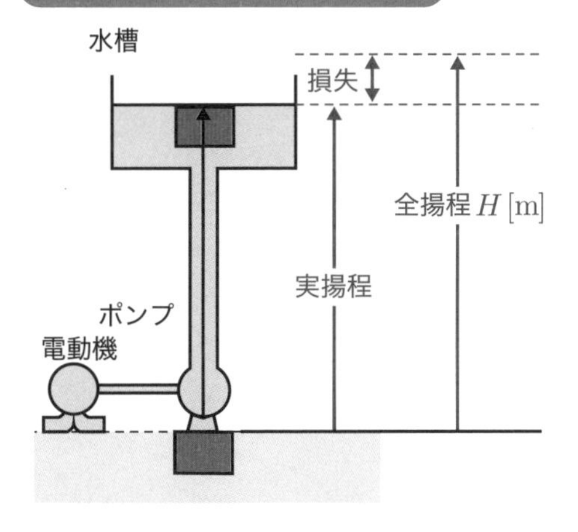

$$P = k\frac{9.8\left(\frac{Q}{60}\right)H}{\eta}[\mathrm{kW}]$$

Q：揚水量 $[\mathrm{m^3/min}]$

H：全揚程 $[\mathrm{m}]$

k：余裕係数

η：効率

重力加速度：$9.8\,\mathrm{m/s^2}$

送風機の所要出力

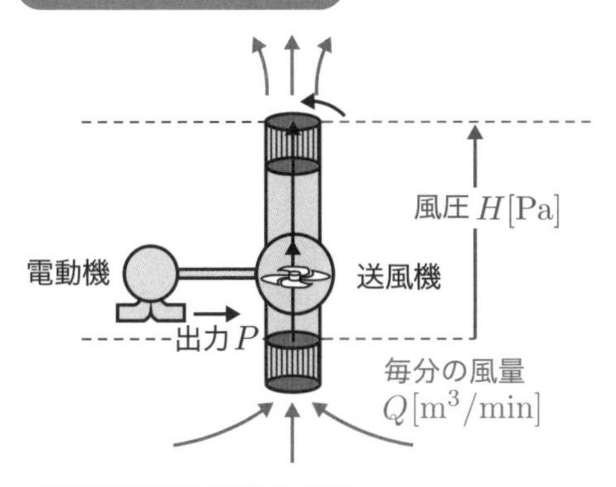

$$P = k\frac{\left(\frac{Q}{60}\right)H}{\eta}[\mathrm{W}]$$

Q：風量 $[\mathrm{m^3/min}]$

H：風圧 $[\mathrm{Pa}]$

k：余裕係数

η：効率

風の運動エネルギー

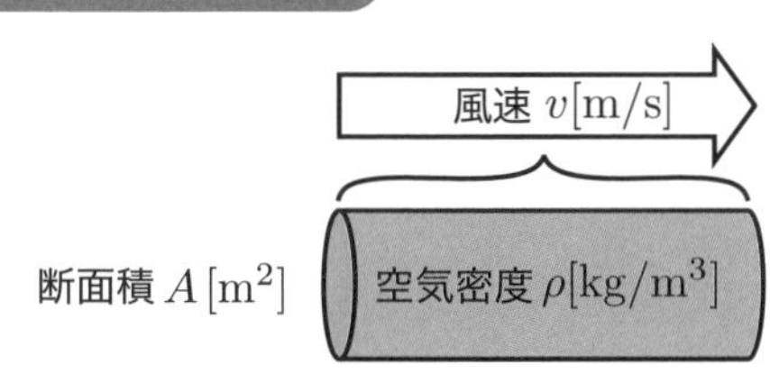

$$W = \frac{1}{2}\rho A v^3[\mathrm{W}]$$

ρ：空気の密度 $[\mathrm{kg/m^3}]$

A：通風路の断面積 $[\mathrm{m^2}]$

v：風速 $[\mathrm{m/s}]$

電動機応用分野の例題

運動エネルギーの式$W=\frac{1}{2}mv^2$から回転エネルギーの式$W=\frac{1}{2}J\omega^2$を導け。
ただし、回転体の質量をm[kg]、周速度をv[m/s]とする。

解答

回転体の半径をr[m]としたとき、周速度v[m/s]と角速度ω[rad/s]の間には$v=r\omega$の関係が成り立ちます。したがって

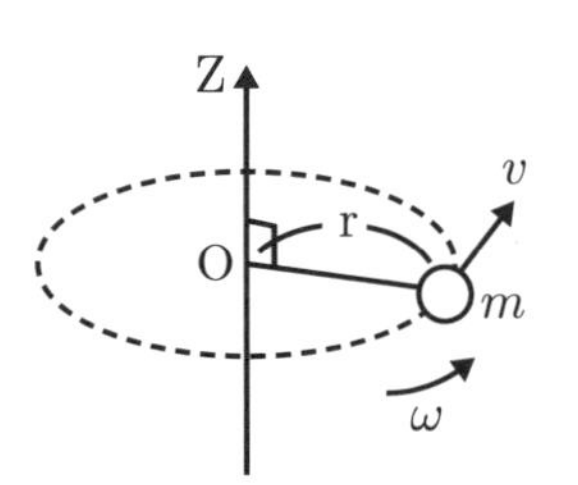

$$W=\frac{1}{2}mv^2=\frac{1}{2}m(r\omega)^2=\frac{1}{2}mr^2\omega^2$$

慣性モーメントは$J=mr^2$であるため

$W=\frac{1}{2}J\omega^2$であることがわかります。

かごの質量が250 kgのロープ式エレベータにて、釣合いおもりの質量1000 kg、積載量を1500 kgとし、エレベータの電動機出力を22 kWとした場合、かごが一定速度で上昇しているときの速度の値[m/min]はいくらになるか。ただし、エレベータの機械効率は70 %、ロープの質量は無視する。

【令和元年・問 11 改】

解答

$$P=\frac{9.8(M_C+M_L-M_B)\frac{V}{60}}{\eta}\,[\mathrm{W}]$$

電動機が持ち上げる質量である

$M_C+M_L-M_B$

を計算すると

$$250 + 1500 - 1000 = 750\,\mathrm{kg}$$

であることがわかります。

エレベータの電動機出力22 kW、エレベータの機械効率70 %であるため

$$22 \times 10^3 = \frac{9.8(750)\frac{V}{60}}{0.7}$$

上式を変形して、かごの上昇速度を求めると

$$V = \frac{0.7 \times 60 \times 22 \times 10^3}{9.8 \times 750} \fallingdotseq 125.7$$

よって、答えは126 m/minとなります。

正解　126 [m/min]

風速をv[m/s]、通風路の断面積をA[m^2]、空気の密度をρ[kg/m^3]としたとき、運動エネルギーの公式から送風機で送る風の運動エネルギーを表す式$W = \frac{1}{2}\rho A v^3$[W]を求めよ。

解答

風速をv[m/s]、通風路の断面積をA[m^2]とすると、単位時間当たりに通過する空気の体積はvA[m^3]となります。

空気の密度をρ[kg/m^3]とするとき、単位時間当たりに通過する空気の質量はρvA[kg/s]となります。

運動エネルギーの公式に代入すると

$$W = \frac{1}{2}mv^2 = \frac{1}{2}(\rho vA)v^2 = \frac{1}{2}\rho A v^3\,[\mathrm{W}]$$

となります。

面積$1\,\mathrm{km}^2$に降る１時間当たり$60\,\mathrm{mm}$の降雨を貯水池に集め、これを 20 台の同一仕様のポンプに分担し、全揚程$12\,\mathrm{m}$を揚水して河川に排水する場合、各ポンプの駆動用電動機の所要出力[kW]の値はいくらになるか。ただし、１時間当たりの排水量は降雨量に等しく、ポンプ効率は 0.82、設計製作上の余裕係数は 1.2 とする。

【平成 14 年・問 7】

解答

1 分間当たりの降雨量を求めます。

1 分間当たりの降雨量

$= 60\,\mathrm{mm} \times 1\,\mathrm{km}^2 \div 60$ 分 $= (60 \times 10^{-3}) \times (1000 \times 1000) \div 60$

よって、$1000\,\mathrm{m}^3/\mathrm{min}$となります。

ポンプ 1 台当たりの揚水量は

$$Q = \frac{1000}{20} = 50\,\mathrm{m}^3/\mathrm{min}$$

ポンプの電動機出力の公式は

$$P = k\frac{9.8\left(\frac{Q}{60}\right)H}{\eta}[\mathrm{kW}]$$

与えられた数字を代入すると

$$P = k\frac{9.8\left(\frac{Q}{60}\right)H}{\eta} = 1.2 \times \frac{9.8 \times \left(\frac{50}{60}\right) \times 12}{0.82} \fallingdotseq 143.41\,\mathrm{kW}$$

よって、答えは$143\,\mathrm{kW}$となります。

正解　143 [kW]

第5章

法規科目

電気設備に関わる法律である電気事業法、電気工事士法、電気用品安全法、電気工事業法、省令である電気設備技術基準について学習します。膨大な条文を全部覚えるのは簡単ではないため、優先順位を付けて大事なところから吸収していきましょう。

概要

法規科目をチェック

「電気法規（技術基準を含む）」と「電気施設管理」が試験範囲です

法規科目の試験問題数は13問です。法律に関する文章問題がA問題として10問、計算問題がB問題として3問出題されます。

A問題は、「**電気事業法**」「**電気用品安全法**」「**電気工事士法**」「**電気工事業法**」の4つの法律が試験範囲に該当します。他には、電気事業法の中に定められていて、保安上欠かすことのできない内容のみが規定されている「**電気設備の技術基準（電気設備に関する技術基準を定める省令）**」、具体的な手段や方法などを記載した「**電気設備の技術基準の解釈**」も出題されます。火力発電所や水力発電所、風力発電所などに用いられる設備には専用の基準が定められていますが、電験三種の法規では風力発電所の専用の技術基準である「**発電用風力設備に関する技術基準を定める省令**」のみ出題されます。

電気事業法や電気設備技術基準に関する問題が最も多く出題されますが、難易度も高いことから数年に1度出題される他の法律でも点数を取れるようにしておく必要があります。

B問題は余裕のある時期に解いて整理する

B問題では**技術基準と施設管理に関する計算問題**が出題されます。技術基準に関する問題はおおよそ7種類、施設管理に関する問題は6種類あり、合計13種類の計算方法を習得すれば満点の40点を狙えます。理論科目や電力科目、機械科目で学習した内容も登場します。本書では、特に重要な**たるみ計算、B種D種接地の抵抗計算、風圧荷重計算、絶縁電線の許容電流計算、絶縁耐力試験に関する計算、力率改善、日負荷曲線**を解説しています。

法規科目は、①法律をざっくり読む、②各法律の重要部分を読み込む、③試験2～1か月前の余裕がある時期に計算問題を解いて整理するという順番で進めるのが理想的です。

A問題（法律に関する文章問題）

電気法規

電気事業法（2問程度／13問）	電気工事士法（0～1問程度／13問）
電気用品安全法（0～1問程度／13問）	電気工事業法（0～1問程度／13問）

0～1問程度は数年に1度出題されることを意味します。

技術基準

電気設備技術基準（7問程度／13問）	発電用風力設備の技術基準（0～1問程度／13問）

B問題（計算問題）

電気設備技術基準（計算）（2問／13問）	施設管理（2問程度／13問）

技術基準に関する問題が大半を占めることがわかります。

計算問題の種類

電気設備の技術基準に関する計算問題	
たるみ計算	支線張力計算
B種D種接地の抵抗計算	風圧荷重計算
低圧電路の絶縁性能計算	絶縁電線の許容電流計算
絶縁耐力試験	

施設管理に関する計算問題	
力率改善	短絡電流計算
日負荷曲線	地絡電流計算
水力発電所の出力計算	変圧器の損失と効率

支線張力計算や水力発電所の出力計算は電力科目、変圧器の損失と効率は機械科目ですでに解説しましたね。

ワンポイント 法規科目の点数配分は他の科目と異なります

法規科目では、A問題は10問各6点の合計60点、B問題は13点、13点、14点の合計40点と点数配分が他の科目と異なります。B問題を2問解けなかった場合、他の問題を全問正解しても73～74点しか取れません。計算問題がいかに大切なのかがわかります。

電気事業法　ランク A　難易度 B

電気に関する法律

主に「電気事業法」「電気用品安全法」「電気工事士法」「電気工事業法」があります

法令とは憲法、法律、命令、政令、省令、条例で構成されるものをいいます。**電気事業法**など「〜法」「〜法律」とあるものは法律であり、国会で定めたものです。**電気設備に関する技術基準を定める省令（以下、電技）**などは大臣が定める省令（規則・施行規則）に該当します。

法規の試験では条文の文言がそのまま出題されることもあるため、条文の用語を覚えることが求められます。本書の太字部分が穴埋め問題として出題されることが多いです。法律の全文を覚えることはかなり難しいので、まずはポイントを絞って覚えていくとよいでしょう。

電気事業法は、電気事業のあり方や活動の規制を行うための基本的な法律です。電気事業法の中には施行令、規則、省令があり、電気事業や電気工作物の保守・運用を定めています。

電気事業法の目的は、電気事業法の第1条で定義されています。

●電気事業法第1条(目的)

「電気事業の運営を適正かつ合理的ならしめることによって、**電気の使用者の利益**を保護し、及び**電気事業の健全な発達**を図るとともに、電気工作物の工事、維持及び**運用**を規制することによって、**公共の安全**を確保し、及び**環境の保全**を図ることを目的とする。」

電気工作物の種類

条文中に**電気工作物**という言葉がありますが、**電気工作物とは発電、変電、配電、電気の使用のために設置する設備**をいい、**事業用電気工作物**と**一般用電気工作物**で分類されています。事業用電気工作物はさらに**電気事業用電気工作物**と**自家用電気工作物**に分かれます。分類の基準は電圧の大きさと使用用途の違いです。

電気事業法まとめ

電気事業法

- 電気事業法施行令
- 電気関係報告規則
- 電気設備に関する技術基準を定める省令
- 発電用設備に関する技術基準を定める省令
- 発電用風力設備に関する技術基準を定める省令

発電用設備に関する技術基準には、火力、原子力に関するものもありますが、発電用風力設備に関する技術基準のみが試験範囲です。

電気事業法の５つの目的

①電気の使用者の利益

②電気事業の健全な発達

③電気工作物の運用規制

④公共の安全

⑤環境の保全

５つの目的は試験で問われるので確実に覚えましょう！

電気工作物の種類

- 電気工作物
  - 事業用電気工作物
    - 電気事業用電気工作物
    - 自家用電気工作物
  - 一般用電気工作物

なかなか覚えられない条文が出てきたとき、図でまとめるのも効果的です。

ワンポイント　電気工作物の区分けはどのように行われているのか？

電気工作物は、使用目的や使用電圧、最大電力といった規模で区分けが行われています。全体像を理解しておくと応用問題にも対応できるので、上の図は覚えておきましょう。

電気用品安全法

電気用品による危険等を防止するため、製造・販売などを規制する法律です

電気用品安全法は、**電気用品による危険および障害の発生**を防止するため、その**製造**や**販売**などを規制するものです。

電気用品安全法第1条には「この法律は電気用品の**製造**、**販売**等を規制するとともに、電気用品の安全性の確保につき民間事業者の自主的な活動を促進することにより、電気用品による**危険**及び**障害**の発生を**防止**することを目的とする」と記載されています。

電気用品の定義

条文中に「**電気用品**」という言葉が登場しましたが、電気用品は電気用品安全法第2条で、次のように定義されています。

●電気用品安全法第2条

「この法律において「電気用品」とは、次に掲げる物をいう。

一　**一般用電気工作物**の部分となり、又はこれに接続して用いられる機械、器具又は材料であって、政令で定めるもの

二　**携帯発電機**であって、政令で定めるもの

三　**蓄電池**であって、政令で定めるもの

2　この法律において「特定電気用品」とは、構造又は使用方法その他の使用状況からみて特に危険又は障害の発生するおそれが多い電気用品であって、政令で定めるものをいう」

また、電気用品は**危険度が高い特定電気用品**と**それ以外の電気用品**に分れます。特定電気用品と特定電気用品以外の電気用品との違いに注意しましょう。特に、マーク（電気用品表示記号）やリチウムイオン蓄電池は間違いやすいです。機器に装着されたリチウムイオン電池は機器の一部として扱いますが、モバイルバッテリーなどの外付け電源は規制対象となります。

電気用品の種類

特定電気用品	特定電気用品以外の電気用品

「このマークは何を示すか？」といった問題が出題されることもあります。

主な電気用品

区分	特定電気用品	特定電気用品以外
電線	・絶縁電線 ・ケーブル（断面積 $22\,\mathrm{mm}^2$ 以下）	・ケーブル （断面積 $22\,\mathrm{mm}^2$ 超過 $100\,\mathrm{mm}^2$ 以下）
ヒューズ	・温度ヒューズ	・筒型ヒューズ ・栓形ヒューズ
配線器具	・配線用遮断器 （定格電流 100 A 以上） ・漏電しゃ断器 （定格電流 100 A 以上）	・ナイフスイッチ（定格電流 100 A 以下）
小形変圧器	・家庭機械用変圧器 ・蛍光灯用安定器	・ベル用変圧器 ・ナトリウム灯変圧器
電熱器具	・電気便座 ・電気温水器	・電気カーペット ・電気こたつ
電動機応用機械器具	・自動販売機 ・電気マッサージ器	・冷蔵庫 ・扇風機
その他	・携帯発電機 （定格電圧 30 V 以上 300 V 以下）	・リチウムイオン蓄電池 （体積エネルギー密度 400 Wh/L 以上）

ワンポイント 電気用品の表は要点を絞って覚える

勉強をしていると悩むのが、主な電気用品の表はどこまで覚えればよいかでしょう。製品を全て覚えるのではなく、狙われやすい赤字部分を覚えましょう。特定電気用品の方が危険性が高いという認識も持っておくと、役に立ちます。

電気工事士法　ランク C　難易度 C

04 電気工事士法

電気工事および工事に関する災害の防止に関する法律です

電気工事士法は、電気工事に従事する者の**資格**と**義務**を定め、**電気工事の欠陥**による**災害**を防止するための法律です。**電気工事と電気工事士の定義は電気工事士法第２条、電気工事士等の資格の種類と作業範囲は電気工事士法第３条**で定められています。

電気工事と電気工事士の定義

●電気工事士法第２条(抜粋)

3「電気工事」とは、**一般用電気工作物**又は**自家用電気工作物**を設置し、又は変更する工事をいう。(政令で定める軽微な工事を除く)

4「電気工事士」とは、**次条第一項に規定する第一種電気工事士**及び**同条第二項に規定する第二種電気工事士**をいう。

●電気工事士法第３条(抜粋・まとめ)

第一種電気工事士でなければ、自家用電気工作物に係る電気工事(第三、四項に規定する電気工事を除く)**の作業に従事してはならない。**(自家用電気工作物の保安上支障がないと認められる作業であって、経済産業省令で定めるものを除く。)

2　**第一種電気工事士又は第二種電気工事士でなければ、一般用電気工作物に係る電気工事の作業に従事してはならない。**(保安上支障がないと認められる作業であって、経済産業省令で定めるものを除く。)

3　**特殊電気工事については、特種電気工事資格者でなければ、その作業に従事してはならない。**(自家用電気工作物の保安上支障がないと認められる作業であって、経済産業省令で定めるものを除く。)

4　**簡易電気工事**については、第一項の規定にかかわらず、**認定電気工事従事者**はその作業に従事することができる。

電気工事士の種類と作業範囲

	自家用電気工作物の工事				一般用電気工作物の工事
	特殊電気工事		簡易電気工事（※）	左記以外の工事	
	ネオン	非常用予備発電装置			
第一種電気工事士	×	×	○	○	○
第二種電気工事士	×	×	×	×	○
特殊電気工事資格者（ネオン）	○	×	×	×	×
特殊電気工事資格者（非常用予備発電装置）	×	○	×	×	×
認定電気工事従事者	×	×	○	×	×

※電圧600V以下で使用する自家用電気工作物に係る電気工事（電線路に係るものを除く）

POINT

・特殊電気工事は第一種電気工事士でも特殊電気工事資格がなければ行えない

・認定電気工事従事者は簡易電気工事のみ従事できる

・特殊電気工事には「ネオン工事」と「非常用予備発電装置工事」の２種類がある

特殊電気工事は特有の専門知識が要求される工事と覚えておくとよいでしょう。

問題にチャレンジ

問題 ネオン工事は、特殊電気工事資格者（非常用予備発電装置）であれば、同じ特殊工事なので工事を行うことができる。○か×か。

解説 誤り。特殊電気工事資格者（非常用予備発電装置）が行うことのできる工事は非常用予備発電装置工事のみ、特殊電気工事資格者（ネオン）はネオン工事のみです。

答え：×

電気工事業法

電気工事業者を規制し、適正な業務の実施と電気工作物の保安を確保する法律です

電気工事業法は、**電気工事業を営む者の登録**等およびその**義務の規制**を行うことにより、その**業務の適正な実施**を確保し、電気工作物の**保安**を確保するための法律です（電気工事業法第１条（目的））。

具体的には、**電気工事業の登録、主任電気工事士の配備、器具の備え付け、営業所ごとの標識の掲示、帳簿の保存**などの決まりが定められています。

●電気工事業の登録（電気工事業法第３条抜粋）

電気工事業を営もうとする者（通知電気工事業者を除く）は、経済産業大臣（営業所を２以上の都道府県の区域内に設置する場合）または都道府県知事（営業所を１都道府県内のみに設置する場合）の登録を受けなければいけません。

●主任電気工事士の配備

電気工事による危険および障害が発生しないよう、電気工事の**作業の管理**の職務を**誠実**に行わなければなりません。

●器具の備え付け

営業所ごとに必要な測定器具等を備えなければいけません。一般用電気工作物と自家用電気工作物の電気工事業者では違いがあります。

●営業所ごとの標識の掲示

営業所および電気工事施工場所ごとに、氏名または名称、営業所の名称、登録年月日、登録番号、主任電気工事士の氏名などを記載した標識を見やすい場所に掲示しなければならないといったものです。

●帳簿の保存

注文者の氏名（名称）、住所、電気工事の種類、施工場所、施工年月日、主任電気工事士、作業者の氏名、配線図、検査結果を記した帳簿を備え、その記載から**５年間保管しなければならない**といった決まりです。

登録電気工事業者登録票

登録電気工事業者登録票	
登録番号	○○県知事登録　第 260000 号
登録の年月日	令和 4 年 10 月 1 日
氏名又は名称	桜庭電機株式会社
代表者の氏名	代表取締役　桜庭裕介
営業所の名称	桜庭電機株式会社
電気工事の種類	一般用電気工作物
主任電気工事士等の氏名	桜庭裕介

電気工事業者が必ず覚える必要のある器具または装置

業者名	器具または装置名
一般用電気工作物の電気工事業者	絶縁抵抗計 接地抵抗計 回路計
自家用電気工作物の電気工事業者	上記に加えて 低高圧継電器 継電器試験装置 絶縁耐力試験装置

ワンポイント　電気工事業の登録先を問う問題は出ません

電気工事業の登録先が経済産業大臣か？都道府県知事か？といった問題は出題されていません。法規の文章問題に関しては基本的に過去問題と同等レベルで出題されます。どこまで学習すればよいか困ったときは過去問を参考にしましょう。

電気設備技術基準　ランク A　難易度 C

06 電気設備技術基準の用語と電圧区分

電技は、電気設備の工事や保守の技術基準を定めた省令です

電技（電気設備に関する技術基準を定める省令）は、電気設備の工事や保守についての技術基準を定めた省令です。電気事業法第 39 条および第 56 条にて、事業用電気工作物と一般用電気工作物は**技術基準**に適合するよう維持しなければならないとされていますが、それが電技に該当します。技術基準は非常に量が多いことから、電技では概要を、「電技の解釈」で具体的な事項を定めています。

● 用語の定義

電技で登場する用語はきちんと整理しておきましょう。用語の意味を理解しておかなければ、条文の意味を理解することができず、記憶の定着が悪くなります。

● 電圧区分の定義

電気設備技術基準では電圧を下記のように**低圧、高圧、特別高圧**に区分けしており、区分に応じた規制が定められています。

区分	直流	交流
低圧	750 V 以下	600 V 以下
高圧	750 V を超え 7000 V 以下	600 V を超え 7000 V 以下
特別高圧	7000 V を超えるもの	

低圧区分は直流電圧で 750 V 以下、交流電圧で 600 V 以下、高圧区分は直流電圧・交流電圧ともに 7000 V 以下、特別高圧は直流電圧・交流電圧ともに 7000 V 超となっています。**低圧区分だけ直流と交流で数字が異なることに注意しましょう。**

電気設備技術基準で定義される用語まとめ

発電所	発電機、原動機、燃料電池、太陽電池など電気を発生させる所
変電所	構外から伝送される電気を構内に施設した変圧器、回転変流機、整流器その他の電気機械器具により変成し、構外に伝送するもの
開閉所	発電所、変電所及び需要場所以外で構内に施設した開閉器などにより電路を開閉する所
電気使用場所	電気を使用するための電気設備を施設した１つの建物又は場所
需要場所	電気使用場所を含む１つの構内又はこれに準ずる区域（※） ※発電所、変電所、開閉所以外のもの
電路	通常の使用状態で電気が通じている所
電気機械器具	電路を構成する機械器具
電線路	発電所、変電所、開閉所などの場所並びに電気使用場所相互間の電線（電車線を除く。）と電線を支持・保蔵する工作物
電線	強電流電気の伝送に使用する電気導体、絶縁物で被覆した電気導体、絶縁物で被覆した上を保護被覆で保護した電気導体
配線	電気使用場所において施設する電線
弱電流電線	弱電流電気の伝送に使用する電気導体、絶縁物で被覆した電気導体又は絶縁物で被覆した上を保護被覆で保護した電気導体
光ファイバケーブル	光信号の伝送に使用する保護被覆で保護した伝送媒体
工作物	人により加工された全ての物体
造営物	工作物のうち、土地に定着するものであって、屋根、柱、壁を有するもの
接触防護措置	屋内では床上 2.3 m 以上、屋外では地表上 2.5 m 以上の高さに、かつ、人が通る場所から手を伸ばしても触れることのない範囲に設備を施設すること
簡易接触防護措置	屋内では設備を床上 1.8 m 以上、屋外では地表上 2 m 以上の高さに、かつ、人が通る場所から容易に触れることのない範囲に施設すること（さく、へいを設ける又は設備を金属管に収める措置をすることも含む）

ワンポイント　引込線、架空引込線、連接引込線の違い

〈引込線〉架空引込線及び需要場所の造営物の側面等に施設する電線で需要場所の引込口に至るもの

〈架空引込線〉支持物から需要家の取り付け点までの電線

〈連接引込線〉引込線から分岐して、支持物を経ないで他の需要場所の引込口に至る電線

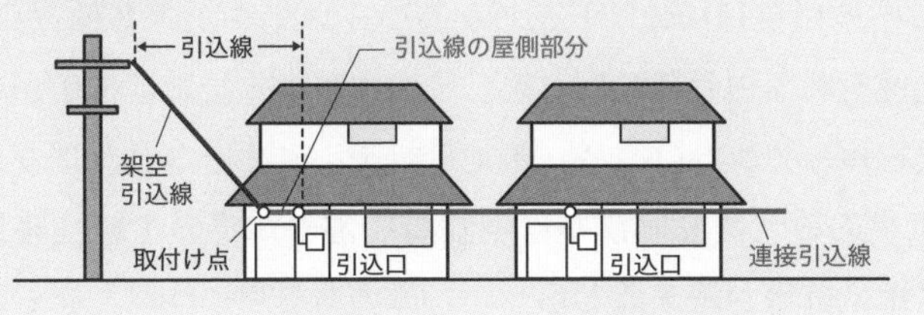

電気設備技術基準　ランク A　難易度 B

電気設備技術基準で定める接地工事

漏電による感電や火災事故の防止、漏電遮断器の確実な動作が目的です

接地工事とは、電気機器を導線で大地とつなぐ工事のことで、大地との抵抗（**接地抵抗**）を小さくすることが狙いです。接地工事がきちんと行われることで、電気機器のトラブル時には電流を大地に逃がすことができ、人や動物などの感電事故や故障電流を原因とする火災事故を抑制することができます。

電技第 10 条、電技第 11 条では接地の概要、技術基準の解釈第 17 条では具体的に４種類の接地方法を定めています。接地方法は接地箇所や電圧の違いで異なるので注意が必要です。

●接地の種類（技術基準の解釈第17条まとめ）

A 種接地工事：**高圧以上**の電路や電気機器外箱などの接地工事

B 種接地工事：**変圧器の低圧側電路**の接地工事

C 種接地工事：**300 V を超える**低圧の電気機器外箱などの接地工事

D 種接地工事：**300 V 以下**の低圧の電気機器外箱または**高圧計器用変成器の二次側電路**の接地工事

それぞれの接地工事の特徴として、技術基準の解釈第 17 条 1 項から 4 項に規定される接地工事ごとの**漏電遮断器の動作時間、接地抵抗値、接地線**を右の表に整理しています。

接地工事ごとの特徴

A 種接地工事の接地抵抗は10 Ω以下とわかりやすいですが、B 種、C 種、D 種接地工事は漏電遮断器の動作時間に応じて要求される接地抵抗値が変わります。遮断時間を短くできなければ、接地抵抗を小さくしなければなりません。**B 種接地工事のみ、高圧側または特別高圧側の電路の１線地絡電流 I_g の大きさでの接地抵抗値が決まる**といった特徴がある点に注意しましょう。

電技第10条（電気設備の接地）

電気設備の必要な箇所には、異常時の電位上昇、高電圧の侵入等による感電、火災その他人体に危害を及ぼし、又は物件への損傷を与えるおそれがないよう、接地その他の適切な措置を講じなければならない。

電技第11条（電気設備の接地方法）

電気設備に接地を施す場合は、電流が安全かつ確実に大地に通ずることができるようにしなければならない。

技術基準の解釈第17条（接地工事の種類及び施設方法）

接地工事種類	漏電しゃ断器の動作時間（※）	接地抵抗	接地線
A種	ー	10[Ω]以下	軟銅線（直径 2.6 mm 以上）
B種	1秒以内	$600/I_g[\Omega]$	15000V 超え：軟銅線（直径 4 mm 以上） 15000V 以下：軟銅線（直径2.6 mm 以上）
	1秒超え2秒以内	$300/I_g[\Omega]$	
	それ以上	$150/I_g[\Omega]$	
C種	0.5秒以内	500[Ω]	軟銅線（直径 1.6 mm 以上）
	それ以上	10[Ω]以下	
D種	0.5秒以内	500[Ω]	軟銅線（直径 1.6 mm 以上）
	それ以上	100[Ω]以下	

※当該変圧器の高圧側又は特別高圧側の電路と低圧側の電路との混触により、低圧電路の大地電圧が 150 V を超えた場合に、自動的に高圧又は特別高圧の電路を遮断する装置を設けた場合の遮断時間のことです

ワンポイント B種接地工事と変圧器の混触との関係性を理解しよう

B種接地工事は試験でよく出ます。B種接地工事は「変圧器の混触」と深い関係があります。混触とは、高圧側もしくは特別高圧側と低圧側が接触してしまい、低圧側に大きな電圧がかかることです。低圧側に高圧側の電圧がかかると大きな電流が流れ、火災などの事故が起こります。B種接地工事を施すことで、電圧が規定値を超える故障を検知して変圧器を停止させることができます。

発電用風力設備の技術基準

風力発電所特有の設備は専用の技術基準で規定されています

風力発電所特有の設備は**発電用風力設備の技術基準を定める省令**（以下、**風技**）によって、規定されます。**風車およびその支持物等の風力設備は風技**、発電機や変圧器などの電気設備は電技で規定される決まりとなっています。風技には全部で８つの条文があります。風車に関する条文（第４条、第５条、第７条）がよく出題されます。

●風技第４条（風車）

風技第４条は、**風車の施設条件を定めた条文**です。条文中に「施設しなければならない」とありますが、設計時に想定した性能は運転中においても常時維持しなければなりません。そのため、継続的な保守管理と健全性の確認が必要となります。

●風技第５条（風車の安全な状態の確保）

風技第５条は、**風車の安全な状態を保つための措置を講ずることを定めた条文**です。異常な回転速度に達した場合や風車の制御装置の機能が著しく低下した場合には、安全かつ自動停止する措置を講じなくてはなりません。風車が定格回転速度を著しく超えた場合には、**非常用調速装置**と呼ばれる設備が動作して風車は安全に停止します。また、最高部の地表からの高さが20メートルを超える風力設備は雷撃が直撃する可能性があるため、風車を保護するような措置を講じなくてはいけません。

●風技第７条（風車を支持する工作物）

風技第７条は、**風車を支持する工作物を構造上安全に施設することおよび耐震や強度の要件も定めた条文**です。設計時に想定した性能は経年しても満足するようにしなくてはいけません。そのため、風車の支持する工作物に対しても、継続的な保守管理と健全性の確認が必要となります。

風技第4条（風車）

風車は、次の各号により施設しなければならない。

一 負荷を遮断したときの最大速度に対し、構造上安全であること

二 風圧に対して構造上安全であること

三 運転中に風車に損傷を与えるような振動がないように施設すること

四 通常想定される最大風速においても取扱者の意図に反して風車が起動することのないように施設すること

五 運転中に他の工作物、植物等に接触しないように施設すること

風技第5条（風車の安全な状態の確保）

風車は、次の各号の場合に安全かつ自動的に停止するような措置を講じなければならない。

一 回転速度が著しく上昇した場合

二 風車の制御装置の機能が著しく低下した場合

2 発電用風力設備が一般用電気工作物である場合には、前項の規定は同項中「安全かつ自動的に停止するような措置」とあるのは「安全な状態を確保するような措置」と読み替えて適用するものとする。

3 最高部の地表からの高さが二十メートルを超える発電用風力設備には、雷撃から風車を保護するような措置を講じなければならない。ただし、周囲の状況によって雷撃が風車を損傷するおそれがない場合においては、この限りでない。

風技第7条（風車を支持する工作物）

風車を支持する工作物は、自重、積載荷重、積雪及び風圧並びに地震その他の振動及び衝撃に対して構造上安全でなければならない。

2 発電用風力設備が一般用電気工作物である場合には、風車を支持する工作物に取扱者以外の者が容易に登ることができないように適切な措置を講じること。

電気設備技術基準　ランク B　難易度 B

電路の絶縁

電路の絶縁は感電や火災などの事故防止上、重要ですが例外もあります

電技第5条（電路の絶縁）では、**電路は構造上やむを得ない場合を除き、大地から絶縁しなければならないこと**が定められています。電路には通常、電気が通じているため、絶縁しなくては危険です。しかし、右に記載したような場合には、例外として絶縁を確保しなくてもよいとされています。

低圧電路の絶縁

低圧電路の絶縁については、**電技第22条（低圧電線路）**、**電技第58条（電気使用場所での低圧電路の絶縁）**にて規定されています。

●電技第22条（低圧電線路）

低圧電路の場合、絶縁性能は絶縁抵抗の大きさで判定する決まりとなっています。電技第22条にて、電線と大地間及び電線相互間の絶縁抵抗が使用電圧に対する漏えい電流が**最大供給電流の2000分の1を超えない値**にしなければならないと定められています。

たとえば、定格容量100 kV・A、一次電圧6.6 kV、二次電圧210 V、二次側の定格電流275 Aの三相変圧器に接続された低圧電線路があったとします。最大供給電流は二次側の定格電流ですので、使用電圧に対する漏えい電流の上限は275 ÷ 2000 ≒ 0.138 Aとなり、これを超えてはいけません。

●電技第58条（電気使用場所での低圧電路の絶縁）

電線の相互間及び電路と大地間の絶縁抵抗は使用電圧（対地電圧）が**300 V**を超える場合であれば**0.4 MΩ**以上、**300 V**以下であれば**0.2 MΩ**以上としなくてはいけないと記載されています。電路の使用電圧が**150 V**以下の場合には**0.1 MΩ**以上であればよいです。

なお、絶縁抵抗の測定が難しい場合には使用電圧が加わった状態において、漏えい電流が1 mA以下としなければならないと規定されています。

電技第５条（電路の絶縁）

電路は、大地から絶縁しなければならない。ただし、構造上やむを得ない場合であって通常予見される使用形態を考慮し危険のおそれがない場合、又は混触による高電圧の侵入等の異常が発生した際の危険を回避するための接地その他の保安上必要な措置を講ずる場合は、この限りでない。

「構造上やむを得ない場合」とは、①接地工事、
②大地から絶縁せずに使用することがやむを得ないもの、
③大地から絶縁することが技術上困難なものをいいます。

電技第22条（低圧電線路）

低圧電線路中絶縁部分の電線と大地との間及び電線の線心相互間の絶縁抵抗は、使用電圧に対する漏えい電流が最大供給電流の 2000 分の 1 を超えないようにしなければならない。

電技第58条（電気使用場所での低圧電路）

電路の使用電圧		絶縁抵抗値
300 V以下	対地電圧 150 V 以下の場合	0.1MΩ以上
	その他の場合	0.2MΩ以上
300 V を超える		0.4MΩ以上

この表はそのまま出題されることもあります。

ワンポイント　対地電圧の意味を理解しよう

対地電圧とは電線と接地点間の電圧のことです。使用電圧との違いがわからず、つまずくことがあります。三相４線式だと使用電圧と対地電圧に違いがあります。

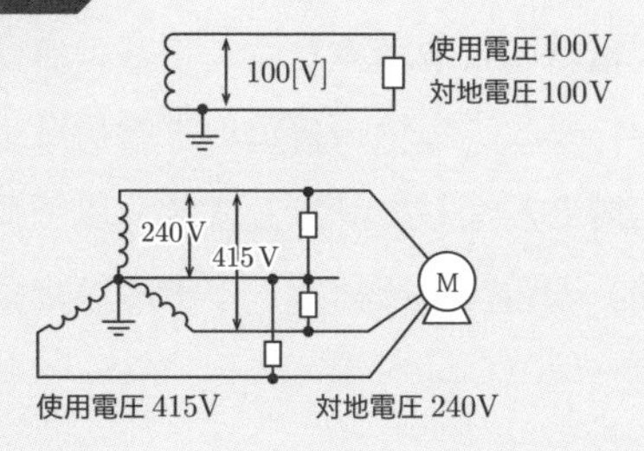

電気設備技術基準　ランク B　難易度 B

架空送電線の許容引張荷重と合成荷重

電線の安全率を考えた許容引張荷重と雪や風を考えた合成荷重を求めます

電力科目との計算の違いを押さえる

電力科目の「架空送電線のたるみと振動障害」でたるみ計算を学びましたが、法規科目ではもう少し深く学びます。送電線のたるみを求める式は同じですが、**許容引張荷重**や**合成荷重**を計算してから、計算を行うことになります。

●電線の許容引張荷重

許容引張荷重とは、引張強さを安全率で除したものをいいます。電線は種類ごとに引張強さが定められていますが、安全を考慮して、規定の引張強さより低い引張荷重で設計することになっています。

安全率ですが、基本的に問題文で与えられます。与えられない場合には、下記の表（電技解釈第 66 条 1 項の 66-1 表）の安全率から選択することになります。ケーブルを除いて、電線は引張強さに対する安全率は下表の値以上にする必要があります。念のため、電線の材質が指定された場合には 2.2、その他の場合には 2.5 と覚えておくとよいでしょう。

電線の種類	安全率
硬銅線または耐熱銅合金線	2.2
その他	2.5

●電線の合成荷重

電線の合成荷重とは、電線の自重と風圧荷重、氷雪荷重を考慮したものをいいます。電線の自重と氷雪荷重は**垂直方向**、風圧荷重は**水平方向**にかかるものとみなして計算します。風圧荷重は少し複雑で、種類（甲種、乙種、丙種、着雪時風圧荷重）とその選定条件があり、次ページにて詳しく学びます。

送電線のたるみに関する公式

$$たるみ\ D=\frac{WS^2}{8T}[\mathrm{m}]$$

W：電線 1m 当たりの合成荷重 [N/m]

S：径間 [m]

T：電線の許容引張荷重 [N]

電力科目と法規科目のたるみ計算の違いは、荷重と水平張力にあります。

電線の許容引張荷重と合成荷重

$$電線の許容引張荷重\ T=\frac{引張強さ}{安全率}[\mathrm{N}]$$

電力科目では電線の水平張力でしたが、法規科目では許容引張荷重で計算します。

電線の合成荷重の求め方

$$電線の合成荷重\ W=\sqrt{(W_{\mathrm{O}}+W_i)^2+W_W^2}[\mathrm{N/m}]$$

W：電線 1m 当たりの合成荷重 [N/m]

W_{O}：電線の自重 [N/m]

W_i：氷雪荷重 [N/m]

W_W：風圧荷重 [N/m]

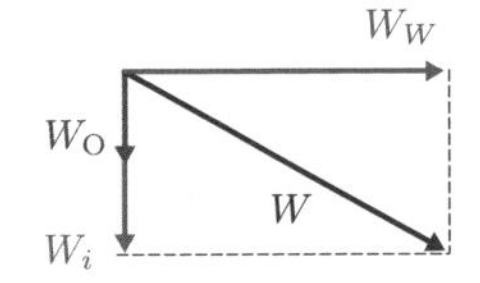

垂直成分には電線の自重と氷雪荷重が含まれることを忘れないように！

ワンポイント たるみ計算と許容引張荷重計算はセットです

たるみ計算と電線の許容引張荷重計算はセットで出題されることが多く、許容引張荷重計算を間違えると、たるみ計算も間違えることになります。一方で、風圧荷重計算は単独で出題されることが多いものの、出題内容が変化しても対応できるように理解しておきましょう。

ランク B　難易度 B

風圧荷重の種類と適用区分

風圧荷重には4種類あり、季節や場所によって適用する荷重が異なるのが特徴です

風圧荷重は電技第32条（支持物の倒壊防止）において登場し、電技解釈58条1項1号で**甲種、乙種、丙種、着雪時風圧荷重**の4つに分類されています。

風圧荷重は、たるみ計算や強度計算に用いる重要な数字ですのでしっかり学習しましょう。それぞれ、下記のように定義されています。

● 甲種風圧荷重

構成材の垂直投影面に加わる圧力を基礎として計算したもの、または**風速40 m/s以上**を想定した風洞実験に基づく値より計算したもの（**電線の場合、980 Paで計算します**）

● 乙種風圧荷重

架渉線の周囲に**厚さ6 mm**、**比重0.9**の氷雪が付着した状態に対し、**甲種風圧荷重の0.5倍**を基礎として計算したもの

● 丙種風圧荷重

甲種風圧荷重の0.5倍を基礎として計算したもの

● 着雪時風圧荷重

架渉線の周囲に**比重0.6**の雪が同心円状に付着した状態に対し、**甲種風圧荷重の0.3倍**を基礎として計算したもの

風圧荷重の適用区分

季節や環境によって、強度計算やたるみ計算に使用する風圧荷重は変わります。どの風圧荷重を適用するかは右の表で決まっています。**季節や氷雪の多い地方**かどうかによって、選定する風圧荷重が変わります。ちなみに、風圧荷重は右のように電線1 m当たりの断面積（**垂直投影面積**）をかけ算して、パスカル[Pa = N/m^2]から[N]に直すことが多いです。垂直投影面積とは電線の外径×長さのことであり、試験では自分で計算することになります。

電技第32条（抜粋）

架空電線路又は架空電車線路の支持物の材料及び構造（支線を施設する場合は、当該支線に係るものを含む。）は、その支持物が支持する電線等による引張荷重、10分間平均で風速 40m/sの風圧荷重及び当該設置場所において通常想定される地理的条件、気象の変化、振動、衝撃その他の外部環境の影響を考慮し、倒壊のおそれがないよう、安全なものでなければならない。

風圧荷重の適用区分表（電技解釈58条1項1号）

季節	氷雪の多い地方以外の地方	氷雪の多い地方	
		低温季に最大風圧を生じる地方	その他の地方
高温季	甲種風圧荷重（電線の場合、980Pa）		
低温季	丙種風圧荷重	甲種または乙種のいずれかの大きい方	乙種風圧荷重

※異常着氷時は、着雪時風圧荷重を適用すること

※人家が連なり、風の勢いが弱まる場所では表に関係なく、丙種風圧荷重を適用できる

風圧荷重の計算方法（電線の場合）

甲種風圧荷重

甲種風圧荷重

$= 980 \times$ 垂直投影面積 [N]

$= 980 \times d \times 10^{-3}$[N]

乙種風圧荷重

乙種風圧荷重

$= 980 \times 0.5 \times$ 垂直投影面積 [N]

$= 980 \times 0.5 \times (d + 12) \times 10^{-3}$[N]

丙種風圧荷重

丙種風圧荷重 $= 980 \times 0.5$[N]

甲種風圧荷重の垂直投影面積

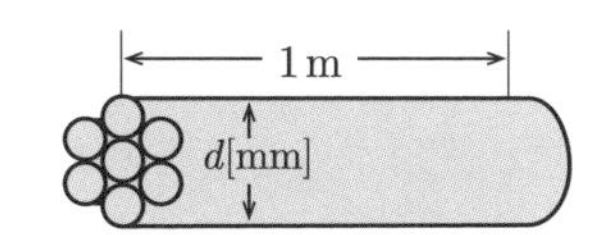

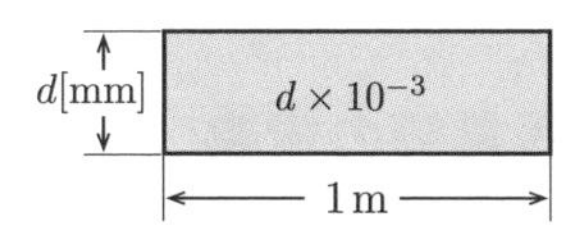

乙種風圧荷重の垂直投影面積

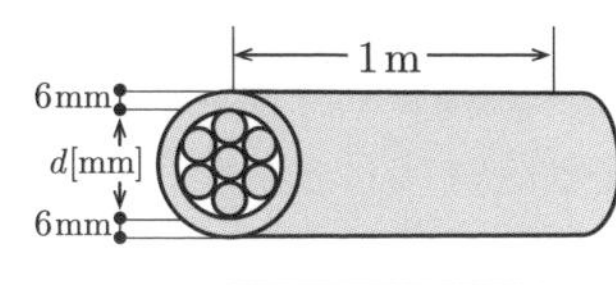

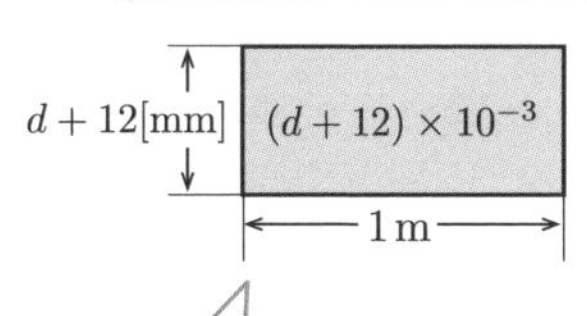

乙種風圧荷重は付着している雪の厚さを考慮する必要があります。

電気設備技術基準　ランク C　難易度 A

高圧・特別高圧電路の絶縁

高圧・特別高圧電路などの絶縁性能は絶縁耐力試験で判定します

高圧・特別高圧電路と機械器具等の電路の絶縁は**絶縁耐力試験**を行い、絶縁耐力の大きさで判定します。**絶縁耐力試験とは、試験電圧を 10 分間電路や設備に加えても絶縁破壊が起こらないことを確認する試験**をいいます。

電路の絶縁耐力試験

絶縁耐力試験の試験電圧は公称電圧の大きさによって変わるという点がポイントです。まずは**公称電圧**から**最大使用電圧**を求めて、**最大使用電圧**から**試験電圧**を求めるというのが試験電圧を算出する流れとなります。

例えば、公称電圧が1000 V以下の場合、最大使用電圧は公称電圧×1.15 倍となり、試験電圧は最大使用電圧に係数（1.5）をかけた電圧となります。

試験電圧は交流を用いますが、電線にケーブルを使用している場合には直流電圧で試験することが可能です。ただし、試験電圧は交流の場合の 2 倍の大きさにする必要があります。

機械器具等の電路

機械器具等は種類に応じて、右の表に示す値の電圧を加えて 10 分間これに耐えなければなりません。**変圧器や開閉器、遮断器、電力用コンデンサ、計器用変成器の試験電圧は高圧・特別高圧電路と同じ**です。燃料電池と太陽電池モジュールは試験電圧に交流を用いるのであれば、最大使用電圧と同じ値にします。直流を用いるのであれば、1.5 倍にしなければなりません。整流器や回転機の最大使用電圧と試験電圧の関係については、余裕ができてから覚えるとよいでしょう。

絶縁耐力試験の時間ですが、電験三種で問われる絶縁耐力試験は全て 10 分なので、**絶縁耐力試験の試験時間＝ 10 分**と覚えておきましょう。

絶縁耐力試験の試験電圧の求め方

公称電圧と最大使用電圧の関係

公称電圧の値	最大使用電圧
1000 V 以下	公称電圧 $\times 1.15$
1000 V 超え	公称電圧 $\times \dfrac{1.15}{1.1}$

試験では「最大使用電圧」→「試験電圧」という順で求めます。

試験電圧を求める際に必要となる 1.5、0.92、1.25 は必ず覚えましょう。

最大使用電圧と試験電圧の関係

最大使用電圧 E_m		試験電圧（交流）
7,000 V 以下		$E_m \times 1.5$
7,000 V 超え 60,000 V 以下	特定の電路※	$E_m \times 0.92$
	上記以外	$E_m \times 1.25$

※最大使用電圧 E_m が 15,000 V 以下の中性点接地式の電路

機械器具等の試験電圧

種類	最大使用電圧 E_m	試験電圧
変圧器や開閉器、遮断器、電力用コンデンサ、計器用変成器	高圧・特別高圧電路の絶縁抵抗試験と同じ	
整流器	60,000 V 以下	E_m（交流）
回転変流器	−	E_m（交流）
回転整流器以外の回転機	7,000 V 以下	$E_m \times 1.5$（交流）
	7,000 V 超え	$E_m \times 1.25$（交流）
燃料電池 太陽電池モジュール	−	$E_m \times 1.5$（直流） または E_m（交流）

機械器具等の試験電圧ですが、燃料電池や太陽光に関する問題が出題されやすいです。まずは、燃料電池および太陽電池モジュールだけは覚えておくとよいでしょう。

電気設備技術基準　ランク C　難易度 A

13 絶縁電線に関する規定

絶縁電線は強度だけでなく、許容電流にも注意が必要です

配線に使用する電線は電技第 57 条「配線の使用電線」にて、強度と絶縁性を確保することが規定されています。

● **電技第57条（配線の使用電線）**

配線の使用電線（**裸電線**および特別高圧で使用する**接触電線**を除く。）には，感電または火災のおそれがないよう，施設場所の状況および**電圧**に応じ，使用上十分な強度および絶縁性能を有するものでなければならない。

2　配線には，**裸電線**を使用してはならない。ただし，施設場所の状況および**電圧**に応じ，使用上十分な強度を有し，かつ絶縁性がないことを考慮して，配線が感電または火災のおそれがないように施設する場合は，この限りでない。

絶縁電線の許容電流

絶縁電線を使用するにあたっては、強度や絶縁性能のほかに**許容電流**にも注意しなくてはいけません。**許容電流とは安全を考慮したうえで電線に流すことができる電流の上限値**をいいます。

絶縁電線の許容電流を求める式

$$\text{絶縁電線の許容電流} = \frac{\text{定格電流 } I_n}{\text{許容電流補正係数 } k_1 \times \text{電流減少係数 } k_2} [\mathrm{A}]$$

絶縁電線の許容電流は定格電流を補正係数と減少係数で割ることで求めることができます。補正係数は正確には**許容電流補正係数**と呼ばれ、素材ごとに値が異なります。素材にはビニル混合物やポリエチレン混合物などがあります。電験三種では、補正係数や減少係数を暗記する必要はありません。補正係数と減少係数は右のように問題文に与えられるため、温度を代入したり、表から正しく数字を選ぶことができればよいです。

絶縁電線の許容電流の求め方

問題の条件

- 三相３線式の絶縁電線（金属管工事で同一管内に施設）
- 定格電流 $I_n = 41.2[\mathrm{A}]$
- 周囲温度 $\theta = 45[℃]$
- 許容電流補正係数 $k_1 = \sqrt{\dfrac{75-\theta}{30}}$
- 電流減少係数 k_2 は下記の表より

同一管内の電線数	電流減少係数 k_2
3 以下	0.70
4	0.63
5 または 6	0.56

周囲温度 $\theta = 45℃$ であることから許容電流補正係数 k_1 は

$$k_1 = \sqrt{\frac{75-\theta}{30}} = \sqrt{\frac{75-45}{30}} = 1$$

三相３線式とあるので、電線の本数は３本であるから、左の表より電流減少係数 k_2 は 0.70 と読み取ります。

したがって、許容電流は

$$許容電流 = \frac{I_n}{k_1 \times k_2} = \frac{41.2}{1 \times 0.70} \fallingdotseq 58.9\,\mathrm{A}$$

となります。

POINT

- 許容電流補正係数 k_1 と電流減少係数 k_2 を求める問題は過去に何度も出題されている
- k_1 と k_2 の式は問題文中に与えられるので暗記する必要はない
- k_1 と k_2 の式は電技解釈の 146 条の表を抜粋したものである
- 定格電流は自分で計算することがほとんどである

ワンポイント　定格電流を求められるようにしましょう

法規科目でも定格電流の計算がカギとなります。上の例では定格電流の値が与えられていますが、過去問題を見ると、自分で定格電流を求めなくてはいけません。定格電圧210Vの三相３線式で定格消費電力15kWの抵抗負荷に電気を供給するときの定格電流 $I_n = \dfrac{P}{\sqrt{3} \times V} = \dfrac{15 \times 10^3}{\sqrt{3} \times 210} = 41.2\,\mathrm{A}$ となります。電力科目や機械科目でも必要になるので、算出できるようにしておきましょう。

電気設備技術基準分野の例題

図のように、単相変圧器の低圧側電路に施設された使用電圧200 Vの金属製外箱を有する電動機がある。高圧電路の１線地絡電流を10 Aとし、変圧器の低圧側の中性点に施したＢ種接地工事E_Bの接地抵抗値は、高低圧混触時に中性点の対地電位が150 Vになるような値とする。また、電動機の端子付近で１線の充電部が金属製外箱に接触して完全地絡状態となった場合を想定し、当該外箱の対地電位が25 V以下となるようにＤ種接地工事E_Dを施設する。この場合、次の (a) 及び (b) に答えよ。

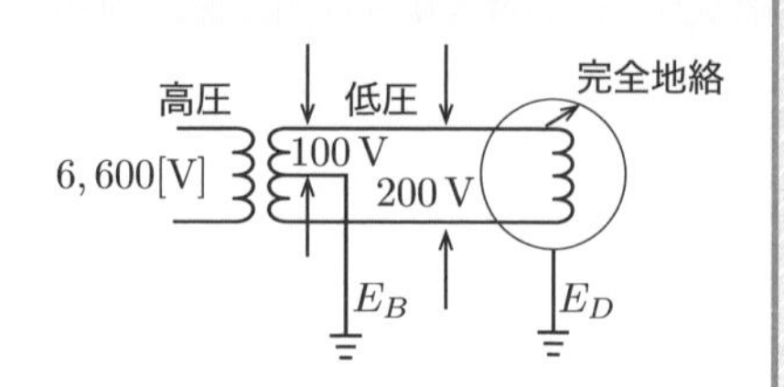

(a) Ｂ種接地工事E_Bの接地抵抗値[Ω]

(b) Ｄ種接地工事E_Dの接地抵抗値[Ω]

【平成 12 年・問 12】

解答

(a) 高圧電路の１線地絡電流が10 Aで、高低圧混触時に中性点の対地電位が150 Vになるような接地抵抗値は

$$R_B = \frac{150}{10} = 15\,\Omega$$

よって、答えは15 Ωとなります。　正解　15 [Ω]

(b) 電動機の端子付近で１線の充電部が金属箱に接触して完全地絡状態となった場合、右記の等価回路となります。

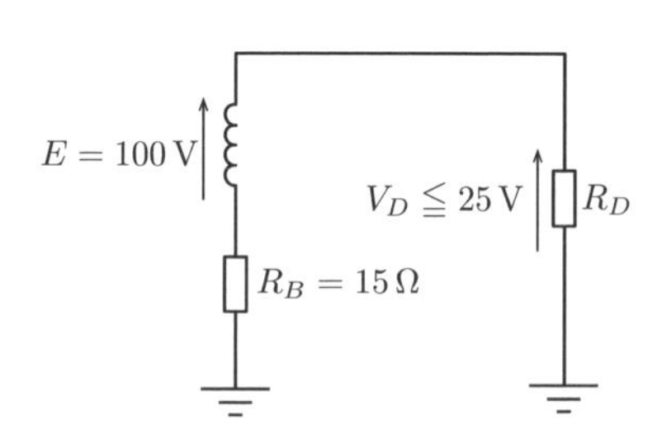

変圧器の低圧側の起電力：E[V]
金属外箱の対地電圧：V_D[V]
D種接地工事の接地抵抗値：R_D[Ω]

金属外箱の対地電圧V_Dが25 V以下となるようにするためには

$$V_D \geqq \frac{R_D}{R_B + R_D} \times E$$

$$25 \geqq \frac{R_D}{R_B + R_D} \times E$$

となります。$E = 100\,\mathrm{V}$、$R_B = 15\,\Omega$を代入し、式を展開すると

$$25 \geqq \frac{R_D}{R_B + R_D} \times E = \frac{R_D}{15 + R_D} \times 100$$

$$25(15 + R_D) \geqq 100R_D$$

$$R_D \leqq \frac{25 \times 15}{75} = 5\,\Omega$$

よって、答えは5 Ωとなります。

正解　5 [Ω]

電気施設管理

日負荷曲線から需要率、負荷率、不等率を求める問題、力率改善の計算問題が出題されます

電気施設管理分野ではまず、**需要率、負荷率、不等率、力率の計算**をできるようになりましょう。需要率、負荷率、不等率を求めるためには「**日負荷曲線**」を読めるようになる必要があります。

日負荷曲線とは

日負荷曲線は一日の需要電力の時間による変動を表すグラフです。多くの場合、横軸を時間、縦軸を電力とします。試験では右のようなグラフが与えられ、各時間の電力値を読み取り、**需要率、負荷率、不等率**の計算を行います。

●需要率

設備容量に対する最大需要電力の割合のことです。電気設備は余裕を確保するため、全容量を極限まで使うことは基本的にありません。したがって、**需要率が1を超えることはない**と覚えておきましょう。

●負荷率

最大需要電力に対する平均需要電力の割合のことをいい、負荷の変化幅を知る指標となります。最大需要電力の方が平均需要電力より大きいため、**負荷率は100%より小さい**と覚えておきましょう。

●不等率

不等率とは需要家の最大需要電力が発生するタイミングのずれを表したもので、**合成最大需要電力に対する各需要家の最大需要電力の合計値の割合**のことです。右のグラフでは、合成最大需要電力は700kW、各需要家の最大需要電力は600kW（需要家Aの最大需要電力）＋200kW（需要家Bの最大需要電力）で800kWと読み取れるので、不等率は800÷700≒1.14となります。**1に近いほど複数の負荷が同時に稼働しています。**

日負荷曲線と需要率・負荷率

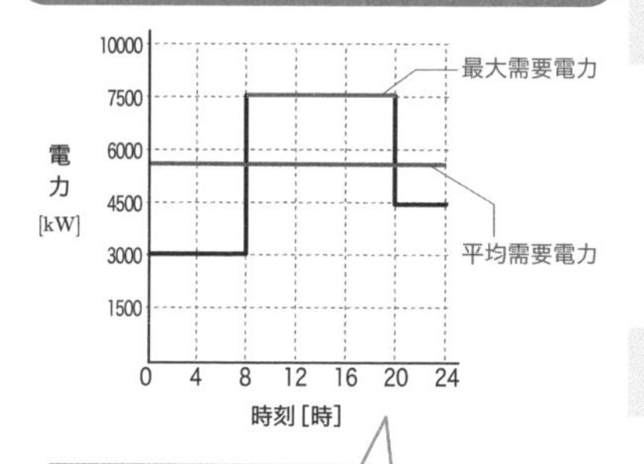

日負荷曲線からは需要電力を読み取ることができます。

0 ～ 8 時は	3000 kW
8 ～ 20 時は	7500 kW
20 ～ 24 時は	4500 kW

需要率の計算式

$$需要率 = \frac{最大需要電力\ [\mathrm{kW}]}{負荷設備容量の合計\ [\mathrm{kW}]} \times 100[\%]$$

負荷率の計算式

$$負荷率 = \frac{平均需要電力\ [\mathrm{kW}]}{最大需要電力\ [\mathrm{kW}]} \times 100[\%]$$

不等率の定義

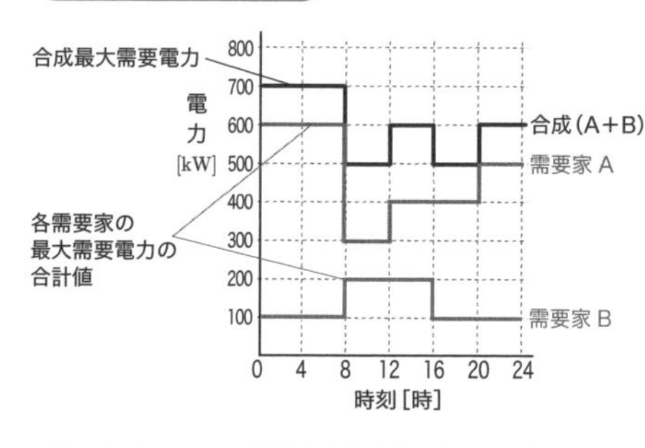

「最大需要電力の合計は青線と赤線の最大値同士を足した値」、「合成最大需要電力は黒線の最大値」と覚えておきます。

不等率の計算式

$$不等率 = \frac{最大需要電力の合計\ [\mathrm{kW}]}{合成最大需要電力\ [\mathrm{kW}]} \times 100[\%]$$

問題にチャレンジ

問題 図のような負荷曲線を持つA工場及びB両工場の需要電力の不等率は 1.1 である。 ○ か×か。

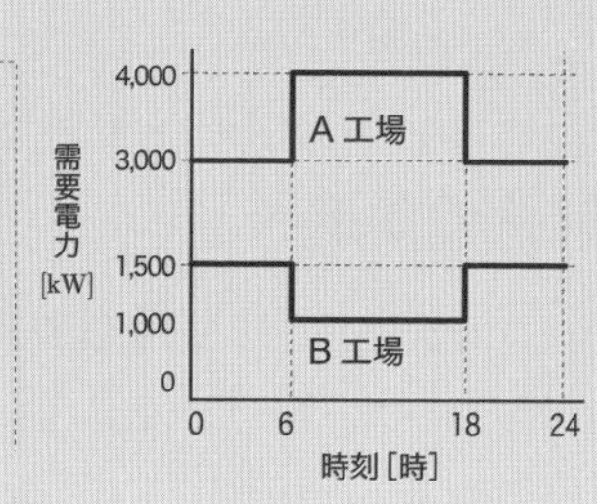

解説

$$不等率 = \frac{各負荷の最大需要電力の合計}{合成最大需要電力}$$

$$不等率 = \frac{1500 + 4000}{5000} = 1.1$$

答え：○

ランク A　難易度 A

15 力率計算

力率とは、皮相電力に対する有効電力の割合のことです

力率とは皮相電力に対する有効電力の割合をいいます。力率は1に近いほど有効電力の割合が多いことを示しており、「投入したエネルギーがモノを動かすエネルギー（動力）に使用できている」と考えます。

また、力率には大きさだけでなく、**遅れ**と**進み**という概念があります。コイル成分の無効電力が多ければ「遅れ」、コンデンサ成分の無効電力が多ければ「進み」となります。送電系統の負荷を考えてみますと、電動機や蛍光灯などは誘導性負荷であり、遅れの無効電力といえます。一方で、送電線で使用するケーブルは容量性負荷であるため、進みの無効電力となります。

電力用コンデンサによる力率改善

電力用コンデンサとは、進みの無効電力を吸収して力率を改善する機器です。右の系統図のように交流負荷と並列に取り付けることで、送電系統に対して遅れ無効電力を補償します。

力率改善のしくみを理解しやすいようにベクトル図で考えます。無効電力が有効電力に対して遅れている場合を**遅れ力率**といいます。遅れ力率を改善するためには、**容量性負荷**を追加して誘導性負荷を打ち消す必要があります。

一方で、無効電力が有効電力に対して進んでいる場合を**進み力率**といいます。進み力率を改善するためには、**誘導性負荷**を追加して容量性負荷を打ち消すようにします。

力率改善の効果

力率改善の効果としては**電力損失の軽減、電圧降下の減少、設備の余裕ができる**などがあり、施設管理をするうえで、とても重要です。

力率の定義

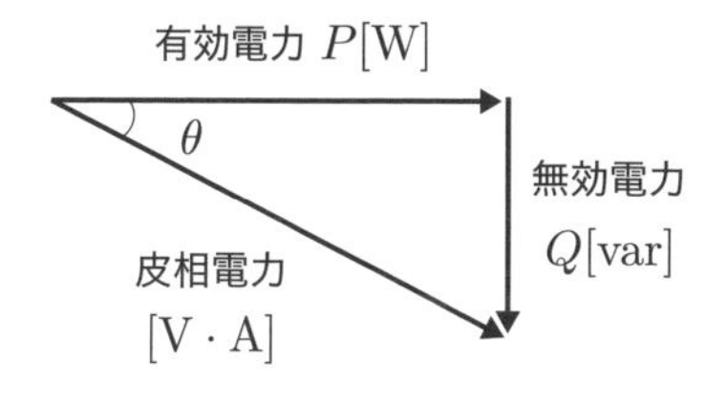

力率 $\cos\theta$

$$\cos\theta = \frac{\text{有効電力 [W]}}{\text{皮相電力 [V・A]}} \times 100[\%]$$

皮相電力のうち、有効電力がどれだけの割合を占めているかを表したものと覚えておきましょう。

電力用コンデンサの役割

系統図

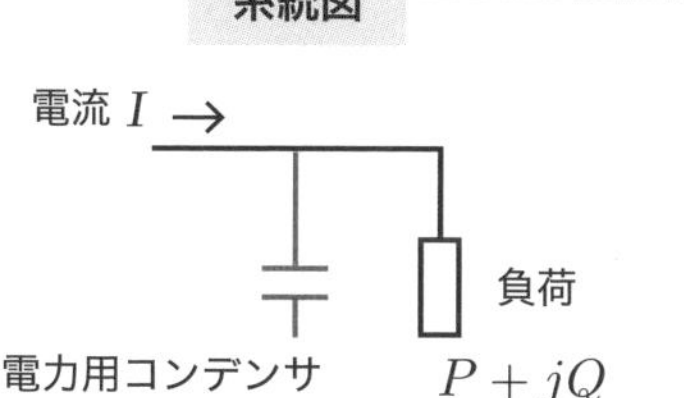

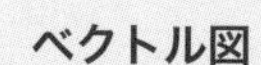

ベクトル図

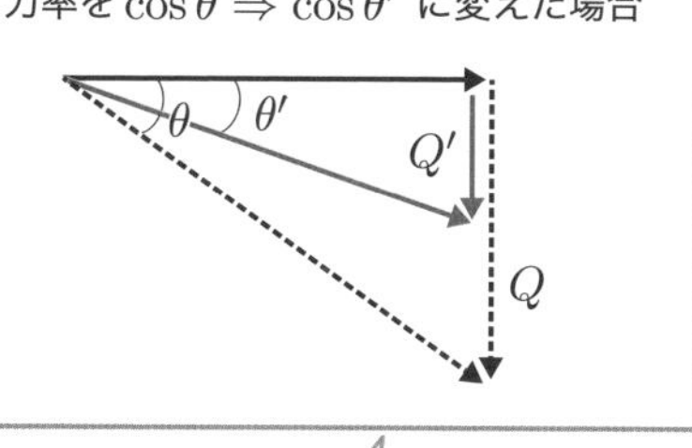

電力用コンデンサを加えることで
$Q - Q_C = Q'$ となり、力率を向上させることができます。

問題にチャレンジ

問題 使用電力800 kW、遅れ力率80 %の三相負荷に電力を供給しているとき、電力用コンデンサを接続して線路損失を最小としたい。必要なコンデンサの容量600 kvarである。○か×か。

解説 三相負荷の皮相電力が最小となれば、電流も最小となります。よって、必要なコンデンサ容量を負荷の無効電力と同じ容量にして相殺すればよいです。負荷の遅れ無効電力をQ[kvar]とすると

$$Q = P\tan\theta = P\frac{\sin\theta}{\cos\theta} = P\frac{\sqrt{1-\cos^2\theta}}{\cos\theta} = 800 \times \frac{0.6}{0.8} = 600\,\text{kvar}$$

したがって、電力用コンデンサの容量は600 kvarとなります。　答え：○

電気施設管理分野の例題

ある事業所内におけるA工場及びB工場の、それぞれのある日の負荷曲線は図のようであった。それぞれの工場の設備容量が、A工場では400 kW、B工場では700 kWであるとき、次の(a)及び(b)の問に答えよ。

(a) A工場及びB工場を合わせた需要率の値[%]

(b) A工場及びB工場を合わせた総合負荷率の値[%]

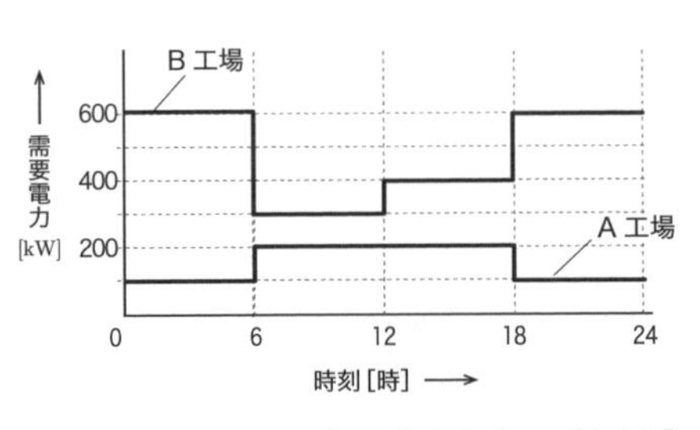

【平成26年・問12】

解答

(a) 需要率を求める公式は

$$需要率 = \frac{最大需要電力\ [kW]}{負荷設備容量の合計\ [kW]} \times 100[\%]$$

最大需要電力はA工場及びB工場の需要電力を合計した値の中で最も高い値であるので、

0時から6時：$600 + 100 = 700$ kW

6時から12時：$200 + 300 = 500$ kW

12時から18時：$200 + 400 = 600$ kW

18時から24時：$100 + 600 = 700$ kW

最大需要電力は、700 kWとなります。

したがって、需要率[%]は

$$需要率 = \frac{700\ kW}{(400 + 700)\ kW} \times 100 \fallingdotseq 63.636\%$$

よって、答えは63.6 %となります。　　**正解**　63.6 [%]

(b) 負荷率を求める公式は

$$負荷率 = \frac{平均需要電力\ [kW]}{最大需要電力\ [kW]} \times 100\%$$

で表されます。A工場とB工場を合わせた平均需要電力は

$$平均需要電力 = \frac{700 + 500 + 600 + 700}{4} = 625\,\mathrm{kW}$$

最大需要電力は700 kWですので、総合負荷率は

$$総合負荷率 = \frac{625}{700} \times 100 \fallingdotseq 89.286\,\%$$

よって、答えは89.3 %となります。 **正解** 89.3 [%]

10000 kVA、遅れ力率80 %の負荷に電力を供給している変電所がある。負荷と並列に2000 kvar のコンデンサを設置した場合、次の（a）及び（b）に答えよ。

（a）コンデンサ設置後の無効電力[kvar]

（b）変圧器にかかる負荷の力率[%]

【平成 13 年・問 11】

解答

(a) まず、コンデンサ設置前の無効電力Qを求めます。

コンデンサ設置前の皮相電力Sが10000 kVA、力率（遅れ） $\cos\theta$が 0.8 であるので、有効電力をPとすると

$$P = S\cos\theta = 10000 \times 0.8 = 8000\,\mathrm{kW}$$

$$Q = \sqrt{S^2 - P^2} = \sqrt{(10000)^2 - (8000)^2} = 6000\,\mathrm{kvar}$$

負荷と並列に2000 kvarのコンデンサを設置すると、遅れ無効電力は減少するので、コンデンサ設置後の遅れ無効電力Q'は

$$Q' = Q - 2000 = 6000 - 2000 = 4000\,\mathrm{kvar}$$

正解 4000 [kvar]

(b) 次に、変圧器にかかる負荷の力率を求めます。

コンデンサ設置後の皮相電力をS'[kVA]、力率を$\cos\theta'$とします。有効電力はコンデンサ設置前と変わらず$P = 8000\,\mathrm{kW}$なので

$$\cos\theta' = \frac{P}{S'} = \frac{8000}{\sqrt{(8000)^2 + (4000)^2}} \fallingdotseq 0.894$$

よって、コンデンサ設置後の力率は89.4 %となります。 **正解** 89.4 [%]

COLUMN

電験三種でやりたい仕事に就く②

みなさんは「会社が必要としている人材」について考えたことはあるでしょうか。会社が求める人材について考えたことのある人とない人では、仕事に対する意識に大きな差があります。面接の練習をするとすぐにわかりますが、会社が必要としていないポイントを強くアピールする人が意外に多いです。

失敗例をあげると、会社が補修管理をする人材を求めているのに対して、資格取得について熱く語るといったケースがあります。管理の業種であれば、人と人とのコミュニケーションが重要ですから、資格だけで仕事が成立する場合を除いて直接管理業務に関する実績をアピールする方がよいでしょう。

就職や転職を成功させるためには、自分が経験してきた仕事や経歴を振り返って、会社が必要とする人材と自分の経験でマッチする部分はどこだろうかと事前にシミュレーションをするとよいでしょう。この作業は転職に限らず、現在の職場で次のポジションを狙う際にも有効です。そのため、単に日常業務をこなすだけでなく、実績として残るような経験も積んでおきましょう。

実績を残すというと新しい仕事を思い浮かべがちですが、日常業務を改善したり、上司の仕事を一緒に行うだけでも価値があります。例をあげると、以前、6600V の大容量変圧器の点検をしている業者の作業管理を行っていたのですが、変圧器本体の点検はリーダーのみが行っていました。「リーダーが必ず本体を点検する」というルールはなかったのですが、作業員は自分の作業が終わればリーダーの点検作業を眺めているだけでした。ここで、自分も変圧器の点検が経験できれば、転職活動においても大きな財産になります。

私自身の話をすると、社内で電気の教育部署を立ち上げる経験をしました。講習やトレーニングによって電気技術者を輩出し続けることで、機械修繕だけでなく電気修繕もできる会社になり、社員の働き方に幅を持たせることもできました。こうした社内に教育関連の仕事を作るというのも可能性として考えられるでしょう。

別章

電験三種に必要な算数・数学

電験三種における物理の公式・定理を使いこなして問題を解くためには、算数・数学の理解は不可欠です。しかしながら、算数や数学が苦手で行き詰まっている人も少なくありません。ここでは、中学校や高校で学んだ計算の復習をして土台作りをしましょう。比の計算から始まり、高等数学である二次方程式、三角関数までを学習します。

01 比の計算

比とは、２つ以上の数の関係を表すものです

比とは、２つ以上の数の関係を表すものをいいます。数ａとｂの比は、a:b と表す決まりとなっています。比の計算は、**内項の積＝外項の積**で解くことができます。

また、「A：B：C ＝ D：E：F」のように、３つ以上の項がある場合の比のことを**連比**といいます。電験三種では機械科目の誘導電動機の二次入力、二次銅損、出力をすべりで表現する場合に用いられます。

比の定義と計算方法

比の式

$$A : B = C : D$$

比の計算方法

内項

$$A : B = C : D$$

外項

$$A \times D = B \times C$$

例題

以下の x および y を求めなさい。

(1) $x : 5 = 3 : 15$

(2) $3 : 2y = 6 : 24$

解答

(1) $x : 5 = 3 : 15$

$$15x = 15$$

$$x = 1$$

(2) $3 : 2y = 6 : 24$

$$12y = 72$$

$$y = 6$$

02 平方根の計算

平方根とは、x という数字がある場合、2回掛けて x になる値のことです

平方根とは x という数字があった場合に、2回掛けて x になる値のことをいいます。例えば、2回掛けて9になる場合、「9の平方根は3」ということになります。ここで注意して欲しいのは、9の平方根には、＋3と－3の2つが存在することです。－3を2回掛け算しても9となるためです。

平方根の定義

平方根は $\sqrt{\ }$（ルート）で表します

例えば、A の平方根は $\pm\sqrt{A}$ となります。

「9の平方根は±3である」を数式で表現してみると

$$\pm\sqrt{9} = \pm\sqrt{3^2} = \pm 3$$

例題

以下の計算をしなさい。

(1) $\sqrt{16}$　(2) $\sqrt{64}$

(3) $\sqrt{144}$　(4) $(\sqrt{16})^2$

(5) $(\sqrt{64})^2$　(6) $(\sqrt{1})^2$

解答

(1) $\sqrt{16} = \sqrt{4 \times 4} = 4$　(2) $\sqrt{64} = \sqrt{8 \times 8} = 8$

(3) $\sqrt{144} = \sqrt{12 \times 12} = 12$　(4) $(\sqrt{16})^2 = 16$

(5) $(\sqrt{64})^2 = 64$　(6) $(\sqrt{1})^2 = 1$

解説 $\sqrt{\ }$ の2乗は、$\sqrt{\ }$ を2回掛けるという意味です。

03 指数の計算

指数とは、ある値を n 回掛け算したときの n のことです

指数とは、ある値を n 回掛け算したときの n のことです。同じ数字を複数回掛け算すること自体は、次に学習する累乗と定義されています。**指数は必ずしもプラスであるとは限りません。**指数がマイナスの場合、逆数（分子と分母を入れ替えた数）となります。

また、**分配法則**といったカッコの外にある数字をカッコの中に分配して計算できる法則がありますが、指数計算にも同じく適用できます。

指数の定義

10を5回かけ算した場合、10^5と表記します。
このときの5を指数といいます。

例題

以下の空欄の中の指数を求めなさい。

(1) $3 \times 3 \times 4 \times 4 \times 4 = 3^{(\ )} \times 4^{(\ )}$　　(2) $0.001 = 10^{(\ )}$

解答

(1) $3 \times 3 \times 4 \times 4 \times 4 = 3^2 \times 4^3$　　(2) $0.001 = \dfrac{1}{1000} = 10^{-3}$

分配法則

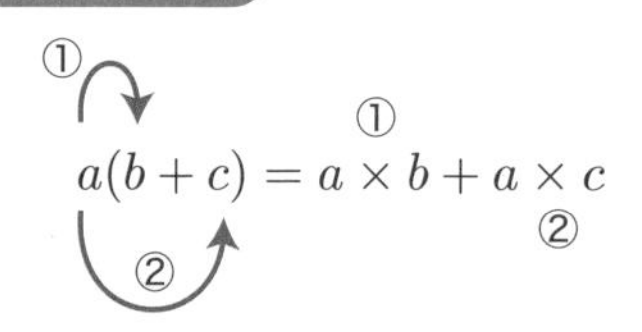

$(ab)^m = a^m \times b^m$

カッコの外の数字を掛け算して、式を展開します。

カッコの外にある指数にも分配法則が成立します。

指数の分配の法則

$$(ab)^m = a^m \times b^m$$

04 累乗の計算

累乗とは、同じ数字を繰り返し掛け算することです

累乗は、同じ数字を繰り返し掛け算することをいい、ある値$\boldsymbol{a}$を$\boldsymbol{n}$回掛け算したとき、$\boldsymbol{a}$の$\boldsymbol{n}$乗と表現します。例えば、**5を5回掛け算した場合は、5の5乗といいます。**累乗の計算のルールは、下記の通りです。

累乗の定義

$$a^{m} \times a^{n} = a^{m+n} \qquad a^{m} \div a^{n} = a^{m-n} \qquad a^{0} = 1$$

$m, n, m+n, m-n, 0$
を指数といいます。

例題

以下の式を1つの累乗で表しなさい。

(1) $4^{1} \times 4^{4}$　(2) $4^{5} \div 4^{4}$

(3) 14^{0}

解答

(1) $4^{1} \times 4^{4} = 4^{1+4} = 4^{5}$　(2) $4^{5} \div 4^{4} = 4^{5-4} = 4^{1}$

(3) $14^{0} = 1$

05 対数の計算

対数は、ある値 X を Y にするために X を何乗すればよいかを意味する関数です

対数とは、ある値 X を Y にするために X を何乗すれば良いかを意味する関数をいいます。対数は「log」で表現します。例えば、3という数字を27にするためには何乗すればよいかを考えると、答えは3乗となります。このように考えると、対数の意味を理解しやすいです。対数は、先ほど学習した指数の意味と全く同じなのですが、視点や使い方が異なるだけで形が違うことから、別の名前が付いています。

対数の定義

$$n = \log_x Y$$

↓

$$x^n = Y$$

対数は難しい式に感じますが、「x を n 乗すると Y になる」と理解しておくと親しみやすくなります。

$x^0 = 1$ であることから、$\log_x 1$ は答えが0となります。

例題

以下の n および x を求めなさい。

(1) $n = \log_{10} 1000$　　(2) $x = \log_4 2$

(3) $x = \log_{0.5} 4$

解答

(1)
$$n = \log_{10} 1000$$
$$10^n = 1000$$
$$n = 3$$

(2)
$$x = \log_4 2$$
$$4^x = 2$$
$$x = \frac{1}{2}$$

(3)
$$x = \log_{0.5} 4$$
$$0.5^x = 4$$
$$x = -2$$

「0.5」を「$\frac{1}{2}$」とし、「2^{-1}」とすると、下記のように計算できます。

$$(2^{-1})^x = 4$$
$$2^{-x} = 4$$
$$x = -2$$

06 ベクトル

ベクトルは、大きさと向きを持つ量のことです

ベクトルとは、力や速度のように、大きさと向きを持つ量のことをいいます。スカラーという言葉を耳にしたことがある人がいると思いますが、スカラーは大きさだけを持つ量であり、ベクトルとは決定的に異なります。

ベクトルは、ドットを付けた記号($\dot{A}$)で表記されることも覚えておきましょう。**ベクトルの大きさだけを表現したい場合には、$|\dot{A}|$と記載することがルールです。**

電気回路の電圧・電流・インピーダンス計算にて、ベクトルの知識は必要になります。

ベクトル図の表現方法

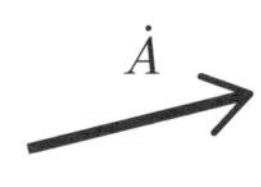

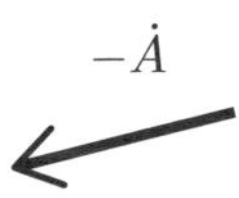

ベクトル $\dot{A}$ は大きさと向きを持っていて、マイナスをつけることで方向が反転します。

ベクトルの計算と聞くと、難しく感じますが、シンプルに考えると、ただ矢印を合わせせる作業です。

ベクトルの足し算と引き算

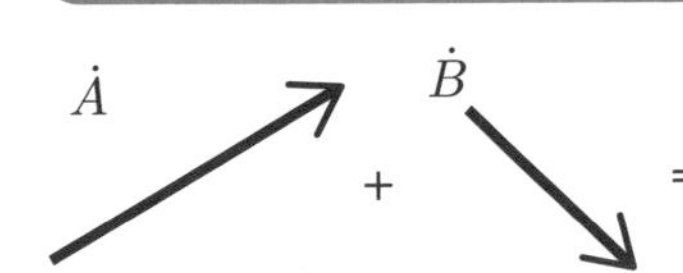

= $\dot{A}$ $\dot{B}$ $\dot{A}+\dot{B}$

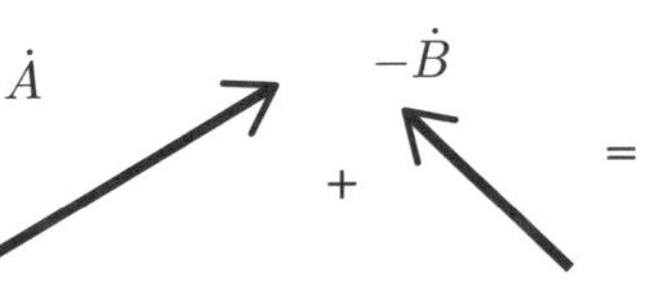

=

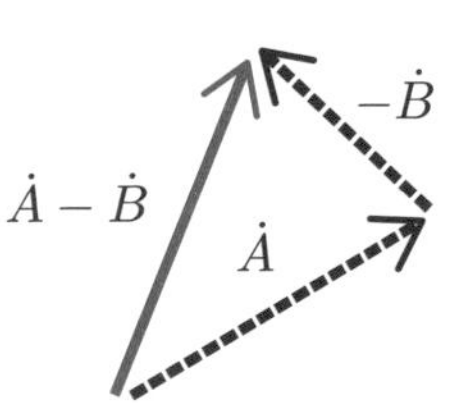

ピタゴラスの定理

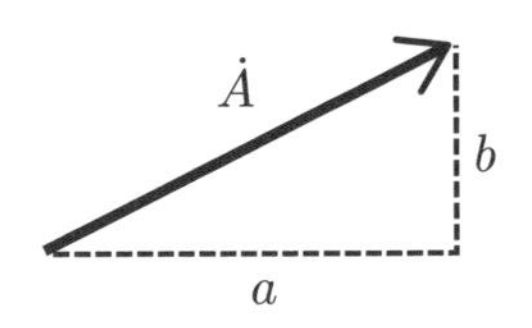

$$|\dot{A}| = \sqrt{a^2+b^2}$$

ピタゴラスの定理はベクトルの大きさ（矢印の長さ）を求めることができる便利な定理です。

07 複素数

複素数は、「$a+jb$」といった実部（a）と虚部（b）、虚数単位（j）を組み合わせた形で表される数です

複素数とは、$a+jb$ のように**実部**（a）と**虚部**（b）、**虚数単位**（j）を組み合わせて表される数をいいます。また、実部を x 軸、虚部を y 軸に取った平面を**複素平面**といいます。複素平面により、ベクトルに実部成分や虚部成分がどのくらい含まれているかを簡単に知ることができます。これは交流の電気を考えるうえで非常に便利な考え方です。

また、複素数 $\dot{A}=a+jb$ の虚数部の符号を反対にした数 $a-jb$ を**共役複素数**といい、$\overline{\dot{A}}$ で表す決まりとなっています。大きさは複素数も共役複素数も $|\dot{A}|=\sqrt{a^2+b^2}$ で変わりありません。

複素数の定義

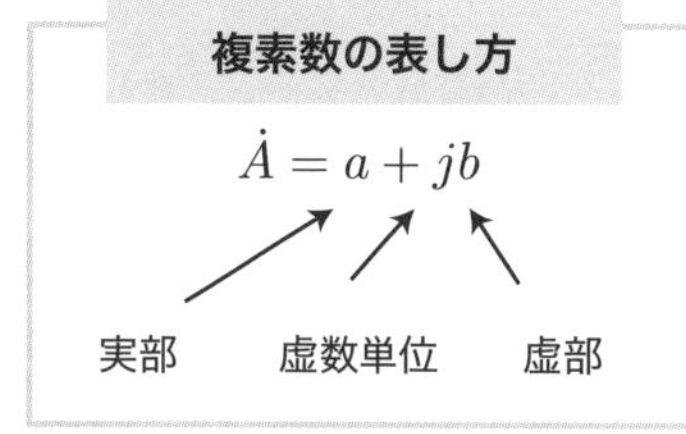

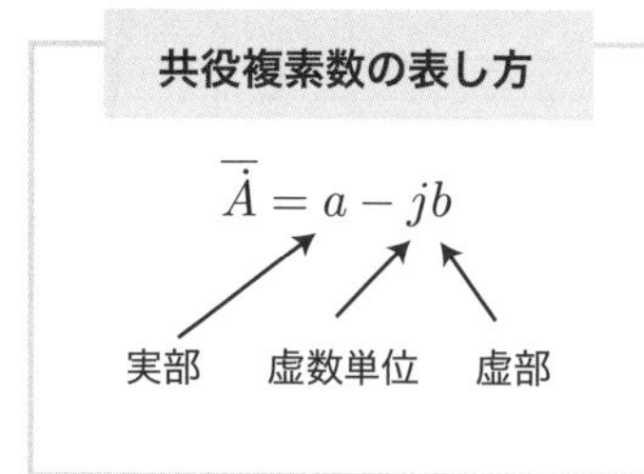

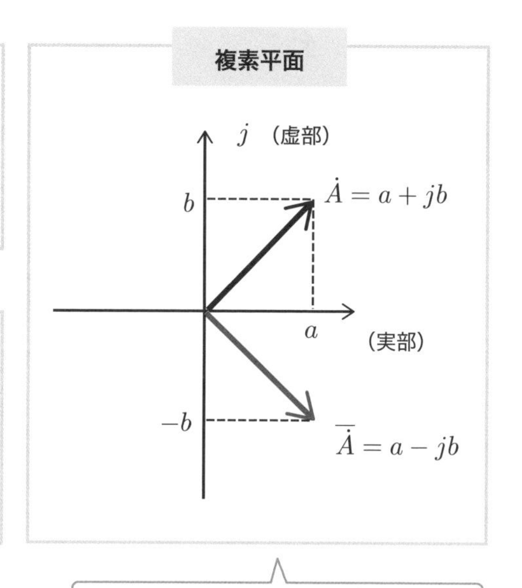

ベクトルの実部成分と虚部成分を一目で把握することができます！

虚数単位 $\boldsymbol{j}$ の定義は、「２乗すると－１になる」です。電気計算では、ルート（$\sqrt{\ }$）の中身がマイナスになることがあります。ルートの中身は２乗になれば、外に出すことができるというルールがあることから、ルート内のマイナスは $\boldsymbol{j}$ としてルートの外に出すことができるのです。

ちなみに、数学では複素数を「$\boldsymbol{a}+\boldsymbol{ib}$」と表現しますが、電気の分野では電流を $\boldsymbol{i}$ で表現するため、虚数単位と同じ場合、紛らわしくなってしまいます。そのため、「$\boldsymbol{j}$」を使用して虚部を表すことになっています。

虚数の定義

$$j^2 = -1$$

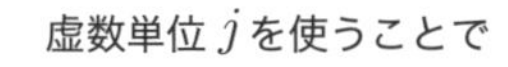

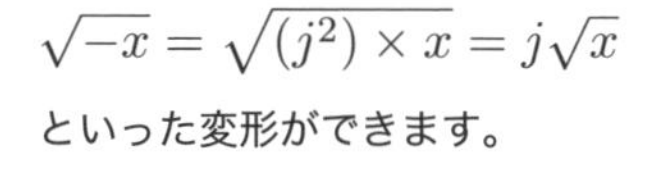

例題

次の数を虚数単位 j で表しなさい。

(1) $\sqrt{-2}$　　　(2) $\sqrt{-16}$

解答

(1) $\sqrt{-2} = j\sqrt{2}$　　　(2) $\sqrt{-16} = \sqrt{(j^2)4^2} = j4$

08 複素数の計算

複素数でも整数と同様に足し算、引き算、掛け算、割り算ができます

複素数の計算は整数と同様に、足し算、引き算、掛け算、割り算ができます。ただし、特有の計算ルールがあります。

複素数の足し算と引き算は実部同士、虚部同士で計算するルールがあります。掛け算は**分配の法則**に従い、順番に掛け算をしたのち、実数部と虚数部でまとめます。割り算は分母に虚数がある場合に**有理化**を使って計算する必要があります。

複素数の足し算・引き算

$$(a+jb)+(c+jd)=(a+c)+j(b+d)$$
$$(a+jb)-(c+jd)=(a-c)+j(b-d)$$

実数部と虚数部に
それぞれまとめて計算します。

複素数の掛け算

$$\begin{aligned}&(a+jb)\times(c+jd)\\&=ac+jad+jbc-bd\\&=(ac-bd)+j(ad+bc)\end{aligned}$$

分配法則に従い
順番に掛け算した後、
足し算します。

複素数の割り算

$$\begin{aligned}\frac{a+jb}{c+jd}&=\frac{(a+jb)(c-jd)}{(c+jd)(c-jd)}\\&=\frac{ac+bd}{c^2+d^2}+j\frac{bc-ad}{c^2+d^2}\end{aligned}$$

複素数の割り算で、分母に虚数が含まれる場合には、分母の共役複素数を分母と分子に掛け算します。この展開方法を「有理化」といいます。

09 一次方程式の計算

一次方程式には４つの性質があります。これらを使って方程式の未知数を求めます

一次方程式とは未知数を含む式、かつその未知数の次数が１である方程式をいいます。方程式の左側の辺を左辺、右側の辺を右辺と呼びます。一次方程式には４つの性質があり、それらを使って計算を行います。

一次方程式の定義

$$\underline{x-1}=\underline{5}$$

左辺　右辺

未知数をxとしたとき、左のような式を一次方程式といいます。

一次方程式の性質

①等式の両辺に同じ数を加えても、等式は成立する。
②等式の両辺から同じ数を引いても、等式は成立する。
③等式の両辺に同じ数を掛けても、等式は成立する。
④等式の両辺を同じ数で割っても、等式は成立する。

例題

以下の計算をしなさい。

(1) $x-1=5$　(2) $x+1=5$

(3) $\dfrac{5x}{5}=5$　(4) $5x=5$

解答

(1)
$$x-1=5$$
$$x-1+1=5+1$$
$$x=6$$

(2)
$$x+1=5$$
$$x+1-1=5-1$$
$$x=4$$

一次方程式の性質を利用して式を解きます。

(3)
$$\frac{5x}{5}=5$$
$$\frac{5x}{5}\times 5=5\times 5$$
$$5x=25$$
$$x=5$$

(4)
$$5x=5$$
$$5x\div 5=5\div 5$$
$$x=1$$

さらに、「一方の辺の項の符号を変えて他の辺に移す」といった**移項**という計算方法があります。**移項を利用することで、方程式を早く解くことができます。**

移項の定義

$$x \boxed{-1} = 5$$
$$x = 5 \boxed{+1}$$
$$x = 6$$

符号を変えることで他辺に移動できるという考え方が移項です。

例題

次の方程式の x を求めなさい。

(1) $5x - 15 = -8x + 11$　　(2) $\dfrac{x-1}{5} - \dfrac{x-3}{10} = 5$

(3) $\dfrac{1}{5} - \dfrac{2}{x-3} = 1$

解答 (1)

$$5x - 15 = -8x + 11$$
$$5x + 8x = 11 + 15$$
$$13x = 26$$
$$x = 2$$

(2)

$$\frac{x-1}{5} - \frac{x-3}{10} = 5$$
$$\frac{x-1}{5} \times 10 - \frac{x-3}{10} \times 10 = 5 \times 10$$
$$2(x-1) - (x-3) = 50$$
$$x + 1 = 50$$
$$x = 49$$

(3)

$$\frac{1}{5} - \frac{2}{x-3} = 1$$
$$\frac{1}{5} \times 5(x-3) - \frac{2}{x-3} \times 5(x-3) = 1 \times 5(x-3)$$
$$(x-3) - 5 \times 2 = 1 \times 5(x-3)$$
$$x - 13 = 5x - 15$$
$$-4x = -2$$
$$x = \frac{1}{2}$$

$5(x-3)$ を両辺に掛け算したのは、左辺の分母を消して計算したいためです。

10 連立方程式の計算

複数の方程式を組み合わせたものが連立方程式です

連立方程式とは、複数の方程式を組み合わせたものをいい、主に**代入法**と**加減法**という２種類の解き方があります。どちらの解き方がよいかは問題によりますが、**基本的には加減法を使った方が簡単に解ける場合が多いです。**また、連立方程式を解くためには、未知数の数と同じ数だけ方程式が必要になります。

代入法による連立方程式の計算手順

手順１　式に数字を振る

$$\begin{cases} x+y=2 & \cdots ①式 \\ x-y=3 & \cdots ②式 \end{cases}$$

①式、②式と番号を振っておくことで、後段の計算でミスが起こりにくくなります。

手順２　１つの文字を求める式を作る

$$x=2-y \quad \cdots ③式$$

①式を変形して、x を求める式にしました。

手順３　③式を②式に代入する

$$(2-y)-y=3$$
$$-2y+2=3$$
$$-2y=1$$
$$y=-\frac{1}{2}$$

手順２で使用していない②式に③式を代入します。

手順４　残りの文字を求める

$$x-\frac{1}{2}=2$$
$$x=2+\frac{1}{2}$$
$$x=\frac{5}{2}$$

手順３で求めた y を①式もしくは②式に代入します。

答えは $x=\frac{5}{2}$、$y=-\frac{1}{2}$ となります。

加減法による連立方程式の計算方法

手順1　式に数字を振る

$$\begin{cases} x+y=2 & \cdots ①式 \\ x-y=3 & \cdots ②式 \end{cases}$$

手順2　未知数の係数を揃える

$$\begin{cases} x+y=2 & \cdots ①式 \\ x-y=3 & \cdots ②式 \end{cases}$$

次の手順のために、xもしくはyの前にある数字（係数）の大きさを揃えます。今回の問題はすでに揃っています。

手順3　2つの式を足す（もしくは引く）

$$\begin{array}{rl} x+y=2 & \cdots ①式 \\ +)\ \ x-y=3 & \cdots ②式 \\ \hline 2x=5 & \\ x=\dfrac{5}{2} & \cdots ③式 \end{array}$$

今回は①式と②式を足します。
y が消えて x を求めることができます。

手順4　残りの文字を求める

$$\frac{5}{2}+y=2$$

$$y=2-\frac{5}{2}$$

$$y=-\frac{1}{2}$$

答えは $x=\dfrac{5}{2}$、$y=-\dfrac{1}{2}$ となります。

11 二次方程式の計算

二次方程式は乗法の公式や解の公式などを使い、方程式に含まれる未知数を求めます

二次方程式とは未知数を含み、かつその未知数の次数が2である方程式をいいます。二次方程式の計算では指数を含む式を扱うため、カッコを外す計算が必要となる場合があります。**乗法公式**をマスターしておきましょう。また、最終手段ともいえる**解の公式**があります。複雑な計算をする必要がありますが、この公式で全ての二次方程式を解くことができます。

二次方程式の定義

$$ax^{②} + bx + c = 0$$

わからない数（未知数）の次数が2である式を「二次方程式」といいます。

乗法の公式

① $(a+b)^2 = a^2 + 2ab + b^2$

② $(a-b)^2 = a^2 - 2ab + b^2$

③ $(a+b)(a-b) = a^2 - b^2$

④ $(x+a)(x+b) = x^2 + (a+b)x + ab$

③と④は実際に展開して、公式通りになるかを確認してみましょう！

③ $(a+b)(a-b)$

$= a^2 - ab + ab - b^2$

$= a^2 - b^2$

④ $(x+a)(x+b)$

$= x^2 + bx + ax + ab$

$= x^2 + (a+b)x + ab$

解の公式

$ax^2 + bx + c = 0$ の解を求める式

$$x = \frac{-b \pm \sqrt{b^2 - 4ac}}{2a}$$

解の公式を使うためには、下記の条件を満たす必要があります。
条件1：a, b, c が定数であること
条件2：a は 0 ではないこと

12 最小の定理

最小の定理とは、２つの正の数の和の最小値を求めるものです

最小の定理とは、２つの正の数の和の最小値を求める定理をいいます。練習問題を解いて、最小の定理を理解しましょう。

最小の定理

２つの正の数 a と b があった場合に、その積 $a \times b$ が一定であるならば、$a = b$ のときにその和 $a + b$ は最小となる。

例題

次の式が最小となる x の値とそのときの最小値 $f(x)$ を求めよ。

ただし、$x > 0$ であるとする。

(1) $f(x) = x + \dfrac{1}{x}$　　(2) $f(x) = 50x + \dfrac{100}{x}$

解答 (1)　$f(x) = x + \dfrac{1}{x}$

$$x \times \frac{1}{x} = 1$$

であり、2 つの正の数の積が一定であることから、

$f(x)$ が最小値となるときの x は

$$x = \frac{1}{x}$$

式を整理して、x を求めます。

$$x = \frac{1}{x}$$
$$x^2 = \frac{1}{1}$$
$$x = \pm 1$$

$f(x)$ に $x = +1$ を代入すると

$$f(x) = 1 + \frac{1}{1} = 2$$

したがって、最小値は 2 となります。

(2) $f(x) = 50x + \dfrac{100}{x}$

$$50x \times \frac{100}{x} = 5000$$

であり、2 つの正の数の積が一定であることから、
$f(x)$ が最小値となるときの x は

$$50x = \frac{100}{x}$$

式を整理して、x を求めます。

$$50x = \frac{100}{x}$$
$$x^2 = \frac{100}{50}$$
$$x = \pm\sqrt{2}$$

$f(x)$ に $x = +\sqrt{2}$を代入すると

$$f(x) = 50\sqrt{2} + \frac{100}{\sqrt{2}}$$
$$= 50\sqrt{2} + \frac{100}{2}\sqrt{2} = 100\sqrt{2}$$

したがって、最小値は $100\sqrt{2}$となります。

13 最小の定理の応用

分数の分母に最小の定理を適用することで最大値を求めることもできます

電験三種では、最小の定理を使って最大値を求めます。分数において、分母が小さくなればなるほど、分数の値は大きくなることを利用したものです。最大効率を求めるといった難易度の高い問題で使うため、計算方法を学んでおきましょう。

最小の定理を使って最大値を求める

$$f(x) = \frac{1}{x + \frac{1}{x}}$$

分母が小さいほど、式全体は大きな値となります。

$$f(x) = \frac{1}{1000} = 0.001$$

$$f(x) = \frac{1}{10} = 0.1$$

例題

次の式が最大となる x の値を求めなさい。ただし、x は正とする。

(1) $f(x) = \dfrac{12}{x + \frac{9}{x}}$　　(2) $f(x) = \dfrac{14}{x + \frac{9}{x} + 4}$

解答 (1) $f(x) = \dfrac{12}{x + \frac{9}{x}}$ の最大値を求めます。

最小の定理を使って、分母が最小となる x を求めます。

$$x \times \frac{9}{x} = 9$$

より、2つの正の数の積が一定であることから、

$f(x)$ が最小値となるときの x は

$$x = \frac{9}{x}$$

$$x^2 = 9$$

$$x = \pm 3$$

$f(x)$ に $x=3$ を代入すると

$f(3)=2$

したがって、最大値は 2 となります。

(2) $f(x)=\dfrac{14}{x+\frac{9}{x}+4}$ の最大値を求めます。

最小の定理を使って、分母が最小となる x を求めます。(1) の問題との違いは「＋4」があることです。「＋4」は一定値であることから、$x\times\dfrac{9}{x}$ に最小の定理を適用すればよいことになります。

$$x\times\frac{9}{x}=9$$

2 つの数の積が一定であることから、$f(x)$ が最小値となるときの x は

$$x=\frac{9}{x}$$

$$x^2=9$$

$$x=\pm 3$$

式 $f(x)$ に $x=3$ を代入すると

$$f(3)=\frac{14}{3+\frac{9}{3}+4}=\frac{14}{10}=\frac{7}{5}$$

したがって、最大値は $\dfrac{7}{5}$ となります。

14 角度の表し方

角度の表現方法には、度数法と弧度法があります。三角関数を扱うには弧度法が必要です

角度の表し方には、主に**度数法**と**弧度法**の２種類があります。度数法は私たちになじみのある角度の表現方法で、90°や180°といった度［°］を単位とする角度の表し方です。円周を360等分した弧の中心に対する角度を1°と表現します。

一方で、**弧度法は円の半径と弧の長さが等しいときの中心角θを1rad（ラジアン）として表す方法**になります。sin関数やcos関数など、三角関数の複雑な計算をする際に必要です。

なお、円の直径に対する円周の長さの比率を円周率といい、π（パイ）で表します。直径1の円の円周の長さを表す数値として、3.14が近似値として用いられます。

弧度法の定義

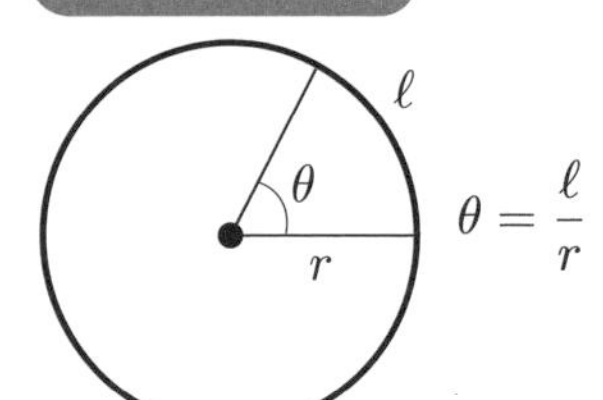

$$\theta = \frac{\ell}{r}$$

度数法と弧度法には
$180° = \pi[\text{rad}]$ の関係があることを覚えましょう。
参考までですが、1rad は約57°であり、
$\pi(3.14)$ をかけると約180° となります。

POINT
弧の長さ ＝半径 のとき、$\theta = 1\text{rad}$ とする
１周を $\theta = 2\pi$、半周を $\theta = \pi$ と表現する

例題

次の角度を弧度法［rad］で表しなさい。

(1) 90°　(2) 45°　(3) 360°
(4) 240°　(5) 270°

解答

(1) $90° = \frac{90}{180} \times \pi = \frac{\pi}{2}$　(2) $45° = \frac{45}{180} \times \pi = \frac{\pi}{4}$

(3) $360° = \frac{360}{180} \times \pi = 2\pi$　(4) $240° = \frac{240}{180} \times \pi = \frac{4}{3}\pi$

(5) $270° = \frac{270}{180} \times \pi = \frac{3}{2}\pi$

15 三角比とピタゴラスの定理

三角比とは、直角三角形における辺と角度の関係をいいます

三角比とは、直角三角形における辺と角度の関係をいいます。直角と向かい合う最も長い辺を**斜辺**、角度θと向かい合う辺を**対辺**、角度θと隣り合う残りの辺を**隣辺**といいます。この3辺の長さには次の関係が成り立ちます。

三角比の定義

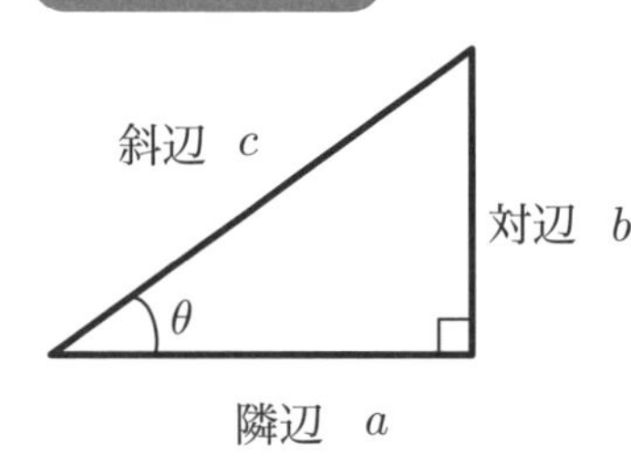

$$\sin\theta = \frac{対辺}{斜辺} = \frac{b}{c} \qquad \cos\theta = \frac{隣辺}{斜辺} = \frac{a}{c}$$

$$\tan\theta = \frac{対辺}{隣辺} = \frac{b}{a}$$

$\sin\theta$ 　　 $\cos\theta$ 　　 $\tan\theta$

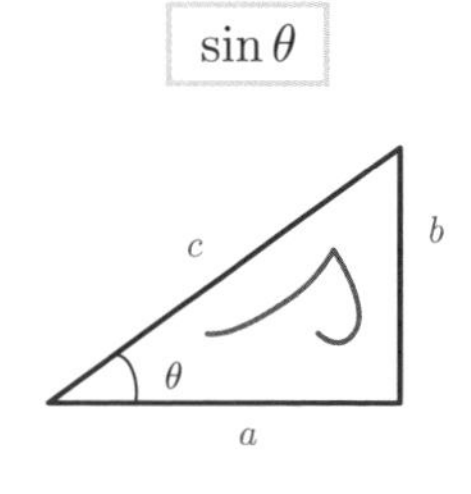

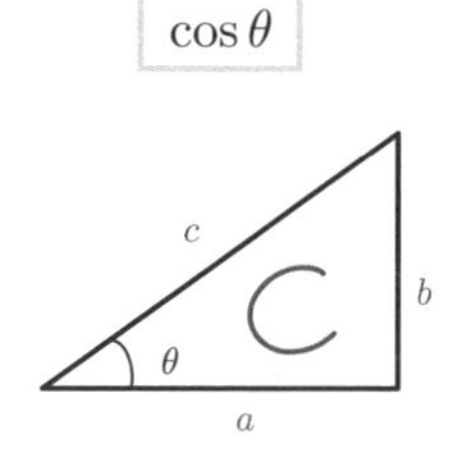

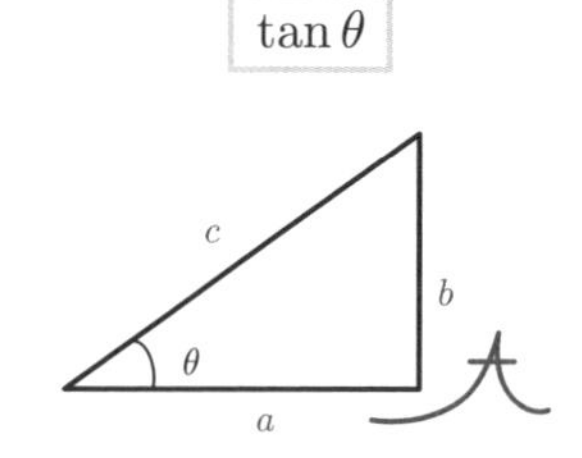

「sin 、cos 、tan の頭文字（s, c, t）の筆記体の筆順に分母・分子の順とする」といった覚え方もあります。

さらに、直角三角形には**ピタゴラスの定理（別名「三平方の定理」）**という関係が成り立つことがわかっています。この定理により、3辺のうち2辺がわかれば残りの1辺の長さがわかります。

ピタゴラスの定理

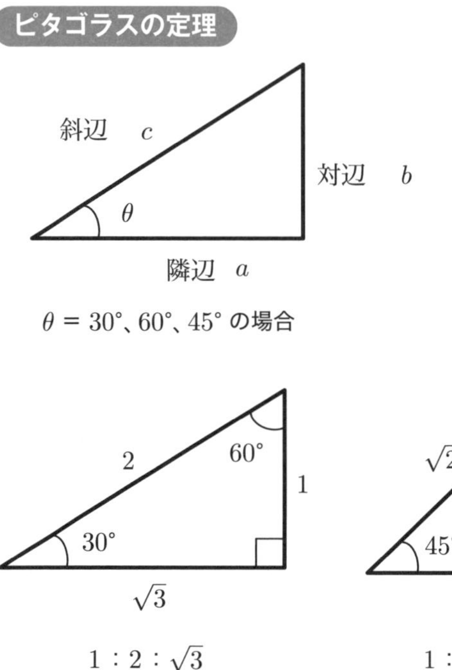

成り立つ関係式

$$c^2 = a^2 + b^2$$

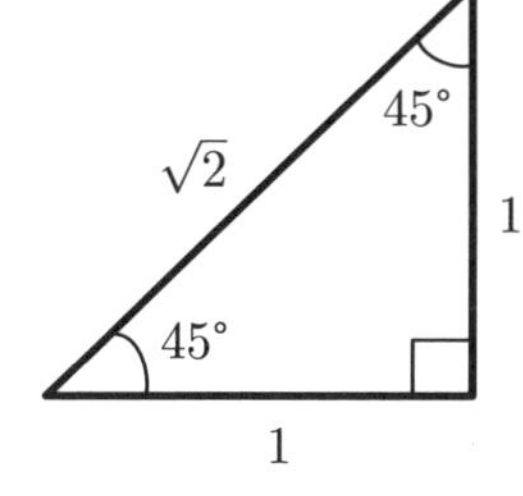

$\theta = 30°、60°、45°$ の直角三角形では、3辺の長さを比で覚える方法もあります。

「$\sin^2\theta + \cos^2\theta = 1$」「$1 + \tan^2\theta = \dfrac{1}{\cos^2\theta}$」

という関係式もあるので、余裕ができたら覚えていくとよいでしょう。

16 三角関数

半周の範囲で考える三角比を拡張して1周以上のあらゆる角度で考えるのが三角関数です

三角関数とは、半周（0°～180°）の範囲で考える三角比を拡張して、あらゆる角度で考えることのできる関数です。

また、三角関数は波形で表すことができます。sin θ と cos θ のグラフは下記のようになります。横軸を θ、縦軸を関数の大きさとして、θ を変化させて、それに対応する点を記載することでグラフを描くことができます。**sin θ のグラフと cos θ のグラフでは 90°のズレ（位相差）があります。**

三角関数のグラフ

三角関数の波形は点の集合体であると考えると、理解しやすいです。

sin θ のグラフ

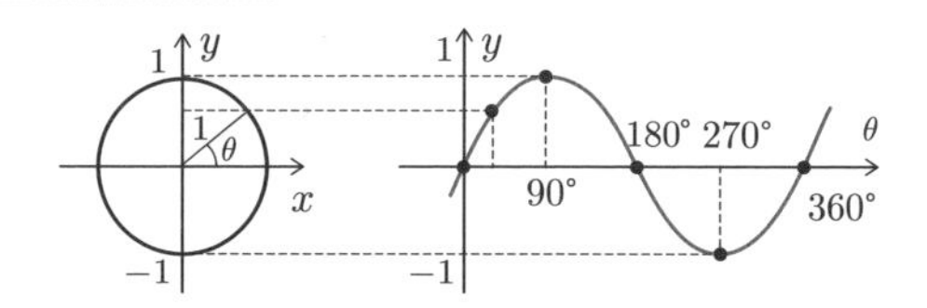

cos θ のグラフ

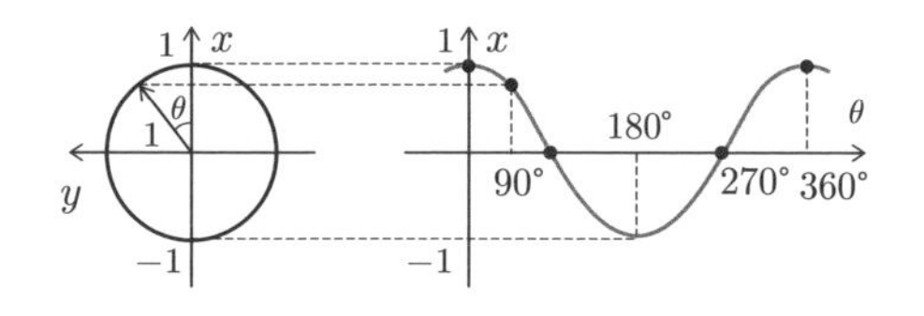

例題

次の三角関数の値を求めなさい。

(1) $\sin 135°$　　(2) $\cos 135°$

(3) $\sin 225°$　　(4) $\sin 270°$

(5) $\sin(-30°)$　　(6) $\cos(-30°)$

解答

(1) $\sin 135^\circ = \dfrac{1}{\sqrt{2}}$

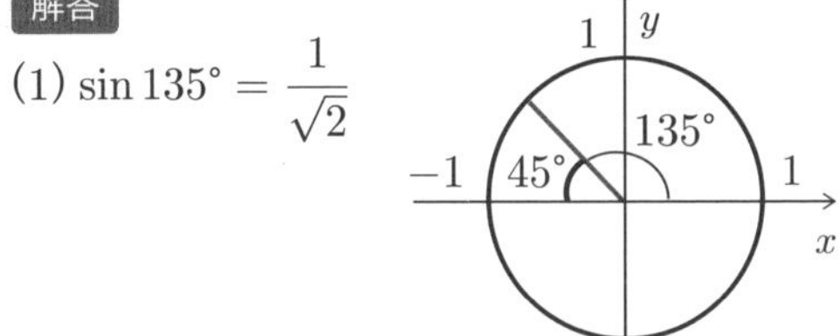

135°は45° として考えましょう。
x 軸、y 軸ともにマイナス領域か否かに注意しながら「$1 : \sqrt{2} : 1$」の関係を利用します。

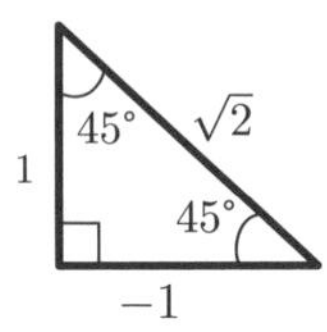

(2) $\cos 135^\circ = -\dfrac{1}{\sqrt{2}}$

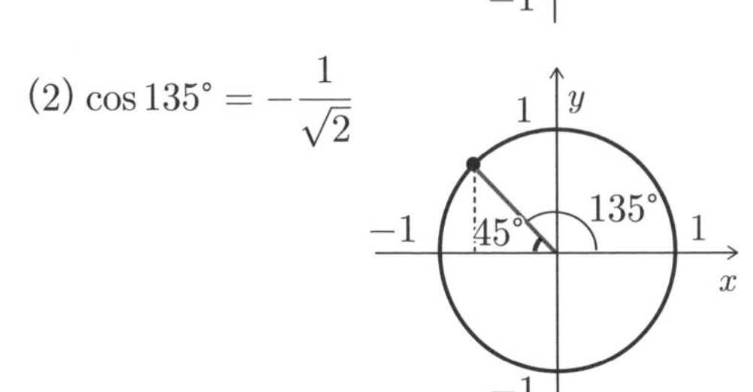

(3) $\sin 225^\circ = -\dfrac{1}{\sqrt{2}}$

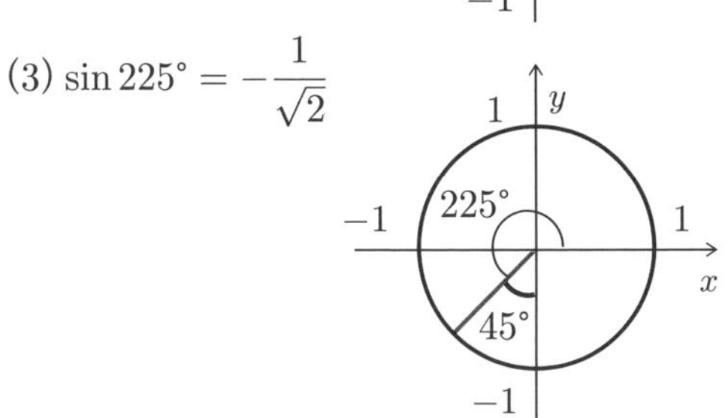

(4) $\sin 270^\circ = -1$

270° は 90° と考えるとわかりやすいです。

(5) $\sin(-30^\circ) = -\dfrac{1}{2}$

(6) $\cos(-30^\circ) = \dfrac{\sqrt{3}}{2}$

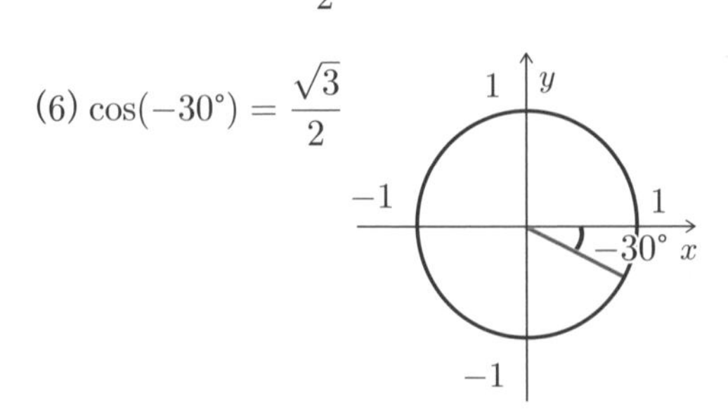